U0220799

"十四五"国家重点出版物出版规划项目·重大出版工程

中国学科及前沿领域2035发展战略丛书

学术引领系列

国家科学思想库

中国空间科学
2035发展战略

"中国学科及前沿领域发展战略研究（2021—2035）"项目组

科 学 出 版 社

北 京

内 容 简 介

　　进入太空时代以来，空间科学蓬勃发展，有力地推动了人类文明的发展进步、提升了国家的综合实力、促进了社会经济的整体向上。本书面向2035年，探讨国际空间科学前沿发展趋势和我国空间科学未来发展策略，深入阐述空间科学及其各分支学科的科学意义与战略价值、发展规律与研究特点，系统分析空间科学的发展现状与态势，凝练空间科学的发展思路与发展方向，并提出我国空间科学的优先发展领域和政策建议。

　　本书为相关领域战略与管理专家、科技工作者、企业研发人员及高校师生提供了研究指引，为科研管理部门提供了决策参考，也是社会公众了解空间科学发展现状及趋势的重要读本。

图书在版编目（CIP）数据

中国空间科学 2035 发展战略／"中国学科及前沿领域发展战略研究（2021—2035）"项目组编 . — 北京：科学出版社，2024.1
（中国学科及前沿领域 2035 发展战略丛书）
ISBN 978-7-03-076948-0

Ⅰ.①中⋯ Ⅱ.①中⋯ Ⅲ.①空间科学－发展战略－研究－中国－2035
Ⅳ.① V1

中国国家版本馆 CIP 数据核字（2023）第 217273 号

丛书策划：侯俊琳　朱萍萍
责任编辑：石　卉　李嘉佳／责任校对：韩　杨
责任印制：赵　博／封面设计：有道文化

科 学 出 版 社 出版
北京东黄城根北街 16 号
邮政编码：100717
http://www.sciencep.com

北京市金木堂数码科技有限公司印刷
科学出版社发行　各地新华书店经销
＊

2024年1月第 一 版　开本：720×1000　1/16
2025年1月第二次印刷　印张：20 3/4
字数：352 000

定价：168.00元

（如有印装质量问题，我社负责调换）

"中国学科及前沿领域发展战略研究（2021—2035）"

联合领导小组

联合工作组

《中国空间科学 2035 发展战略》

战略研究组

组　长　窦贤康

成　员　（以姓氏笔画为序）

万卫星　王　水　王　赤　方　成　吴岳良

汪景琇　胡文瑞　郭华东　涂传诒　常　进

魏奉思

工　作　组

组　长　曹晋滨

副组长　汪毓明

秘　书　薛向辉　符慧山　倪彬彬

分领域召集人

空间天文学

张双南　颜毅华　吴雪峰

太阳和空间物理学

宗秋刚　冯学尚　刘立波

行星空间环境学

崔　峻　魏　勇

空间地球科学

袁运斌　施建成　张小红

微重力科学

康　琦　赵建福

总　　序

　　党的二十大胜利召开，吹响了以中国式现代化全面推进中华民族伟大复兴的前进号角。习近平总书记强调"教育、科技、人才是全面建设社会主义现代化国家的基础性、战略性支撑"[①]，明确要求到 2035 年要建成教育强国、科技强国、人才强国。新时代新征程对科技界提出了更高的要求。当前，世界科学技术发展日新月异，不断开辟新的认知疆域，并成为带动经济社会发展的核心变量，新一轮科技革命和产业变革正处于蓄势跃迁、快速迭代的关键阶段。开展面向 2035 年的中国学科及前沿领域发展战略研究，紧扣国家战略需求，研判科技发展大势，擘画战略、锚定方向，找准学科发展路径与方向，找准科技创新的主攻方向和突破口，对于实现全面建成社会主义现代化"两步走"战略目标具有重要意义。

　　当前，应对全球性重大挑战和转变科学研究范式是当代科学的时代特征之一。为此，各国政府不断调整和完善科技创新战略与政策，强化战略科技力量部署，支持科技前沿态势研判，加强重点领域研发投入，并积极培育战略新兴产业，从而保证国际竞争实力。

　　擘画战略、锚定方向是抢抓科技革命先机的必然之策。当前，新一轮科技革命蓬勃兴起，科学发展呈现相互渗透和重新会聚的趋

[①] 习近平. 高举中国特色社会主义伟大旗帜 为全面建设社会主义现代化国家而团结奋斗——在中国共产党第二十次全国代表大会上的报告. 北京：人民出版社，2022：33.

势，在科学逐渐分化与系统持续整合的反复过程中，新的学科增长点不断产生，并且衍生出一系列新兴交叉学科和前沿领域。随着知识生产的不断积累和新兴交叉学科的相继涌现，学科体系和布局也在动态调整，构建符合知识体系逻辑结构并促进知识与应用融通的协调可持续发展的学科体系尤为重要。

擘画战略、锚定方向是我国科技事业不断取得历史性成就的成功经验。科技创新一直是党和国家治国理政的核心内容。特别是党的十八大以来，以习近平同志为核心的党中央明确了我国建成世界科技强国的"三步走"路线图，实施了《国家创新驱动发展战略纲要》，持续加强原始创新，并将着力点放在解决关键核心技术背后的科学问题上。习近平总书记深刻指出："基础研究是整个科学体系的源头。要瞄准世界科技前沿，抓住大趋势，下好'先手棋'，打好基础、储备长远，甘于坐冷板凳，勇于做栽树人、挖井人，实现前瞻性基础研究、引领性原创成果重大突破，夯实世界科技强国建设的根基。"[①]

作为国家在科学技术方面最高咨询机构的中国科学院和国家支持基础研究主渠道的国家自然科学基金委员会（简称自然科学基金委），在夯实学科基础、加强学科建设、引领科学研究发展方面担负着重要的责任。早在新中国成立初期，中国科学院学部即组织全国有关专家研究编制了《1956—1967 年科学技术发展远景规划》。该规划的实施，实现了"两弹一星"研制等一系列重大突破，为新中国逐步形成科学技术研究体系奠定了基础。自然科学基金委自成立以来，通过学科发展战略研究，服务于科学基金的资助与管理，不断夯实国家知识基础，增进基础研究面向国家需求的能力。2009 年，自然科学基金委和中国科学院联合启动了"2011—2020 年中国学科发展战略研究"。

---

① 习近平. 努力成为世界主要科学中心和创新高地 [EB/OL]. (2021-03-15). http://www.qstheory.cn/dukan/qs/2021-03/15/c_1127209130.htm[2022-03-22].

2012 年，双方形成联合开展学科发展战略研究的常态化机制，持续研判科技发展态势，为我国科技创新领域的方向选择提供科学思想、路径选择和跨越的蓝图。

联合开展"中国学科及前沿领域发展战略研究（2021—2035）"，是中国科学院和自然科学基金委落实新时代"两步走"战略的具体实践。我们面向 2035 年国家发展目标，结合科技发展新特征，进行了系统设计，从三个方面组织研究工作：一是总论研究，对面向 2035 年的中国学科及前沿领域发展进行了概括和论述，内容包括学科的历史演进及其发展的驱动力、前沿领域的发展特征及其与社会的关联、学科与前沿领域的区别和联系、世界科学发展的整体态势，并汇总了各个学科及前沿领域的发展趋势、关键科学问题和重点方向；二是自然科学基础学科研究，主要针对科学基金资助体系中的重点学科开展战略研究，内容包括学科的科学意义与战略价值、发展规律与研究特点、发展现状与发展态势、发展思路与发展方向、资助机制与政策建议等；三是前沿领域研究，针对尚未形成学科规模、不具备明确学科属性的前沿交叉、新兴和关键核心技术领域开展战略研究，内容包括相关领域的战略价值、关键科学问题与核心技术问题、我国在相关领域的研究基础与条件、我国在相关领域的发展思路与政策建议等。

三年多来，400 多位院士、3000 多位专家，围绕总论、数学等 18 个学科和量子物质与应用等 19 个前沿领域问题，坚持突出前瞻布局、补齐发展短板、坚定创新自信、统筹分工协作的原则，开展了深入全面的战略研究工作，取得了一批重要成果，也形成了共识性结论。一是国家战略需求和技术要素成为当前学科及前沿领域发展的主要驱动力之一。有组织的科学研究及源于技术的广泛带动效应，实质化地推动了学科前沿的演进，夯实了科技发展的基础，促进了人才的培养，并衍生出更多新的学科生长点。二是学科及前沿领域的发展促进深层次交叉融通。学科及前沿领域的发展越来越呈现出多学科相互渗透的发展态势。某一类学科领域采用的研究策略和技术体系所产生的基础理论与方法论成果，可以作为共同的知识基础适用于不同学科领域的多个研究方向。三是科研范式正在经历深刻变革。解决系统性复杂问题成为当前科学发展的主要目标，导致相应的研究内容、方法和范畴等的改变，形成科学研究的多层次、多尺度、动态化的基本特征。数据驱动的科研模式有力地推动了新时代科研范式的变革。四是科学与社会的互动更加密切。发展学科及前沿领域愈加重要，与此同时，"互联网 +"正在改变科学交流生态，并且重塑了科学的边界，开放获取、开放科学、公众科学等都使得越来越多的非专业人士有机会参与到科学活动中来。

"中国学科及前沿领域发展战略研究（2021—2035）"系列成果以"中国学科及前沿领域 2035 发展战略丛书"的形式出版，纳入"国家科学思想库 - 学术引领系列"陆续出版。希望本丛书的出版，能够为科技界、产业界的专家学者和技术人员提供研究指引，为科研管理部门提供决策参考，为科学基金深化改革、"十四五"发展规划实施、国家科学政策制定提供有力支撑。

在本丛书即将付梓之际，我们衷心感谢为学科及前沿领域发展战略研究付出心血的院士专家，感谢在咨询、审读和管理支撑服务方面付出辛劳的同志，感谢参与项目组织和管理工作的中国科学院学部的丁仲礼、秦大河、王恩哥、朱道本、陈宜瑜、傅伯杰、李树深、李婷、苏荣辉、石兵、李鹏飞、钱莹洁、薛淮、冯霞，自然科学基金委的王长锐、韩智勇、邹立尧、冯雪莲、黎明、张兆田、杨列勋、高阵雨。学科及前沿领域发展战略研究是一项长期、系统的工作，对学科及前沿领域发展趋势的研判，对关键科学问题的凝练，对发展思路及方向的把握，对战略布局的谋划等，都需要一个不断深化、积累、完善的过程。我们由衷地希望更多院士专家参与到未来的学科及前沿领域发展战略研究中来，汇聚专家智慧，不断提升凝练科学问题的能力，为推动科研范式变革，促进基础研究高质量发展，把科技的命脉牢牢掌握在自己手中，服务支撑我国高水平科技自立自强和建设世界科技强国夯实根基做出更大贡献。

"中国学科及前沿领域发展战略研究（2021—2035）"
联合领导小组
2023 年 3 月

前　言

　　"天高地迥，觉宇宙之无穷"。人类社会正全面进入探索空间、了解空间和利用空间的全新时期。探索浩瀚宇宙、和平利用空间，是全人类的共同梦想。为地球之舟遨游于蔚蓝色的太空海洋"保驾护航"，这是顺应太空时代的发展需求，也是空间科学进步的必由之路。

　　从肉眼观察太阳的东升西落，到当今遥感探测、探测器的原位探测等，人类从未停止探索宇宙的步伐。空间科学的科学意义在于加深对浩瀚宇宙的基本规律的认识，为和平有效利用和保障空间安全、实现可持续发展提供科学指导，更为人类认识和利用宇宙空间做出重要贡献。在科学意义的基础上，空间科学也需要服务于国家战略需求，满足经济建设和社会发展需求。立足国家战略需求，面向空间科学领域的发展前沿，未来空间科学领域将重点开展以国家需求为导向的战略性基础研究，探索具有原创性的科学问题。首先，需充分发挥基础研究在空间科学领域的先导和支撑作用。其次，需优化、整合和增强现有的学科资源，促进学科交叉与融合，实现集成研究。最后，在加强人才队伍建设的基础上，需增强国际合作，提高自主创新能力。

　　在空间科学领域，未来5—15年，或更长的一段时间内，我国将面临更大挑战。为实现成为世界主要的空间科学中心的长远目标，我国将启动系列的空间科学任务。任务方向包括宇宙早期演化、空间引力波探测、极端天体物理、太阳风与星际相互作用、系外行星与地外生命探寻等。这一系列的空间科学任务不仅给学科发展和人才培养提出了要求，也为技术发展带来挑战。实现载人深空探测工程，扩展人类活动的疆域，这必然要求航天和相关科技能实现跨越式发展。

为了落实"中国学科及前沿领域发展战略研究（2021—2035）"对基础研究的战略定位，即从学科发展、科学前沿和国家紧迫需求等方面加强基础研究，中国科学院与自然科学基金委联合开展学科战略研究，旨在筹划未来，推动我国学科均衡协调发展，促进原创性成果和理论的诞生。通过充分研讨和广泛的咨询审议，提出 2035 年前我国空间科学的学科发展布局、优先发展方向和学科交叉的重大科学问题等，以期为国家发展基础研究提出政策建议，为相关基础研究的战略发展规划提供决策依据。

根据中国科学院和自然科学基金委的统一部署，空间科学学科发展战略研究组成立了战略研究组和工作组，按照空间天文学、太阳和空间物理学、行星空间环境学、空间地球科学、微重力科学五个分领域开展工作。战略研究组和工作组围绕"制定合理可行的、科学的、适合于我国国情的空间科学研究的发展建议"这一目标，组织各领域专题研讨，充分发挥从事空间科学研究的两院院士和相关专家的大智慧，凝练空间科学研究的主攻方向和突破点；充分调研空间科学国内外进展，厘清空间科学研究主流国家实际情况以及我国空间科学的现状，明确我国与这些国家的差距；提出我国 2035 年前空间科学学科的整体布局、空间科学发展新方向、新目标，以及保障措施等建议，进一步在此基础上形成战略研究报告并完成本书。

在本书编写过程中除了战略研究组和工作组外，参与空间天文学学科发展战略研究讨论和撰写的专家有陈鼎、代实、戴子高、詹虎、丁明德、窦江培、范一中、方陶陶、冯骅、甘为群、苟利军、郝蕾、胡景耀、黄晶、黄茂海、季江徽、纪丽、来小禹、李菂、李柯伽、梁恩维、刘富坤、刘阔、刘润球、刘晓为、邵立晶、沈志强、苏剑峰、苏扬、仝号、王建民、王俊峰、王挺贵、王仲详、吴伯冰、夏俊卿、徐仁新、余文飞、袁峰、袁为民、袁业飞、岳友岭、朱炜玮、朱永田；参与太阳和空间物理学学科发展战略研究讨论和撰写的专家有陈耀、邓晓华、何建森、胡泽骏、雷久侯、李晖、刘文龙、任杰、时蓬、史全歧、苏振鹏、田晖、王玲华、夏利东、肖伏良、袁志刚、乐超、张辉、张效信、周煦之；参与行星空间环境学学科发展战略研究讨论和撰写的专家有柴立晖、葛亚松、郭瑞龙、何飞、何建森、赖海容、李坤、李陶、任志鹏、戎昭金、沈芳、申成龙、史全歧、徐晓军、尧中华、叶生毅、赵玉晖、张辉；参与空间地球科学学科发展战略研究讨论和撰写的专家有陈镜明、程洁、董晓龙、宫鹏、郭斐、江利明、李伟、梁顺林、宋敏、徐天河、姚宜斌、杨诚、杨晓峰、邹贤才；参与微重力科学学科发展战略研究讨论和撰写的专家有陈徐宗、段恩奎、段俐、雷小华、李凯、刘亮、龙勉、罗兴宏、潘明祥、彭承志、王佳、王双峰、王育人、徐升华、张兴旺、张元仲、周泽兵。

　　人类文明衍生和推动了科学技术的飞速发展，同时科学技术反哺和滋养了人类文明的生生不息。当今世界，人口增长和能源短缺问题困扰着人类，环境污染和气候变化带来的损失更是难以估量。人与自然如何和谐与共？这关系着全人类的命运。毋庸置疑，以上的诸多问题是伴随着科学技术的发展出现的，但不可否认科学技术在很大程度上也实质性地帮助人们解决或延缓了许多重大问题。空间科学涉及的科技领域具有前沿性、创新性、挑战性、引领性的显著特点，在"科技创新驱动发展"的进程中发挥越来越重要的作用。

在此，我们谨向指导、关心和参加本项工作的专家和科学管理工作者表示衷心的感谢。

窦贤康

《中国空间科学 2035 发展战略》战略研究组组长

2022 年 3 月 2 日

摘　　要

　　自进入太空时代以来，随着天文望远镜和空间探测器的发射升空，人们对于宇宙、太阳系有了更为深入的认识，有望在基础前沿科学问题上取得重大突破。空间科学作为基础科学中的前沿领域，其发展对于推动人类文明的发展进步、提升国家的综合实力、促进社会经济的整体向上等方面均具有重要意义。从"冷战"时期苏联与美国的太空军备竞赛开始，一个国家在空间科学领域的发展程度一直被认为是综合国力的体现，而这也正是我国当前实现基础科学研究重点突破的重要机遇，空间科学成为建设科技强国的重大领域之一。与此同时，将空间科技的创新性成果转移至其他领域，为提升人类的生产生活质量提供了重要保证，是和平利用空间资源的重要保障。空间科学将发现新的自然现象作为科学目标，具有极强的前沿性，其发展依赖于空间探测技术的驱动，具有鲜明的多学科交叉特点；作为人类共同的探测与研究目标，它往往需要巨大的耗资与较长的研究周期，开展国际合作与长期投入也是必不可少的要素。空间科学可划分为空间天文学、太阳和空间物理学、行星空间环境学、空间地球科学和微重力科学等几个重点领域。

一、空间天文学

　　空间天文学主要基于空间平台进行天体观测，研究天体的形态、结构、组成、运动、物理状态、演化规律。空间天文学的兴起是天文学发展史上的重要里程碑，更是人类认识宇宙的重大飞跃。自进入太空时代以来，空间天文观测开拓了全电磁波段天文、粒子天文和引力波天文观测的多信使新时代。空间天文学强烈地依赖于尖端观测仪器和先进的航天技术，是各国展示科技实力的舞台，更是引领世界科技发展的重要驱动力。空间天文项目往往技术复杂、耗资巨大、研发及运行的周期长，不仅不可重复和继承，还依赖于新的探测器件、探测系统技术、分析手段和能力。因此，以史为鉴和发展技术对于空间天文学的持续健康发展具有重要意义，广泛的国际合作是空间天文发展的趋势。

当今空间天文的前沿领域是开展小尺度精细结构和大尺度物理规律的科学探索。空间天文探测分析方面，国际上的发展趋势是开辟电磁波外新的观测窗口、天地一体化观测，发展新的大数据处理方法等涉及前沿的领域。我国空间天文学目前处于发展初期阶段，空间天文探测基本上以空间高能天文为主。同时，我国空间天文观测与研究队伍不断进步，逐步形成了从人才培养、仪器设备研制、观测和理论研究到应用服务的较完整体系。发展我国空间天文的基本思路是：瞄准前沿科学问题，加强优势领域，适当扩大规模；重点发展高能天体物理观测、空间光学巡天观测、宇宙线粒子和暗物质探测、引力波空间观测和空间甚长基线干涉观测；大力加强天体物理和宇宙学理论研究和数值模拟；大力发展新型探测器技术；在天文卫星的发射数量、主导和实质性参与国际空间天文卫星计划，以及形成完整的空间天文研究体系方面，均有大幅度提升。同时，通过空间天文探测计划的实施，带动航天和空间仪器关键技术发展，将满足国家重大战略需求与发展空间天文结合起来。

二、太阳和空间物理学

太阳和空间物理学作为一门基础学科，具有多学科交叉的特点，它与地球物理学、大气物理学、等离子体物理学等基础学科紧密结合在一起，相互促进，协同发展。同时，太阳和空间物理学也是一门探测学科，从一开始基于地基的监测，到使用气球、火箭进行高空探测，再到人造卫星的发射升空，探测技术的发展使得该学科迅速发展起来。由太阳风动压同星系介质压力平衡形成的日球层，即为太阳和空间物理学的研究区域。太阳物理学是天体物理学的一个分支，它研究太阳的结构、物质组成、能量来源与传输、太阳活动与演化以及其对太阳系空间的作用和影响等问题。空间物理学则侧重研究地球空间、日地空间和行星际空间的物理现象，研究对象包括太阳、行星际空间、地球和行星大气层、电离层、磁层，以及它们之间的相互作用与因果响应。太阳物理学与空间物理学从根本上了解太阳系范围内的空间状态、基本物理过程和变化规律，是有待探索的重大基础科学前沿，也是改善我国航天安全形势、促进社会科技发展的迫切需求。

21世纪以来，国际上开始强调太阳和空间物理学对于空间探索的重要保障作用。美国国家航空航天局（National Aeronautics and Space Administration，NASA）、欧洲航天局、俄罗斯联邦航天局等均制定了空间探索计划，太阳和空间物理探测和研究朝着整体性、系统性和精细化探测方向发展。我国的太阳和空间物理各领域也处于蓬勃发展的阶段，主要体现在天基观测与实验步入轨道、地基平台建设迈上新台阶、研究建模与预报能力进步、业务预报体系形成一定规模、国际合作的全球格局形成等方面。太阳和空间物理学科体系逐渐加强和完善，基础设施建设实现了跨越式发展，探测和研究水平不断提高，在国际上的影响力实现跨越式提升。

太阳和空间物理学研究，是世界各国争相研究的热点领域，也是各国科技实力展示的重要平台，更是引领未来世界科技发展的驱动力，以及我国需要抢占的重要学科前沿之一。近些年我国在太阳和空间物理学各个方面的快速发展，为未来几年实现跨越进入国际先进水平的战略目标打下了坚实基础，但整体水平与世界先进水平之间仍有较大差距，需要采用全面的保障措施来保证该学科的稳定、快速发展。主要的保障措施包括完善协同创新机制、增加整体经费投入、建设自主保障能力、提高自主创新水平等。

三、行星空间环境学

行星空间环境学作为一个新生学科研究方向，目前正处于起步和快速发展的阶段。人类对行星空间环境学的观测记录最早可追溯到数千年前的裸眼观测时代，而现代空间环境的研究主要依赖卫星探测。当前人类探测器已经到访了太阳系的所有行星和数百个天体，并对其中的部分天体进行了系统的探测。行星空间环境影响着星球的"宜居性"和生命演化，同时也提供了天然的等离子体实验室，是未来行星探索绕不开的研究对象。研究行星空间环境对于合理利用空间资源和探索行星演化规律至关重要。

行星空间环境中，对于月球和类地行星的探测最多最早，如今人类对月球空间环境已经有了相当的认识，对于金星和火星同样有许多探测历史。在这些行星上已经实现了多星联测，并且行星探测方式和探测仪器类型逐渐多元，同时对高性能科学载荷仪器的研发需求也越来越高。而对于巨行星系统的探测，随着卫星探测揭示行星的基本过程的丰富，探测方向也逐渐转向它们的天然卫星系统。而对小天体的探测从早期的光学观测逐渐发展为对小天体表面和内部成分深度探究，同时行星际物理理论随着空间探测能力的提高和观测数据的积累而不断深化。近些年来，我国学者在月球空间环境领域取得了显著的进步，在小天体和行星际的研究也有许多进展，对类地行星的探测和对巨行星研究领域已然起步。

当前，行星空间环境学主要聚焦的科学问题是探究不同空间圈层的耦合过程、高能粒子辐射环境的动态分布规律、行星的天然卫星系统以及星体相互作用和物质能量交换过程等。与此同时，发展行星遥感和原位探测技术也必不可少。瞄准上述关键科学技术问题，我国行星空间环境领域应该优先发展对于基本物理过程、能量和物质时空尺度演化的研究，以及研究其对"宜居性"的影响和发展相应的探测技术。同时，学科发展平台应从软、硬两方面着手建设，并适应学科发展节奏，形成相辅相成的良性循环。一方面，要完善教育培养体系、加强专业人才培养；另一方面，要推动硬件平台建设、提升学科交流平台。此外，还需要深化公众科普宣传和扩展国际交流合作。

四、空间地球科学

空间地球科学是以空间对地球观测为主要信息获取手段，以研究地球科学问题为主要目标的学科，涉及地球科学、信息科学、航天、光电、物理、计算机等诸多前沿交叉领域。空间地球科学具有先导性战略价值，能够促进社会经济和高技术发展、保障国家安全，其既具有重大基础前沿研究内涵，又面向社会关注的重大现实问题的重要领域，在我国建设社会主义强国的发展目标中具有基础性和战略性地位，对建设科技强国起到了重要的支撑作用。空间地球科学作为与重大科技突破和人类生存发展密切相关、能够引领密集技术创新的前沿交叉学科，在国家发展中发挥着重要作用，是世界强国高度重视和争相支持的重要学科领域，受到各国的广泛关注。

我国在空间地球科学领域经过几十年的发展，正处于阔步前行的阶段。全球卫星导航系统目前已成为促进国家经济社会发展必不可少的重要手段；卫星测高技术经过多年的发展有了很成熟的应用；卫星重力测量是目前测定的高精度全球静态和时变重力场的主要技术，这都是空间地球科学关注、发展的领域。北斗卫星导航系统的全球组网搭建完成，使其可以为各类用户提供连续实时的定位导航等服务、为重要的地球科学研究任务提供数据服务，是促进我国经济社会发展的重要手段。除此之外，我国在卫星测高技术、合成孔径雷达干涉测量技术、水下导航定位和位置服务等方面都具有日新月异的发展。目前，我国空间地球科学的研究总体呈现出学科快速增长、应用领域和研究范畴快速拓展、特色分支学科迅速成长、新兴学科快速发展等特点。

未来我国空间地球科学的发展将分为水循环、能量循环和生物地球化学循环三个主要科学问题来进行部署，对这三大循环系统的变化特征、成因、未来变化趋势等展开研究。地球空间科学借助空间对地观测全球覆盖的特性，从整个地球系统的角度解决与人类生存相关的大尺度、高耦合性的科学问题，其主要发展战略与保障措施如下：全面统筹，突出重点；瞄准国家需求与发展前沿；促进特色创新发展；强化基础研究；实现多学科交叉融合发展；科学技术应用创新；基础与应用技术研究并重；积极参与国际合作等。

五、微重力科学

微重力科学主要研究微重力环境中物质运动的规律、重力变化对运动规律的影响。微重力科学是随着人类空间活动的兴起而发展起来的新兴学科，许多国家都建立了专门的微重力科学研究机构。在微重力环境中，浮力对流、重力沉降、液体静压（梯度）等极大地减小，地面重力效应所掩盖的次级效应（如界面作用）将会凸显，所导致的物质形态、物理过程等将发生显著变化，影响或改变流体对流及燃烧机制、材料生长及制备工艺等相关学科的基本科学和技术问题。宏观物体、微观粒子受重力作用的约束被改变，使人们可能在更高的精度上进行相对论和引力物理等效原理检验和验证，并且在该环境中可获得极端的低温环境，利于冷原子物理、冷原子钟以及量子科学和技术问题的研究，发现新现象、寻找新规律。此外，微重力科学也关注空间生物技术，利用空间微重力等特殊环境发展新的生物材料，开展干细胞增殖与分化的前沿研究，开发制造生物药剂的新技术方法。

微重力科学研究主要利用空间微重力平台以及地面微重力设施开展微重力实验，并通过理论分析、数字仿真以及地面小尺度和（微）重力效应模拟等手段开展微重力科学与技术研究。实验平台主要包括火箭、飞机、落舱和落塔等。目前，国际上进行微重力科学研究的主要国家均为国际空间站参与国，将国际空间站作为开展微重力科学实验的主要设施，在未来的5～10年，空间站依然将是微重力科学实验研究的主要平台。基于探空火箭、失重飞机、落塔等设施平台，国外对空间项目进行预研、评估和筛选，开展了广泛的国际合作。我国微重力科学从空间材料科学研究起步，近些年来，载人航天及载人空间站工程的进展，是我国微重力科学发展的重要机遇，也开拓了国际合作的新渠道，并且已经成为我国开展微重力科学实验的主要途径之一，而另一重要途径是返回式卫星。

微重力科学领域广泛，各自有较强的独立性，也涉及部分交叉科学问题。因此需要在结合理论模拟和实验、加强设施建设和利用的保障措施下，积极推进相关知识、技术研究成果的转移转化，努力为我国高新技术发展、产业升级和环境、资源等经济社会发展中面临的关键科学问题解决与技术提升做出显著贡献。

综上，空间科技在国家发展中占据了越来越显著的战略地位，国际空间科学呈现出深空探测、多尺度研究、基本物理规律研究等并行的特点。我国空间科学也进入了快速发展的时期，目前已具备完整的学科体系和技术科研骨干人才储备，在设备研发、科学研究、总体支撑等各方面均有可靠保障。尽管我国近些年在空间科学领域发展迅速，但依旧存在较多的问题和挑战，主要体现在缺乏统一规划、稳定投入薄弱、落后于国际水平等方面。对此，我国目前的科学发展思路为重点突破优势领域、实现跨越式发展以及科学基础的奠定。总而言之，空间科学作为一门前沿科学，应该将其作为我国建设科技强国布局的重点战略领域。提前做好发展战略规划，同时配套一系列的实施措施，包括建设空间科学国家实验室、建立探测和实验卫星系列体系、开展科学载荷技术预研与攻关、搭建空间科学数据共享平台、加强人才队伍建设等，以上对于我国空间科学的长期稳定发展具有至关重要的意义，是我国实现科技强国的整体战略布局的重要一环。

Abstract

Since the dawn of the space age, with the launch of astronomical telescopes and space probes into orbit, humanity has gained a deeper understanding of the universe and the solar system, potentially achieving significant breakthroughs in the fundamental research and frontier science. Space science, as a cutting-edge field within the basic science, holds great significance for advancing human civilization, enhancing the national comprehensive strength, and promoting the overall social and economic progress. Space science aims to discover new natural phenomena, making it a highly pioneering discipline that is driven by the space exploration technology and features distinct interdisciplinary characteristics. As a common goal for human exploration and research, it often requires the considerable investment and lengthy research periods. The international cooperation and long-term commitment are also essential elements for its advancement.

In the field of space science, China faces greater challenges in the next 5 to 15 years or even a longer time period. To achieve the long-term goal of becoming a major center for space science in the world, China plans to launch a series of space science missions. The mission directions include the early universe evolution, space gravitational wave detection, the extreme astrophysics, solar wind and interstellar interactions, exoplanets and the extraterrestrial life exploration, etc. The series of space science missions not only put forward requirements for discipline development and talent cultivation, but also bring challenges to the technological development.

In order to implement the strategic positioning of the basic research in the Strategic Research on Development of Disciplines and Frontier Areas in China (2021-2035), which emphasizes strengthening the basic research from the perspectives of discipline development, the scientific frontier, and national urgent needs, the National Natural Science Foundation of China and the Chinese Academy of Sciences jointly conducted a strategic study on disciplines. The aim of this study is to plan for the future, to promote a balanced and coordinated development of Chinese disciplines, and to facilitate the birth of original achievements and theories. Through extensive discussions and broad consultations, key scientific issues in space science research related to the interdisciplinary development, priority directions, and discipline development layout before 2035 were proposed, with the hope of providing policy recommendations for the development of the national basic research and decision-making basis for the strategic planning of the relevant basic research.

The research group for the development strategy of space science discipline is responsible for carrying out work in five sub-domains, including space astronomy, solar and space physics, planetary space environment, space Earth science, and microgravity science. The goal of this group is to formulate reasonable and feasible scientific recommendations that are suitable for China's actual conditions during the development of space science research. To achieve this goal, the group organizes special discussions in each field to leverage the wisdom of academicians and experts who have made significant contributions to space science research. By conducting the comprehensive research on the latest developments in space science at home and abroad, the group aims to clarify the actual situation of mainstream countries in space science research and the current state of Chinese space science, as well as identify the gaps between China and these countries. Based on this analysis, the group proposes suggestions for China's overall layout of space science discipline before 2035, new directions and goals for the development of space science, as well as measures to ensure their implementation. Furthermore, based on this research, a strategic study report is compiled, which provides insights into China's future directions and potential challenges in space science research. This book will also serve as a reference for policymakers and stakeholders to guide their decision-making processes related to space science research.

The first chapter of this book provides an overview of the development strategies of space science, summarizing the scientific significance and strategic value, the development rules and research characteristics, the current status and development trend, the overall development goals and important research directions, the funding mechanisms, and the policy recommendations of space science. The subsequent chapters delve into the specific characteristics of five branches of space science (space astronomy, solar and space physics, planetary space environment, space Earth science, and microgravity science), and propose their respective development strategies before 2035.

This book proposes that, in order to meet the national development needs for space science and take advantage of the forefront of global developments in this field, China's space science development should:

(1) Based on China's the current situation, with developed countries in the world as a reference, plan comprehensively and highlight key areas while coordinating the development.

(2) Aim at meeting national needs and the frontiers of space science, conduct the strategic basic research guided by national needs and the original innovation exploration free from constraints.

Focus on the cross-application of basic research and multidisciplinary research results to establish a good trend of the interdisciplinary integrated research and achieve the leapfrog development.

(3) Strengthen the innovation capacity as the main line, guide by major discoveries, theoretical innovations, and social needs, integrate key research forces from various disciplines under relevant major space exploration and research programs, and form a field research team with complementary advantages and strong alliances.

(4) Through the top-level design, clear positioning, concise scientific objectives, actively participate in the international cooperation, establish unique theoretical and methodological research systems, promote the development of space science disciplines, and meet the national economic construction and social development needs.

This study, formally started in January 2020, is jointly funded by the National Natural Science Foundation of China and the Academic Divisions of the Chinese Academy of Science Discipline Development Strategic Research Program. After the launch, an expert group consisting of academicians in space science and related fields was established. Our writing team includes outstanding young and middle-aged scientists in the space science field, and the working group is composed of outstanding young scholars. All teams cooperated with each other closely and finally successfully completed the research work.

目　　录

第一章

学 科 总 论

第一节 科学意义与战略价值

　　空间科学是当代自然科学的前沿领域及数、理、化、天、地、生六大基础学科的集合体，是一门集成度很高的基础科学。由于空间科学以航天器为主要平台，因此它的发展不仅取决于数、理、化、天、地、生的发展，还取决于空间技术的进步，是一个国家综合实力的体现（国际上从事空间科学研究的基本上都是欧美发达国家）。从历史经验来看，空间技术的进步能极大促进空间科学的发展，而空间科学目标任务的提出能牵引空间技术的进步。此外，空间科学的发展为空间应用提供了理论依据和指导建议（中国科学技术协会，2016）。因此，空间科学、空间技术和空间应用这三者之间形成了一个有机联合体，它们互相促进、协同发展、相互成就（吴季，2016）。

　　2016 年 5 月 30 日，习近平总书记在"科技三会"上指出："空间技术深刻改变了人类对宇宙的认知，为人类社会进步提供了重要动力，同时浩瀚的空天还有许多未知的奥秘有待探索，必须推动空间科学、空间技术、空间应用全面发展"①。空间科学的发展与社会和经济发展密切相关，将在国家创新驱动发展的进程中发挥越来越重要的作用。这主要体现在以下几个方面。

一、实现认知突破，助力文明发展

爱因斯坦曾预言，未来科学的发展无非是继续向宏观世界和微观世界进军。空间科学开展大到宇宙天体、小到极端条件下原子与分子运动规律的探索，占据自然科学宏观和微观的前沿，是最有希望做出重大发现的领域（国家自然科学基金委员会和中国科学院，2012）。当代科学发展历史已经充分证明大量的科学发现和进展是来自对宇宙和太空的探索。人类进入太空时代以后，大量的天文卫星和空间探测计划，加速了宏观前沿领域的进展。自哈勃空间望远镜和宇宙背景探测器卫星上天以来，大量未知的天体被发现，使人类的视界延伸到了 137 亿光年的距离，并使宇宙学的研究进入到了精确研究的阶段。特别是 2003 年以来威尔金森微波各向异性探测器对宇宙微波背景辐射的精确测量以及斯隆数字化巡天大尺度结构和超新星的观测，更坚实有力地支持了以暗物质和暗能量为主导的暴胀宇宙模型。正是这些观测和研究成果，2002 年和 2006 年的诺贝尔物理学奖分别授予了成功探测到中微子、发现宇宙 X 射线源和发现宇宙微波背景辐射的黑体形式与各向异性的五位空间科学领域科学家；2008 年的诺贝尔物理学奖颁给了发现自发对称性破缺机制和对称性破缺起源的三位科学家；2011 年和 2017 年的诺贝尔物理学奖授予通过遥距超新星发现宇宙加速膨胀和引力波探测研究相关的科学家，2019 年和 2020 年诺贝尔物理学奖则授予发现系外行星和银河系超大致密天体的空间物理学家，以表彰他们在增进人类对宇宙的了解和认识方面所做出的突出贡献。

人类对太阳系的探测，始于 20 世纪 50 年代末，从探测月球开始，逐渐发展到对地球临近的行星（火星与金星）、其他行星、各类小天体以及太阳和行星际空间太阳风的探测。目前的研究主题集中在两大科学问题上：太阳系

---

① 习近平.为建设世界科技强国而奋斗：在全国科技创新大会、两院院士大会、中国科协第九次全国代表大会上的讲话（2016年5月30日）. http://politics.people.com.cn/n1/2016/0601/c1024-28400027.html[2022-08-05].

是如何演变的？地外生命存在吗？人类的空间探测，由近至远，由易到难，实现了对太阳系各层次天体和太阳系空间的探测。特别是 2008 年 7 月，美国国家航空航天局的"凤凰号"火星探测器在火星发现有水的存在。"凤凰号"火星探测器取得重大科学发现，为探索地外生命现象开辟了道路。2012 年 8 月，美国国家航空航天局"好奇号"火星车在火星成功着陆，开始了其寻找火星生命的旅程。"好奇号"找到了更多的早期火星曾存在水和大气逃逸的证据。2007 年 8 月 30 日，经过 30 年的长途跋涉，"旅行者 2 号"探测器在离地球 85 个 AU（AU 表示 1 个天文单位，为地球与太阳之间的平均距离，即 1.5 亿千米）处对日球层终止激波进行了原位探测，这是人类历史上第一次传回日球层边缘的信息。2013 年 9 月美国国家航空航天局公布"旅行者 1 号"探测器已经在 2012 年 8 月飞出日球层边界，进入了星际空间，这被认为是人类科学史上最伟大的成就之一。2014 年，欧洲航天局的"罗塞塔号"探测器搭载的"菲莱"着陆器在彗星"丘留莫夫 - 格拉西缅科"成功登陆，实现了人类探测器首次彗星登陆。2018 年"帕克"太阳探测器发射，预计飞行 7 年后进入太阳日冕，它将是首个飞掠太阳外层大气的人类航天器，可抵达太阳表面上方 8.86 个太阳半径处（约 620 万千米），这一距离将是先前德、美联合研制的"太阳神 2 号"所到达的最近距日距离（4300 万千米）的 1/7。2021 年 12 月哈勃空间望远镜的代替者、被称为"下一代空间望远镜"的韦布空间望远镜成功发射，将为调查作为大爆炸理论的残余红外线证据（宇宙微波背景辐射）提供新的观测手段。通过这些行星与太阳系探测活动所得到的关于行星与太阳系的认识大大超过了人类数千年来所获有关知识的总和。同时，空间科学不断扩展了人类的知识领域，新概念不断涌现。通过这些探测，人类已建立起了比较详细的太阳系和行星科学体系，并期待着在地球以外直接发现生命的存在。

人类进入空间的一个初衷，就是可以利用空间平台居高临下地观测地球，获取全球整体观测数据，分析和研究地球系统。这一平台的优势是在地面上无法获得的。利用这一优势，人类可以系统研究大气、水、岩石、冰雪和生物圈系统。例如，气象卫星上天后，监测到了全部热带气旋/台风和飓风，为减灾防灾提供了重要的预警预报信息。再如，臭氧层卫星传感器获取了臭氧洞和臭氧层演变的图像，极大地提高了人类对臭氧洞形成和臭氧层损耗机制的认识。这一科学认识不仅使研究者获得了 1995 年诺贝尔化学奖，还为制定国际臭氧层保护协议打下了坚实的科学基础。伴随着载人航天技术的进步和人类在太空长期驻留的国际空间站的建立，空间所具有的特殊的微重力、高真空、高能辐射、极高极低温度等环境也为流体物理、燃烧学、材料科学、生命科学等学科的研究提供了新的机遇，新的技术突破和科学发现不断涌现。

21 世纪，人类对宇宙的起源和物质的认识正处在重大突破的关键阶段。暗物质性质和暗能量本质问题被形容为笼罩在物理学上的"两朵乌云"，空间研究将为破解难题做出独特贡献。生命起源及地外生命之谜最可能在空间研究中得到解答。宇宙中的极端物理条件使空间研究将宇观和微观结合，成为探究物质本源的前沿。太阳、空间物理、地球、月球和行星研究将深入理解太阳系和行星演化，并通过比较加深对地球变化趋势的认识。地球环境变化涉及经济社会发展和人类命运，空间研究是理解这一复杂大系统问题的有效途径。

空间科学对重大基础前沿科学问题的研究将取得重大突破，可能催生新一轮科学革命，是基础研究的战略必争领域。在过去的几个世纪中，我国已经屡次失去了在科技革命中有所作为的机遇，今后不可再错失机会。空间科学是我国实现基础科学研究重点突破、建设科技强国的重大领域之一（国家自然科学基金委员会和中国科学院，2019）。因此，中国应该在这一领域充分发挥中国科学家的聪明才智，并在国家迅速增长的经济实力基础上，提升中国的国家地位、占领知识经济制高点、提升国家科学文化实力、为人类文明做出贡献。

二、牵动技术跨越，实现科技领先

空间科学有望在各科学领域中较快取得突破、实现跨越式发展，并带动相关高技术领域跨越式发展、提升国家整体科技实力、实现科技领先。空间科学研究的进行离不开空间高新技术的支撑，它博采了现代科学技术众多领域的最新成果以及关键技术的集成创新，同时又对现代科学技术的多个领域提出了新的发展要求。每一项空间科学任务都是非重复性、非生产性的，包含大量的新思路、新设计。空间探测计划直接牵引和带动航天技术的全面发展，同时也推动了相关领域高新技术的进一步发展，推动我国科学技术的整体水平迈上一个新台阶。

空间科技的创新和高新技术的成果绝大部分可以转移到地面应用。例如，美国阿波罗计划的许多技术已经成功转移至其他领域。如今，我们常用的计算机断层扫描术就是源自于阿波罗计划，笔记本电脑也是当初在阿波罗飞船上提出的计算机小型化设计的产物。目前已经深入人类日常生活的全球定位系统，也是源自天文研究的成果。

国外的空间科学规划也把高技术的发展作为其主要目标之一。例如，美国在 2004 年提出了新的空间探索远景规划，其主要目的之一就是通过空间探索促进美国的高技术发展，保持美国在世界上的科技领先地位。随后，美国又先后出台了《全球探索路线图》《战略空间技术投资规划》，并分别于 2011 年和 2014 年发布了其战略规划及科学规划。美国国家研究理事会发布了《天文学和天体物理学的新世界和新视野》《太阳与空间物理：服务于技术社会的科学》《2013—2022 年美国行星科学的发展愿景》《空间地球科学及应用——未来十年及以后的国家需求》《面向空间探索的未来—新时代的生命和物理科学研究 2016—2030》等多个领域的规划报告，并列出了多个领域未来空间科学任务建议，对今后长时期进行了规划。近年来，欧洲航天局先后发布了《宇宙憧憬（2015—2025）》《远航 2050》等空间科学计划，涵盖 2015~2025 年和 2035~2050 年主要空间科学任务。欧洲航天局认为太空科学从开拓和探索阶段已发展成为基础科学中牢不可破的成熟分支，这些空间计划主要的目的是确立未来数十年欧洲空间科学主要发展方向，以巩固欧洲科学发展前沿地位。俄罗斯联邦航天局向政府提交《2030 年前航天活动发展战略》草案，公布了《2013—2020 年俄罗斯航天活动》国家规划，提出 2020 年前俄罗斯航天投入的优先方向为保障俄罗斯进入空间的通道、研制航天设备满足科学需求、载人航天。2010 年后，日本调整了空间政策，修改法律为发展军事航天系统铺平了道路。具体而言，日本在内阁府设立空间战略办公室，总揽国家航天项目、加强商业航天活动、参与商业航天竞赛；并在月球探测、小行星探测、水星探测、技术验证、试验小卫星、导航卫星等空间项目及空间运输系统研发等方面都取得了重要进展，发布了长期空间开发利用计划。

空间科学活动体现了国家目标和国家意志，也是人类求知欲和探索创新力的生动体现，全球瞩目、公众关注，具有世界性影响，是国家科技进步和综合实力的重要标志；空间科学的广泛国际合作是开展对外交往的重要方式，对提高公众科学素养有不可估量的作用。空间科学活动具有显著的政治、科技、经济、外交和文化等意义，对提高我国综合国力具有重要作用。我国正在建设创新型国家，跟踪国外先进技术已经不能满足我国可持续发展的要求，也与我国世界经济大国的地位不符。因此，通过发展空间探测计划，牵引和带动我国航天技术，并延伸至高技术各个领域，是我国新时期建设创新型国家发展战略的重大需求，也是促进国家整体科技实力的提升、实现科技领先的战略需求。

三、保护人类生存，应对发展问题

我国人口众多、国土面积较大，未来难以改变以化石能源为主的能源发展模式，这将不可避免地承受应对和缓解全球变化的双重压力，并承担国际责任。美国、英国、法国、德国、日本等国在工业化、现代化建设时期，经济增长与环境质量普遍存在环境库兹涅茨曲线现象。环境库兹涅茨曲线理论指出，环境问题与经济发展存在倒"U"形关系。即在经济体发展过程中，存在环境恶化的阶段是不可避免的。中国虽然已基本实现工业化，但中国未来经济发展还改变不了以化石燃料作为主要能源的状况，这不但关系到资源总量减少的问题，还会引起环境污染。中国在经济发展过程中，应采取积极应对和缓解环境问题的措施，协调环境问题和经济增长的关系，使环境库兹涅茨曲线相对平缓。因此迫切需要空间科技在保护人类生存环境方面提供重要的支撑。

从 20 世纪 90 年代开始，美国、欧盟和日本先后启动了针对全球变化的大型综合卫星观测计划和后续补充计划。这些计划针对地球系统自然变化过程与人类活动影响因素进行探测与分析，通过新型遥感设备获取数十种环境参量，经过组合开展多平台多传感器的协同反演、模型同化与耦合、影像融合、时空尺度变化，同时以地理信息系统或数字地球科学平台为载体，显示和定量分析计算地球圈层相互作用，以模拟预测未来的变化趋势。这些研究结果大幅度提高了人类对全球变化的认识水平和预测水平，并对《京都议定书》"巴厘路线图"的制定产生重大影响。

经过 40 多年改革开放，我国经济社会发展已经完成现代化建设第一阶段的战略目标。2021 年，习近平总书记在庆祝中国共产党成立 100 周年大会上庄严宣告，我们"在中华大地上全面建成了小康社会"。面向第二个百年的新征程，对地观测技术系统可以继续在五个领域发挥骨干作用：①在落实应对气候变化的国家方案中发挥监测、监管和决策支持作用；②对水资源短缺与水资源污染进行监测；③太阳能与风能等新能源的普查与利用；④保持耕地 18 亿亩[①] 底线的监管和提高土壤质量的监测；⑤区域性重大自然灾害与公共安全中应急监测等。空间科技的发展将为我国经济社会发展的生态环境安全与和谐稳定提供空间信息保障。

四、提高人类生活质量，推动经济社会发展

空间科学的创新性、探索性催生出多种新技术，空间科学对高性能探测技术的需求有力促进了光学、精密机械、特种材料、人工智能、激光、红外、低温、高性能探测器和传感器等高技术创新，为国家创新发展提供源源不断的动力。

大数据和数字化信息发展，推动着空间科学研究范式的转变，即利用神经网络、机器学习等对多源、多要素、全样本空间的大数据进行分析，挖掘科学大数据中蕴藏的科学知识（邹自明等，2018）。这同时也促进了与之相适应的空间数据更新与分析服务的高技术产业的发展。数字地球提供了组织和使用空间信息的最佳方式，虚拟地球的全球视野和三维地理环境的浏览，极大地唤起了公众探求未知的热情。全球网民享受着虚拟世界带来的快乐，也改变了认识和了解自己生活和活动空间的方式。与此同时，数字化服务渗透到日常生活的各个方面，如教育、社区、交通、旅游、医疗、手机数字地球服务等，使人们充分享受空间信息共享带来的生活便利，大大提高了人们的生活质量。数字地球平台已经成为学校地理教学的工具。河流、湖泊、山脉等自然景观和包括长城在内的人文地理内容以准确的经、纬度标记和地形地

---

① 1亩 ≈ 666.67平方米。

貌的三维效果，使学生如同身临其境。数字城市、数字社区、数字交通等成为城市发展和社会信息化的发展趋势，也成为我国城市管理的重要手段。近年来，魏奉思院士提出并推动"数字空间"战略，以空间科学天、地基观测数据为驱动，以科学认知为依据，以云计算基础设施及空间大数据应用技术为手段，数字化呈现真实宇宙空间时空要素变化，开启应对空间天气灾害新时代，增强卫星应用能力，服务开拓空间新能源、新通信、新交通、新制造、新环保等战略经济新领域。

此外，太阳物理和空间物理研究、空间天气预报对保障空间活动和地面大型设施安全具有基础性作用；空间地球科学为预测和应对全球气候变化，解决资源、环境、污染、灾害等急迫问题提供科学依据和技术手段；空间生命科学将获得创新的生物材料、药物和医疗技术，提高农、林产业水平，促进人民健康；微重力科学对流体、燃烧的研究对改进地面工业流程、提高能效、节能减排有重要贡献；微重力材料制备的研究，可为优化地面工业生产工艺、合成与开发新材料做出重要贡献；微重力基础物理研究推动了量子信息技术、高精度时间频率技术发展和广泛应用，产生了重大科学、社会和经济效益。

五、保障国家太空安全，促进和平利用空间

空间科学在我国及国际上的和平利用空间的战略中有重要的意义。作为太阳和空间物理学的分支学科，空间天气科学是基础研究与实际应用密切结合的学科，具有极强的前沿性、创新性、挑战性、引领性，在国家创新驱动发展战略的进程中正在发挥越来越重要的作用。空间天气科学关注外层空间的环境、状态和变化，以及对人类技术系统的影响，而和平利用空间中大量的空间观测、空间通信、空间能源开发等空间活动均发生在外层空间。和地面的天气现象一样，外层空间的各类"天气"变化，对我们在这一区域进行的空间活动会产生重要的影响。利用空间天气科学的研究成果，发展类似于地面天气预报的空间天气预报和服务系统，将是人类和平利用空间的重要保障。

此外，由于空间天气对军事上现有各类通信、指挥、对抗、作战系统均

有直接的影响，充分掌握空间天气科学的规律，以及利用各类空间天气现象和变化，对提升和改进现有军事装备作战能力有显著效果。美军甚至提出空间天气是军事装备的"倍增器"。更为重要的是，充分利用空间天气科学的成果，通过人工方式改变空间天气状态和变化，可以有力地对军事装备系统产生有利或不利的影响，得到类似于"气象武器"的"空间天气武器"，能够严重地影响军事卫星安全、军事通信和导航的可靠性。因此，充分研究和及时掌握空间天气科学，在军事活动中主动掌握空间天气信息，能够形成有效的军事威慑力，维护太空安全，更好地服务于和平利用空间。

综上所述，21 世纪将是人类的日常生活更加依赖空间的世纪。空间科技的发展与应用已深入到人们日常生活的每个角落，人类生活质量的改善和提高，需要大量依靠空间手段来解决。因此，发展空间科技成为提升中国民众日常生活质量、促进社会可持续发展的重要途径。

第二节　发展规律与研究特点

一、技术驱动性

空间科学的发展与人类空间探测技术的进步密切相关，每一次人类对于空间探测的重大突破，都给学科的发展带来质的飞跃。空间科学伴随着航天技术和空间探测技术的发展而迅速发展起来。空间飞行器平台大大地扩宽了人类的视野，最有代表性的一个例子就是脱离大气层的哈勃空间望远镜拍摄到了几十到上百张恒星照片，其清晰度是地面天文望远镜的 10 倍以上。利用哈勃空间望远镜拍摄的深空图像，研究人员发现了宇宙边缘附近有一个距离地球 140 亿光年的古老星系，这是迄今人类所发现的最遥远的天体。利用哈勃空间望远镜所收集的图像和信息，科学家们取得了一系列突破性的成就，确定了宇宙的基本尺度。2021 年 12 月韦布空间望远镜成功发射，并于 2022 年 1 月发布了第一张照片（图 1-1），开启了人类调查宇宙之谜的新纪元。

图 1-1　美国国家航空航天局韦布空间望远镜捕获名为 NGC 3324 的年轻恒星
形成区域的边缘

资料来源：Rob Garner. NASA's Webb Reveals Cosmic Cliffs, Glittering Landscape of Star Birth. https://
www.nasa.gov/image-feature/goddard/2022/nasa-s-webb-reveals-cosmic-cliffs-glittering-landscape-of-star-
birth[2023-04-05]

　　半个世纪以来，人类发射了数百颗专门用于空间科学探测的航天器。在
20 世纪后半叶出现了激动人心的空间新发现：发现了辐射带的存在，证实了
太阳风的存在，发现了高速太阳风起源于冕洞，基本了解了地球轨道附近的
行星际空间环境，发现了地球弓形激波、粒子的激波加速和磁场重联等基本
物理现象的存在等。人类也有计划地探测了月球、太阳系中其他行星及其卫
星。例如，美国阿波罗计划的成功实施，使得人类对于月球的认知和了解达
到了前所未有的高度，并对地－月系的起源和演化也带来了新的、有价值的
参考数据。目前还有 20 世纪 70 年代末发射的飞船正在向宇宙深空疾驶，如
"旅行者 1 号"和"旅行者 2 号"。2018 年发射的"帕克"太阳探测器实现了
人类有史以来最近距离直接对日观测。

　　卫星对地观测技术每一次的重大突破，都会给卫星大地测量学科的发展
带来飞跃。例如，利用卫星跟踪的重力观测技术确定了更为精确的地球引力
场模型中长波部分及其变化；卫星多普勒和全球定位观测技术的广泛应用，
在统一坐标框架内测定了遍及全球的地面站的地心坐标；人卫激光测距技术
的应用，使得对卫星测距达到厘米级的精度，并制成了流动式激光测距仪，
可以测定地面站精确位置、极移和地球自转的短周期变化；星载雷达测高技
术的应用，成功测定了海洋表面形状和海洋重力场；冰卫星测高技术给出了

冰川消融的定量估计。

二、学科交叉性

空间科学是在自然科学基础学科的基础上发展起来的，具有鲜明的多学科交叉的特点。空间科学是多学科交叉的前沿科学，物理、化学、天文、地质、生命、材料等多个学科应用空间技术手段进行研究，形成了不同的空间科学研究领域。空间天文和太阳物理学的发展首先是在传统天文观测的基础上发展起来的。地球科学研究和发展，为行星与太阳系研究提供思路、理论、方法和经验。太阳系中地外物质的研究（如火星与月球陨石、与小行星对应的各类陨石、行星际尘埃等），为行星与太阳系领域提供了系统而丰富的太阳系各层次天体的物质成分、生命早期的化学演化、行星与太阳系的形成与演化各阶段的过程与年龄的科学依据。微重力科学借助于流体在空间微重力环境中的独特行为特征，将传统的流体力学、传热学、燃烧学、物理化学、材料科学、生命科学及基础物理等诸多学科紧密联系在一起，并相互交叉、渗透，形成诸多学科前沿和研究热点。空间大地测量学的成果极大地推动了诸如地壳形变及运动、地球自转与潮汐形变、冰后回弹、地幔对流及地核章动与地球动力学等研究，其监测的海平面变化、海面地形、冰川消融、陆地水储量变化以及地壳的震前和同震形变，又为地震、海洋、水文、冰川等许多地球科学的分支学科的研究提供了重要的基础信息。此外，空间大地测量学及其技术的发展又密切依赖于各个分支学科的研究。空间科学的发展极大促进了多学科的交叉和发展，丰富了人类的知识，发展了人类的宇宙观。

三、重大前沿性

空间科学探测的直接目标是发现新的自然现象和物质运动规律。由于科学发现的唯一性，空间科学探测任务具有极强的前沿性。空间探测计划根据投资规模大小可以分为小、中、大和国家专项计划。每一项计划都是重大计划，每一项计划的实施一般都能带来重要的科学发现，增加人类的知识。所有空间任务都是国家重大任务，取得的成果都是重大成果。载人航天和绕月探测工程的成功同时具有政治性，具有振奋民族精神、凝聚民族力量的重大意义。

空间探测任务还具有鲜明的时代性，与国家重大科技决策密切相关，如美国 20 世纪 60 年代的阿波罗计划，90 年代的以太空望远镜、空间站、小行星和火星为主线的空间探索计划，以及目前的"重返月球"计划等。空间科学还具有公众性，与其他科学领域相比，空间科学方面的发现甚至空间科学任务本身都是引起公众兴趣的重要领域，这和人类对自身生存的宇宙空间的好奇心相关。

四、合作开放性

空间科学探测与研究是人类共同的目标，往往耗资巨大。在科技全球化的今天，国际合作已是空间探测中不可或缺的要素。通过国际合作，不仅可以实现研究经费互补、数据共享、降低测控运行费用等，还可以为国家的政治和外交服务。随着各国经济和技术的长足进步，参与空间科学探测的国家正逐渐增多，空间科学探测的深度和广度也不断扩大。空间科学已进入全面发展的新时代，趋向多元化，国际合作已成为空间科学探测领域的重要特点和趋势。

例如，1997 年 10 月发射的"卡西尼号"土星探测器，由美国国家航空航天局、欧洲航天局和意大利空间局联合研制。参加"卡西尼号"土星探测器任务的国家一共有 17 个，它是人类进入太空时代以来最激动人心的大型国际合作课题之一。"双星计划"是中国地球空间双星探测计划与欧洲航天局"星簇计划"的一次合作，是中国第一次以自己提出并开展国际合作的重大科学探测项目。"双星计划"与欧洲航天局"星簇计划"的 4 颗卫星相配合，在人类历史上第一次进行地球空间"六点探测"，开启了地球空间天气多层次和多时空尺度研究新阶段。2019 年欧洲航天局召开理事会，正式批准中欧联合研制的太阳风－磁层相互作用全景成像卫星（Solar wind Magnetosphere Ionosphere Link Explorer，SMILE）计划（简称"微笑计划"），这是继"双星计划"后，中欧之间又一大型空间探测合作计划。该计划将聚焦日地联系，利用创新的软 X 射线和紫外成像仪器，首次实现对地球空间大尺度结构的整体成像，揭示太阳活动影响地球空间环境的变化规律，为预测及减轻地球空间天气灾害发挥重要作用，同时也开辟了空间科学国际合作的新范式。

空间现象的全球性和相互关联性强的特点也决定了空间科学的研究越来越需要国际合作，空间科学方面的大规模国际合作计划接连不断：1957年国际地球物理年后，紧接着国际地球物理协作计划、国际宁静太阳年、国际磁层研究计划、太阳活动极大年计划、中层大气计划等。国际科学联合会理事会下属的日地物理委员会也组织实施了"日地系统气候和天气"计划。目前，以美国国家航空航天局为首，世界众多国家参加的"国际与星同在"计划是一个"聚焦空间天气、由应用驱动的研究计划"，它将在太阳附近和整个日地系统配置20余颗卫星，使日地空间成为一个有机联系的整体探测研究系统。2007～2008年，为纪念国际地球物理年50周年，国际上又开展了国际日球物理年、国际极地年和信息地球物理年等计划。同样，空间大地测量技术手段的多样性、技术设施分布的全球性及技术系统研制的高难度性，决定了空间大地测量学发展所依赖的技术支撑体系的建设，必须由全球多个国家和地区通力合作完成和实现。

越来越多的空间科学探测和研究的成就得益于航天大国的双边或多边合作，这是空间科学发展的战略、科技与经济的需求。空间科学探测从美苏争霸，到美国独霸再到目前的多极竞争的局面，空间科学国际合作的特点将日趋鲜明，其趋势还将长期继续下去，并且合作的深度、广度还将继续扩大。

五、投入长期性

空间科学研究和探测计划的实施具有长期性，是国家整体行为，需要国家长期、稳定的支持。空间科学的发展也离不开探测任务的支撑，而一项探测计划耗资大、周期长、集成度高、技术复杂、风险度高。一项空间科学任务从概念提出到方案论证再到研制、发射、获取数据和最后取得科学成果，往往需要短则七八年，长则十几年甚至几十年的时间。一项空间科学成果的获得，需要地基研究、空间探测前期预研、空间探测、空间探测结果的后续研究等多个环节的密切协同，很难在短期内取得显著成效。空间科学的研究是一个长期的、不断积累的过程。例如，卫星重力学的理论与方法研究始于20世纪60年代，经过几代科学家近半个世纪的共同努力，到21世纪初，重力卫星才第一次成功发射和应用。

此外，人才队伍的培养难度大、周期长。空间科学的基础性和交叉性决定了空间科学人才队伍是一支了解多个学科背景和知识的复合型队伍。例如，一名空间物理学者必须具备大气物理、等离子体物理等领域的相关知识；一名空间大地测量学者除了必须熟悉大地测量专业技术外，还要一定程度地了解和掌握遥感、地震学、地质学、地球物理学等相关学科的背景与知识；一名微重力科学研究人员需要具备"科学家和工程师相结合"的科学研究与工程实施的能力。空间科学任务的长期性和实施的不可预见性，则严重影响了人才队伍的成长。如果国家缺乏对空间科学的长期投入，即便科学家能提出先进科学计划也无法按时实施。这会打击科研人员的积极性，且经费缺少将导致研究队伍涣散和人才流失，进一步使得现有研究基础逐步瓦解。

因此，支持空间科学的发展是一个国家行为，必须构建先进、综合、完善的技术支撑体系以及建设一支知识全面、年龄结构合理、规模较大的研究队伍。这既需要国家在政策上的大力支持，也特别需要国家长期、稳定的经费投入。

第三节　发展现状与发展态势

空间科技在国家发展中的战略地位与作用越来越显著。2011 年，美国国家航空航天局发布了《NASA 战略规划 2011》，定位于服务至 2021 年乃至更长远的发展目标，是"支撑其未来能力建设和发展的重要规划"。规划在详细分析其所面临挑战的基础上，对美国国家航空航天局未来在航空航天和相关领域的任务计划进行了具体部署。其中，开发新一代航空航天系统成为最令人期待和关注的重点内容。规划还提出了：拓展并持续人类在太阳系的探索行动；深化人类对地球和整个宇宙的科学认识；开发支撑未来空间探测、科学研究及经济发展的全新空间技术；以提升社会效益为目标推动航空航天领域的研究进步；增强项目管理及制度建设能力；向公众、教育者及学生提供机遇，使其共同参与到履行美国国家航空航天局使命、培育创新及推动国家经济发展进程之中共六项战略目标。2014 年，美国国家航空航天局发布了《NASA 科学规划 2014》。其主要战略目标包括：了解太阳及其与地球和太阳系之间的互相作用；确定太阳系组成、起源与演化，以及在太阳系某处存在生命的可能性；揭示和探索宇宙运行机制及起源、演化机制，并在其他恒星周围寻找行星生命；加强对地球系统的了解，以应对环境变化所带来的挑战，提高人类在地球的生活质量。2015 年，美国国家航空航天局发布了《NASA 技术路线图》，提出了支持美国国家航空航天局 2015~2035 年航空、科学和载人探索任务的技术需求及开发路径。2016 年美国国家科学院《NASA 空间技术路线图和优先事项重审》遴选 17 项独立及组合的高优先级技术，支撑空间科学在内的空间技术部署。2018 年美国国家航空航天局发布《NASA 战略规划 2018》，提出"发现、探索、发展、实现"四大战略主题，明确2018~2021 年及更长远未来美国国家航空航天局的战略方向、目标和优先事项。该规划为人类重返月球、开展长期空间探索及利用，乃至实施载人火星探测及更远深空探测奠定基础。2020 年美国国家航空航天局又发布了新版科学规划《科学 2020~2024：卓越科学愿景》，进一步明确了科学任务部的愿景和使命，提出探索和科学发现、创新、互通与合作、启发激励 4 个跨领域优先事项及相应战略。该规划以探索和科学发现为核心，重点关注未来 5 年最有影响力的领域，包括作为主要合作伙伴和推动者参与以月球、火星及以远区域的科学研究为重点空间探测活动，为目标用户提供地球科学应用、空间天气、行星防御和空间态势感知等应用计划数据信息等。

2005 年欧洲航天局提出《宇宙憧憬（2015—2025）》。该规划阐述了空间科学领域亟待解决的四个主要问题：行星形成和产生生命的条件、太阳系的运行规律、宇宙基本物理定律、宇宙起源和组成。规划中还包括百项空间科学候选任务。2011 年欧洲航天局对支持其中型和大型科学任务有效载荷的基础和核心技术行动进行了规划。2015 年欧洲航天局发布了《空间探测战略》，提出了重点开展空间探索计划，包括国际空间站的欧洲空间生命和物理科学计划、多功能载人飞船 - 欧洲服务舱、月球探索活动、火星生命探测计划和火星机器人探索准备计划等。欧洲航天局科学计划的下一个十年期规划是《远航 2050》。它将涵盖 2035~2050 年的空间科学任务，并推荐了以下科学主题，即巨行星的卫星——探测拥有海洋的气体巨行星卫星的任务；从温和的系外行星到银河系——描述系外行星特征或调查银河系形成历史的任务；早期宇宙的新物理探测器——通过宇宙微波背景、引力波或其他基本天体物理现象来研究早期宇宙的任务。

2013 年俄罗斯批准《2030 年前及未来俄罗斯航天活动领域国家政策原则的基本规章》。与空间研究有关的内容包括：发展基础科学，获取宇宙、地球和其他天体的基础数据，在月球、火星、太阳系其他天体等最有意义的研究方向上达到和保持领先地位；寻找地外生命、利用地外资源、了解形成机制、关注地球和气候演变，发现并揭示来自宇宙的对地球文明社会的危险与威胁；确保充分参与研究、开发和利用宇宙空间，包括月球、火星和其他太阳系天体的国际合作项目。

日本政府不定期发表《宇宙基本计划》，2015 年新版规划了未来日本在空间领域的政策走向和主要活动，包括空间科学、探索和载人空间活动。《日本宇航探索局长期愿景——JAXA 2025》描绘了日本对未来 20 年航天活动的构想，努力使日本成为空间科学在世界占据领先地位的国家，为开展日本自己的载人航天活动和月球利用做好准备。

综上所述，国际空间科学呈现出以下发展趋势。

1）太阳系探测以月球和火星深空探索为主线，向着更深更遥远的宇宙迈进，拓展人类活动的疆域，促进人类新知识的发现，引领新技术的发展，获取新的战略资源，也为太阳系的起源和演化、可居住星球的历史和未来及寻找地外生命提供线索。

2）开展小尺度的精细结构和大尺度的科学探索，加深对宇宙和主宰其行为的物理过程的认识，试图回答宇宙是如何起源的、黑洞的形成及演化、恒星和星系是如何形成的等问题以及寻找类地行星系统。

3）试图理解太阳深处的发电机效应和太阳大气层的复杂结构，跟踪从太阳到地球到其他行星的复杂响应，将日地联系物理过程延拓为对太阳－太阳系整体联系研究，重视空间环境对航天活动、人类生存环境、人类在太空可居住性的研究。

4）加深对地球系统的科学认识以及地球系统对自然变化和人为诱导变化的响应的认识，改善进行气候、气象和自然灾害的预报能力，提高人类生活质量。重点研究气候变化、全球观测和海洋动力学变化等。

5）通过微重力环境下的试验，开展微重力流体物理和燃烧学、空间材料科学等基本物理过程和规律的研究，揭示因重力存在而被掩盖的物质运动规律。通过空间试验进行基本物理理论和物理定律预言的检验，探索当代物理的局限，提供新一代时空基准。

1958 年钱学森、赵九章等老一辈科学家向国务院建议发展我国的科学卫星，并建立了相应的研究机构从事空间物理和科学卫星的工作。20 世纪 60 年代初期开始利用探空火箭、探空气球开展高层大气探测，标志着我国空间科学研究进入起步阶段。70 年代初期开始利用"实践"系列科学探测与技术试验卫星进行了一系列空间探测和研究，对近地空间环境中的带电粒子及其效应进行了较为详细的探测，获得了很多宝贵的环境探测资料。

20 世纪 80 年代中叶启动的国家高技术研究发展计划（即 863 计划）和1992 年启动的载人航天工程是推动我国空间科学事业的两个重大计划。这两个国家计划和任务的实施，实质性地推动了我国空间科学各领域的全面发展。

从 1987 年起，我国科学家利用返回式卫星搭载完成了一批空间材料科学、空间生物技术、微重力流体物理和燃烧学的空间科学实验。这些空间科学实验包括砷化钾单晶的空间生长、α-碘酸锂单晶的溶液法生长、蛋白质单晶生长、空间细胞生长、微重力沸腾传热、热毛细迁移运动、非金属材料焖烧等。

1992 年，中国正式实施载人航天工程，并规划了载人航天三步走的发展战略。第一阶段，实施我国第一个系统的空间科学和应用计划。从"神舟一号"到"神舟六号"，完成了 29 项空间科学与应用任务并获得成功，涉及地球观测和地球环境、空间生命科学、微重力流体物理和燃烧学、空间材料科学、空间天文、空间环境等广泛的空间科学领域，获得了一批重要的科学成果，掌握了重要的空间试验和探测技术。目前正在开展的第二步工程（空间实验室）和规划中的第三步计划（空间站）将为开展创新性的空间科学研究、获取高水平的空间科学成果开辟新的道路。

2001 年国防科学技术工业委员会批准正式开始的地球空间"双星计划"，这是我国第一个以科学目标为牵引的空间科学卫星计划。"双星计划"包括赤道区卫星（"探测一号"卫星，550～7900 千米，倾角 28.5°）和极区卫星（"探测二号"卫星，650~3900 千米，倾角 90°），分别于 2003 年 12 月和 2004 年 7 月成功发射。这两颗卫星运行于目前国际日地物理计划卫星在地球空间尚不能覆盖的近地磁层的重要活动区，形成了具有创新特色和独成体系的星座系统。中国的"双星计划"与欧洲航天局"星群计划"的四颗卫星密切配合，形成了人类历史上对地球空间的首次"六点探测"。"双星计划"团队 2010 年获得国际宇航科学院杰出团队成就奖。作为国家重大科技基础设施项目的"东半球空间环境地基综合监测子午链"（简称子午工程），2008 年开始建设，2012 年 10 月完成建设并投入正式运行。这项工程旨在了解东半球 120°E 子午链上空间环境变化规律，逐步弄清 120°E 子午链区域性环境特征与全球环境变化间的关系，为研究与预测空间环境变化提供地基观测数据。它是世界上最长的子午台链观测，跨越地球纬度范围达 130°，具有地域特色不可替代和多种国际先进观测手段综合性高的优势，其建成为进一步推动我国空间环境地基观测实现跨越式发展奠定了坚实基础。

月球探测工程已经被正式列入了国家中长期科技发展规划重大专项。2007 年 10 月，我国成功发射了"嫦娥一号"绕月探测卫星，开辟了我国深空探测的新纪元。2007 年 11 月 26 日，我国政府正式公布了"嫦娥一号"卫星（图 1-2）获得的第一幅月面图像。基于星载的科学探测仪器探测数据，科学家们开展了月球的组成成分、资源以及地–月空间环境的研究。2008 年 11 月 12 日，我国政府发布了"嫦娥一号"卫星探测到的全月图，首次获得了白天和黑夜的全月球微波图像，构建了自主的首个高阶高精度月球重力场模型。2010 年 10 月，"嫦娥二号"顺利发射升空，获得了多种元素全月面分布，揭示了图塔蒂斯小行星的物理特性与形成机理。2013 年 12 月，"嫦娥三号"首次在月球上实现了软着陆，并在国际上首次解译了月壤和月壳浅层结构特性，首次在月面上实现了对地球等离子体层产生的 30.4 纳米辐射进行定点观测。

2010 年 3 月 31 日，国务院第 105 次常务会议审议通过了中国科学院"创新 2020"规划，中国科学院开始启动实施的空间科学战略性先导科技专项。"十二五"期间，空间科学先导专项部署"硬 X 射线调制望远镜"、"量子科学实验卫星"、"暗物质粒子探测卫星"、"实践十号科学实验卫星"（简称"实践十号"）、"夸父计划"、"空间科学卫星背景型号研究"及"空间科学预先研究"7 个项目。通过空间科学专项任务的实施，可望在恒星与星系的起源和演化、

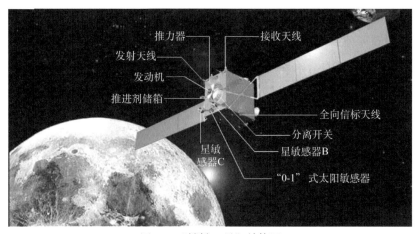

图 1-2 "嫦娥一号"结构图

资料来源：中国探月一期工程圆满成功，

http://www.scio.gov.cn/ztk/dtzt/19/5/Document/568666/568666.htm [2023-04-05]

暗物质的性质、空间环境下的物质运动规律和生命活动规律、太阳爆发等太阳活动对地球空间环境的影响和检验量子力学完备性等方面取得重大科学发现或突破，同时为"十三五"乃至更长期空间科学的发展做好技术准备、奠定发展基础。同时，通过空间科学先导专项，还将培养起一支达到国际水平的科学研究队伍和先进探测仪器的研制队伍，建立起我国空间科学及卫星工程项目的技术支撑和管理体系，建成支撑我国空间科学发展的国家级高水平空间科学中心，为空间科学今后的持续发展奠定坚实的基础。

在"十三五"期间，我国的空间科学迎来了快速发展时期。在近地轨道领域，2015 年 12 月发射的暗物质粒子探测卫星——"悟空号"第一次直接探测到太电子伏特的拐折，获得了迄今世界上最精确的宇宙射线电子、质子和氦核的能谱精细结构；2016 年 4 月发射的"实践十号"首次在国际上实现了微重力条件下的细胞胚胎至囊胚的发育过程；2016 年 8 月发射的"墨子号"量子科学实验卫星（简称"墨子号"）在国际上率先实现数千千米量级的星-地双向量子纠缠分发、地-星隐形传态和星-地密钥分发实验，完成引力诱导量子纠缠退相干实验；2017 年 6 月发射的硬 X 射线调制望远镜卫星（简称"慧眼"）在国际上首次直接测量到宇宙最强磁场，首次观测到黑洞双星爆发过程全景，证认了快速射电暴源于磁星；2018 年 2 月发射的"张衡一号"首次取得了完全自主知识产权的全球地磁图；2019 年 8 月发射的"太极一号"卫星实现了我国迄今最高精度的空间激光干涉测量；2020 年 12 月发射的引力波暴高能电磁对应体全天监测器卫星（简称"怀柔一号"）通过快速发布的观测警报引导了γ射线暴的国际联合观测。在深空探测领域，2018 年 10 月发射的"嫦娥四号"首次获取了月壤的光度特性，首次在月表原位识别出了年龄在 1 个百万年以内的碳质球粒陨石撞击体残留物"天外来客"，揭示着陆区矿物成分、地形地质演化历史、月壤太空风化程度和浅层地下结构；2020 年 11 月发射的"嫦娥五号"对月球进行了采样并成功取得样品返回，所获得的样品证明月球最"年轻"玄武岩年龄为 20 亿年，揭示了月球晚期岩浆活动过程，发现月幔的水含量极少；2020 年 7 月发射的"天问一号"对火星空间环境进行了高精度探测，所发布的行星际太阳风探测成果，为研究行星际多点太阳风探测及其径向演化提供了新思路。在载人航天空间探测领域，2016 年 9 月发射的"天宫二号"携带了冷原子钟。作为国际上第一台空间运行的冷原子钟，其频率稳定度达到国际领先水平，比现有星载原子钟高 1～2 个数量级。同时携带的还有"天极"伽马暴偏振探测仪（简称"天极"），它提供了国际上最大样本和最高精度的伽马暴偏振测量，被认为是理解宇宙极端相对论喷流的"第一步"。

经过多年发展，我国空间科学领域已经具备坚实的学术积累、完整的学科体系和技术科研骨干人才储备。从事和参与空间科学的有 50 多位院士，并形成了 200 人左右的高水平学术带头人。他们大多有长期从事空间科学各领域工作的经历，在国际国内学术界联系广泛，具备国际视野，已经站在学科发展的前沿，研究工作日趋活跃。

在国家重大专项和前期任务的推动下，我国空间科学探测和实验技术及载荷研制方面积累了较好基础，掌握了大部分探测和实验技术，并得到国内光学、电子、材料、精密机械等专业单位和部门的支持，初步形成了研制体系。

我国在空间科学各领域已经建成了一批重点实验室，包括空间物理领域的"空间天气学国家重点实验室"（中国科学院空间科学与应用研究中心）、"近地空间环境重点实验室"（中国科学技术大学）、"地球与行星物理重点实验室"（中国科学院地质与地球物理研究所）、"中高层大气实验室"（武汉大学）、"空间环境监测与信息处理重点实验室"（北京航空航天大学）、中国气象局空间天气重点开放实验室；空间天文领域的"粒子天体物理重点实验室"（中国科学院高能物理研究所）、"太阳活动重点实验室"（中国科学院国家天文台）、"月球与深空探测重点实验室"（中国科学院国家天文台）；微重力科学领域的"微重力国家重点实验室"（中国科学院力学研究所）等。各重点高校建设了一批空间科学相关院系和实验室，均具备较强研究实力。

我国已批准实施的载人空间站工程，将成为 21 世纪 30 年代中后期唯一在轨空间站，是我国发展空间科学难得的历史机遇。已批准的探月四期工程和深空探测计划为月球和行星科学研究提供了机遇。中国科学院空间科学战略性先导科技专项的科学卫星计划，开辟了持续发展科学卫星的宏伟前景。

我国针对不同任务，已建立了一批空间科学任务总体单位，包括"国防科技工业局探月与航天工程中心""中国科学院空间应用工程与技术中心""中国科学院国家空间科学中心""中国科学院月球与深空探测总体部"等。我国现拥有数百人的总体和技术支撑队伍，在相关科学任务的战略研究和任务规划、工程组织管理、系统设计和集成、试验验证、技术支持、可靠性保障和在轨的管理等方面发挥了重要作用，建成了一批地面接收站、空间科学载荷操作管理中心和地面科学应用中心，建设了元器件筛选、环境模拟、电磁兼容、系统测试等技术平台，具备实施空间科学任务的技术保障能力。

第四节 整体思路与发展方向

一、问题与挑战

（一）统一规划缺乏

鉴于空间科学任务的前沿性和长期性，需要从科学目标出发制定具有前瞻性和不断更新的国家空间科学规划，用于指导项目征集确定。由于历史原因，我国空间科技领域涉及国家国防科技工业局、中国航天科技集团有限公司、中国科学院、科技部、教育部、自然科学基金委、工业和信息化部、中国地震局、中国气象局、国家海洋局和中国共产党中央军事委员会装备发部等多个部门。我国尚缺少对该领域综合全盘考虑的权威国家级机构，"计"出多门，而实施起来却十分困难。目前，载人航天由中央军委装备发展部主管，探月与深空探测以及民用应用卫星由国家国防科技工业局主管，空间科学卫星由中国科学院主抓。由于各部门的协同创新体制机制不够完善，相关部门的计划与投入都是根据各自的职能和需求进行布局，呈现出多部门齐抓分管、多头推进的局面，相互之间缺乏有机衔接，整体布局和顶层设计不够完善。中国科学院提出的《中国至 2050 年空间科技发展路线图》和《2016～2030 年空间科学规划研究报告》等很有价值，但并不是国家规划。

国家规划缺失造成的这些问题严重影响了我国空间科学的发展。首先，由于缺乏国家统一规划，长期以来我国科学卫星的建议和立项处于一事一议状态。中国科学院的空间科学先导专项是重大进步，但还不是确定的长期可持续计划，不利于长远谋划，滚动发展。其次，空间科学研究内容和支撑条件布局不系统、不集中，缺乏预见性和长期准备。处于准备阶段的空间科学项目的预先研究和地面实验支持不足，空间试验和亚轨道实验（飞机、高空科学气球、火箭）机会少。已确定空间科学项目必须开展的科学研究、载荷研制、模拟实验、数据分析、条件保障等经费来源多头且不配套。此外，空间科学的研究队伍随着具体任务变化，不能长期稳定，任务落实后又缺少人才储备，队伍建设缺乏长期性和稳定性。

（二）稳定投入薄弱

面对当前国际环境百年未有之变局，空间科学呈现信息化、数字化和军事化发展的新态势，利用空间科学的进步服务国民经济、国家安全与和平发展的现实战略需求越发紧迫。不仅需要解决技术、数据、模式、应用等"卡脖子"问题，在空天地的系统性观测技术方面实现科学设备的完全自主与创新，也需要实现"从 0 到 1"的突破，产生一批原创性、开创性的成果，形成空间科学研究的世界主要科学中心和创新高地。但是，空间任务具备系统性、集成性、复杂性和创新性都很强的特点。一项空间任务从预研到任务完成往往需要数年甚至数十年的时间，需要多个环节的密切配合，包括地基研究、空间试验前期预研、空间试验、空间试验结果的后续研究等。因此空间科技领域的研究所需经费体量大，更需要稳定的支持经费和渠道。长期稳定投入的欠缺影响了空间项目的先进性及成果的完整性，这种状况直接导致我国空间科技领域整体创新能力有限，影响了我国空间科技早日跻身国际先进行列和主导地位的确立，对人类认知空间的贡献度低，与我国空间大国的地位极不相称。

各空间科技发达的国家和地区在空间科学领域具有大量投入并保持长期稳定。2013～2019 年，美国国家航空航天局的预算始终维持在 190 亿美元左右（表 1-1），最近 3 年则连续突破 200 亿美元，其中空间科学领域占比高达 1/3，年均超过 60 亿美元。2022 财年用于空间科学的总预算为 79.31 亿美元，占美国国家航空航天局 2022 财年总预算的 32%，与"空间技术"总预算规模相当（即深空探索系统和空间技术两个领域之和，83 亿美元），是空间科学、空间技术全面发展的生动体现。

表 1-1　美国国家航空航天局 2013～2022 年预算走势 （单位：亿美元）

	2013 年	2014 年	2015 年	2016 年	2017 年	2018 年	2019 年	2020 年	2021 年	2022 年
总预算	177.11	177.15	174.61	185.29	190.25	190.92	198.92	226.29	232.71	248.02
空间科学预算	49.11	50.18	49.72	52.89	56.01	57.12	58.95	71.43	73	79.31

欧洲航天局 2020～2024 年总预算为 136.03 亿欧元，其中空间科学预算 28.23 亿欧元（未考虑空间地球科学），占总预算的 20.80%（表 1-2）。如果考虑空间地球科学，空间科学的预算则占其总预算的 40%。

表 1-2　欧洲航天局 2020～2024 年预算分配

	空间安全	防护应用	对地观测	无线通信	导航	空间技术	空间运载	空间站	空间科学	日常活动	科普	载人航天
分配金额 / 亿欧元	4.32	1.09	25.41	15.11	0.72	5.61	22.38	3.09	28.23	8.25	2.29	19.53
占比 /%	3.20	0.80	18.70	11.10	0.50	4.10	16.50	2.30	20.80	6.00	1.70	14.30

长期稳定的经费投入是美国、欧洲、日本等空间科学得以持续发展的基础。然而，我国空间科学投入与欧美日相比差距很大。自探月工程和先导专项实施以来，月球与深空探测工程目前已投入工程经费超过 300 亿元，"天问一号"工程经费投入约 70 亿元，空间科学先导专项（含一期和二期）投入工程经费约 70 亿元，早期"双星计划"经费 4 亿元。总计 444 亿元，年均

经费 21 亿元，约为美国的 1/20、欧洲的 1/3。单就地球轨道科学卫星来说，2010～2020 年我国年均投入约 7 亿元，仅占美国的 1/50，欧洲航天局的 1/5。

我国空间科学投入在航天总投入的占比一直很低，远未达到美欧航天强国或机构的投入水平。虽中国的各种业务卫星发展势头强劲，而空间科学仍未获得应有地位。术业有专攻，发达的空间科学不能仅依靠业务卫星来搭载科学探测载荷。21 世纪以来，我国仅实施了"双星计划"、"悟空号"、"实践十号"、"墨子号"、碳卫星、"慧眼"、"张衡一号"、"怀柔一号"等 8 个地球轨道科学卫星任务，以及"嫦娥"系列、"天问一号"等 6 个深空探测任务，20 年间发射次数共 14 次，年均不到 1 次，远远落后于我国航天发射活动总规模。另外，由于历史原因，即使在现有的有限空间科学投入中，经费也几乎全部用于工程研制。仅从"十三五"开始，用于非工程的空间科学研究经费才刚开始布局，主要体现在科技部重点研发计划、国家自然科学基金委员会 – 中国科学院空间科学卫星科学研究联合基金等，不足空间科学投入的 1%。

世界各国航天局都有稳定预算，各类任务按计划有条不紊地开展，使长周期和需要深度前期研究的项目按科学规律办事，为取得高水平科学成果提供了条件。鉴于此，我国的空间科学亟须加大投入，尤其是稳定的可持续性的投入，以及非工程类研究经费的同比增长，让更多基础研究搭上航天的翅膀，取得创新突破。

（三）落后于国际水平

我国实施的空间科学活动数量少。截至 2022 年，世界上共发射了约 900 颗空间科学卫星和深空探测器，其中美国 400 多颗、俄罗斯 200 多颗、欧洲航天局和日本各约 50 颗。各国在载人航天器和返回式卫星上共开展了 6000 多项生命科学和物理科学实验，美国、俄罗斯均在 2000 项以上，欧洲、日本等有近 1000 项。空间科学在日本的空间计划中占了相当比重并得到了稳定支持，形成了 X 射线、太阳观测、行星探测三个系列，因而日本被认为是空间天文和太阳物理研究强国，还拥有较高水平的地球科学卫星。相比之下，我国还远落后于国际先进水平。

我国有效载荷的水平有待提高。目前，我国自主空间载荷还远不能满足空间科学探测的需求，存在有效载荷种类单一、精度较低、标定手段缺乏等问题。我国空间科学卫星资料主要依赖国外，远不具备独立自主的监测能力，长期存在着空间科学研究落后于航天技术发展的极为不平衡的局面。空间科学探测领域还没有采用以科学家为主导的有效载荷首席科学家制，有效载荷研制存在科学目标不明、技术指标不先进、数据处理和成果产出无人负责的尴尬局面。

2000～2014年中国的空间科学论文总数排在美国、德国、英国、法国、意大利和日本之后，位列世界第七。近年来，我国空间科学的论文数量取得了大幅进步，尤其是在2016年以后，年均论文数量排到了全球第二位。然而，围绕中国空间任务产出的论文数量仅占中国论文总量的5.2%，且靠分析国外二次数据的论文很难产生重要影响力。我国论文的影响力低于世界平均水平，篇均被引频次排在第12位，与美国和欧洲形成很大的反差。据科睿唯安数据库统计，2010～2020年，我国在空间科学领域的高被引论文数量是178篇（表1-3），远落后于美国（1323篇）和欧洲（2304篇），甚至落后于日本（240篇）。而且，我国高被引论文占论文总数的百分比也远低于美国和欧洲。日本科学技术振兴机构2015年发布的《世界空间科技力量比较》报告对各国空间科技分类做了调查对比。对比结果显示，我国空间科学得分为2分（满分为20分，美国为20分，欧洲为9.5分，日本为7.5分，俄罗斯为4分）。由此可见，我国在空间科学的重要成果和影响力方面亟须提升。

表1-3　2010～2020年科睿唯安高被引论文数量比较　　（单位：篇）

	美国	欧洲	中国	俄罗斯	日本	印度
论文数量	1323	2304	178	112	240	98

当然，我国自主的空间科学任务起步较晚，上述评估主要说明过去的情况。由于长期以来我国对空间科学不够重视，虽然近年来我国空间科学正在崛起，也取得了一些重要成果，但基础和整体水平不高。空间科学少有国际同行公认的重大成就，成为我国航天领域的突出短板，也是我国基础研究的弱项，这与我国空间大国的形象不符，与我国国际地位完全不相称。

我国在空间科学领域与国际先进水平的差距，不仅包括空间科学活动规模、经费投入、科学产出的差距，还存在研究队伍的水平不高、队伍规模不能适应当前任务需求、更不能满足未来发展要求等问题。研究的基础不够深厚，研究水平和深度亟待提高，先进探测技术积累还比较薄弱。振兴我国空间科学，需要在理念、导向、体制、机制、文化、教育等方面进行一系列深化改革，需要长期努力，任重道远。

二、思路与布局

面向国家空间科学领域的发展前沿和我国空间科学发展的国家需求，我国空间科学发展思路包括如下：立足于中国现状，以世界主要发达国家作为参照系，全面布局，突出重点，协调发展；瞄准国家需求和空间科学的前沿，开展以国家需求为导向的战略性基础研究及以科学问题为导向的原始性创新自由探索；坚持以基础研究和相关多学科研究成果交叉应用并重，形成多学科综合交叉研究的良好态势，实现跨越式发展；以加强创新能力为主线，以重大发现、理论创新和社会需求为引导，在相关重大空间探测计划和研究计划的带动下，整合本学科各方向的主要研究力量，形成优势互补、强强联合的领域研究团队；通过顶层设计，明确定位，凝练科学目标，积极参与国际合作，创建有特色的理论与方法研究体系，推动空间科学学科发展，满足国家经济建设和社会发展需求。

（一）优势领域实现突破

利用 10～20 年的时间，开展针对重大科学问题的前沿探索与研究。在黑洞、暗物质、暗能量和引力波的直接探测，月球和火星探测，太阳系的起源和演化，太阳活动对地球环境的影响及其预报，微重力科学和地外生命探索等方面取得原创性的突破。全面提升我国空间科学的研究水平，用重大科学成果提升中华民族在人类文明发展和科学文化上的贡献度，在人类探索宇宙的进程中树立新的知识丰碑。

（二）跨越发展和开拓应用

国家载人航天、探月工程、北斗卫星导航系统、高分辨率对地观测系统等重大工程任务提供了基础性的科学支撑，促进了空间材料、空间通信等空间技术的跨越发展。以构建数字地球科学平台与地球系统模拟网络平台为主线，综合利用空间信息，模拟与预测气候变化、区域水循环与水安全、碳循环与生态环境、陆表覆盖变化、突发自然灾害以及寻找与发现新能源、新资源，大幅提升空间科技支撑发展的能力和水平。在我国新发展阶段面临的能源与资源短缺等经济社会发展的瓶颈约束问题和应对全球变化、生态退化、重大自然灾害等全球问题上形成重大突破，实现我国从空间应用大国向强国的战略性跨越。

（三）奠定科学基础

"十四五"期间，我国空间科学发展的目标是通过建设和完善一批空间科技领域的国家级研究平台，培养和造就一批引领空间科技发展的世界级优秀人才，开展重大科学问题的前沿探索与研究，取得若干重大原创性突破，成为世界主要的空间科学中心之一。建成和运营好中国载人空间站，研发巡天空间望远镜、系列专用科学卫星和深空探测器，围绕空间天文、日球层物理、行星科学、空间地球科学、微重力与空间生命等领域前沿科学问题，凝练聚焦实施新的空间科学项目，取得重大科学发现与创新突破，积极抢占科技制高点。加强空间科学基础前沿问题研究、新型有效载荷研究、新概念系统技术研究，支撑空间科学长远发展。

2035 年前，我国将实现空间科学研究常态化，在宇宙演化、太阳活动规律、行星科学、新物理规律发现等前沿热点领域取得重大原创性成果，重点方向位居世界前列。积极推动空间天文、行星科学、日球层物理等学科领域发展，完善空间科学任务布局体系，实现空间科学研究的健康接续发展。建成由系列专用科学卫星和深空探测器构成的星际探索系统，实施先进空间天文、日球层物理、空间地球科学探测计划，在宇宙演化、太阳活动规律等科学问题上取得原创性成果。建成和运营好中国载人空间站，在新物理规律发现等空间科学实验方面取得重大突破。实施小行星取样、探月四期和月球科研站、火星取样等任务，在行星科学方向取得原创性成果，成为世界领先。2045 年前，我国将引领国际前沿及热点领域的探测与研究，取得重大科学发现与创新突破，成为世界主要的空间科学中心之一。

三、国际合作

空间科学研究早已从部门行为、国家或区域行为发展为全球性行为，蕴含国际合作开放性，也越来越依赖于国际合作的广度和深度。通过集成人类社会共同的智慧，充分利用各国已有的探测任务、技术基础和科研成果，把各国的优势科技力量和资源整合起来，为建设地球美好家园、有效和平利用空间、推动人类经济社会的可持续发展贡献力量，同时弘扬空间科学家作为"地球公民"应有的担当精神。在科技全球化的今天，通过国际的合作实现数据共享、经费互补，不仅促进了技术交流和经济进步，还有益于提升我国的国际地位和影响力。建设多元化、国际合作化的空间科学新格局，可以整合各国的优势科研力量和资源，拓宽空间科学研究的深度和广度，顺应新时代空间科学的发展需求，这一举措正在成为空间科学研究领域的重要特点和趋势。鉴于当前国际空间科学发展态势和中国的具体情况，可以从空间科学卫星、大型科学装置建设、科学数据共享、国际组织和国际会议参与、人才培养交流等方面积极开展国际合作。

在空间科学卫星领域，推进国际项目合作是解决两国甚至多国之间共同面临的重大技术性难题的联合技术攻关活动，是提升国家科技竞争力的重要举措。国际合作既可以提高科技实力、培养创新人才、增强国际影响力，又可以整合全球优质创新资源实现互补共享。利用空间科学任务的和平性质及其探测数据的可公开性，通过空间天文计划，如中法天文卫星"天基多波段空间变源监视器"、中欧联合"微笑计划"等，开展与发达国家在空间科学和航天技术领域的国际合作。重视空间科学观测设施的国际合作，实现同一天空、践行人类命运共同体理念，在国际科技合作中发挥重要作用，有助于提升我国科技影响力与我国空间科学的国际主导权与引领力。

空间科学涉及的大型科学装置，其规模日益增大，技术日趋复杂。目前几乎所有的大型空间科学项目都有不同程度的国际合作。例如，我国与巴西联合研制的"中巴地球资源卫星"作为我国第一颗传输型对地遥感卫星，在国际遥感领域取得了高度的认同，赢得了国际遥感界的赞誉。2011年"神舟八号"飞船上，利用德方研制的通用生物培养箱，中德双方开展了四大领域的17项科学实验。北京理工大学自主研制的空间生命科学载荷搭乘"龙"飞船一飞冲天，标志着我国自主研制的科学实验首次登入国际空间站。在这些基础之上，未来应当优先支持以中国为主的大型空间科学装置建设，得到国际空间科学界的支持和参与，增强我国在空间科学领域的国际影响力，建设标志性的重大科学实验装置和具有国际影响力的大型国际合作项目。尖端观测仪器的研制和航天技术的发展对于空间科学的进步至关重要。当前，我国开展大型空间科学项目的经验尚且不足，在未来应进一步推动空间探测与载荷技术国际合作专项。在基础研究和前沿技术开发上扩展国际合作和交流渠道，不仅可以有效降低研制经费，还能促进研发中关键技术的突破。另外，鼓励和支持中国科学家参加国际空间科学项目，如"世界空间天文台及紫外天文学"，以提高我国空间科学研究水平，促进科研成果产出，加快我国空间科学的发展速度和水平。

科学数据方面，目前我国的天基探测数据在很大程度上还依赖于国外卫星探测数据。应鼓励科研机构和科研工作者广泛参与国际重大探测和研究计划，加强多渠道、多层次的合作方式。提倡中外双方平等合作，对空间科学任务联合设计、联合开发。在之前的良好合作基础上，继续推进与俄罗斯、欧洲等国家／科研组织共同进行空间探测／天气卫星的研制和发射，酌情建立全球卫星联合观测组织统筹空间领域卫星监测覆盖。优先支持以我国为主，且具有重要地位的重大探测和研究计划，提升我国作为空间科学技术强国的地位，促进国际合作的可持续发展。同时鼓励以中方为主、外方搭载，以及中方搭载、数据共享等方式的协同合作，推动国际空间科学的进步。空间科学领域数据的共享和交流是学科发展的基础条件之一。建立国际虚拟研究中心将突破空间和时间的限制，为全球的科学家提供一个数据共享、沟通交流、成果展示的经济、快捷、稳定的合作交流平台。应优先支持在华建立国际科学数据网络中心或区域中心，有力促进科学研究的活跃和高水平成果的产出。依托高速互联网和高性能计算的国际性虚拟实验室，提高我国在空间科学各领域的产出。

我国应积极参与国际性的科学计划和重大活动，在国际地球系统科学领域中，提出创新的观点和理念。例如"人类活动在地球系统科学中定量化的研究问题"以及"全球变暖，人类活动和地球系统科学的关系"问题等，为国际空间科学的发展做出贡献。充分发挥国家航天局统一对外平台的作用，鼓励国家、研究所、高校、企业的国际合作，积极开拓国际合作项目，拓展合作的深度和广度，形成内聚外联的健康发展格局。国际空间研究委员会是国际上空间研究领域的最高学术组织。自 1993 年中国正式成为该组织成员以来，中国科学家在其中扮演越来越重要的角色，应充分利用这一重要平台，促进中国空间科学界与世界科学团体在卫星和空间探测器研究方面的交流与合作，推进中国空间科学事业的跨越发展。共建国际空间科学研究所北京分部，为空间科学战略规划和前瞻布局打下良好基础。深化预先研究和背景型号任务国际论证，确保科学目标的原创性和重大性。针对日地空间建模与预测预报，我国应号召各国实现模型公开、数据公开，建立空间天气建模与预测预报组织，号召各国携手共进，共同实现人类规避空间天气危害，影响日地空间的伟大设想，实现全球空间天气预测的规范化、统一化。例如，各国可专门负责特定事件、区域的空间建模与预测预报，由国际组织进行模型融合与数据共享，实现建模的精细化与统一化。同时，我国应积极举办和参加各种科学研讨会和工作会，鼓励支持我国空间科学家积极参加国际会议和国际组织的活动并任职，显著提升我国空间科学的国际影响力，争取更多的话语权。

我国空间科学方面的人才队伍日益壮大，涌现了一批优秀的中青年学术带头人，他们活跃在有关空间科学的国际、国内学术舞台，在国际空间科学领域扮演重要的角色。通过国际合作建设高水平创新人才队伍，进而实现人才队伍和创新能力的整体提升。目前，我国国际人员交流还是以"走出去"为主要模式，应当提高科研工作者的工作条件和氛围，吸引全球范围内最优秀的科学家来华工作交流。通过国际合作建设高水平创新人才队伍，进而实现人才队伍和创新能力的整体提升。要不断创新人才培养引进的政策和激励机制，全力打造具有国际竞争力的人才高地，加快培养造就一大批高层次科技创新人才，让各类人才创造活力竞相迸发、聪明才智充分涌流。

四、学科交叉

空间科学本身就是随着航天技术的进步而不断发展的一门新兴的基础性交叉学科，具有鲜明的学科特点。空间科学与等离子体物理学、地球物理学、地震、海洋、冰川和水文学等基础学科交叉，同时又与材料科学、信息科学等应用学科密切关联。鼓励学科之间的交叉研究和渗透融合，可以有效推动空间科学的创新型研究和新兴学科的发展，以获得原创性的成果并提出新的理论，同时为学科可持续发展提供动力。

（一）等离子体物理学

等离子体是由自由正负带电粒子组成的在宏观上呈电中性的一种物质形态，它是物质除固、液、气以外的第四种基本形态。等离子体在宇宙中广泛存在，如恒星、行星际介质等都由等离子体组成，它占了整个宇宙物质总量的99%。等离子体中的基本物理过程控制着空间和天体中的许多现象。等离子体物理学已成为空间和天体物理研究的重要基础。此外，等离子体技术广泛用于多个重要科学、经济和国防领域。

随着科学技术的发展，人们对等离子体的控制能力不断提高，等离子体研究领域和应用范围不断扩大，由此产生了大量新的科学挑战和机遇。这些机遇会进一步提升和扩大等离子体科学在经济发展、能源和环境、国家安全以及科学知识等方面的作用。例如，国际热核实验堆将第一次实现燃烧等离子体，使人类对聚变等离子体的研究进入一个新的领域，在科学上产生一系列新的发现。它还将在数百秒时间内能够持续产生相当高的热核聚变功率（500兆瓦），这将是核聚变能走向商业化和平利用进程中关键的一步。在惯性约束核聚变研究方面，美国国家点火装置已经于2009年3月建成。除了与武器物理密切相关，即将在其上进行的聚变点火实验和其他科学实验预期会对聚变能科学和基础科学等前沿研究产生极其深刻的影响。这种高能量激光以及基于新激光技术（特别是啁啾脉冲放大技术）的超短脉冲高强度激光可以产生前所未有的高场强、高温、高压和高密度等离子体条件，即所谓的高能量密度条件，这为研究新型粒子加速和新型激光聚变，并在实验室模拟某些天体物理现象提供了可能。低温等离子体技术和应用生产的新产品已进入我们生活中的多个方面，开始悄悄地改变我们的日常生活方式，并广泛应用于高技术经济、传统工业改造和国家安全等领域。

等离子体物理过程也与天体物理各种现象密切相关，尽管在不同的空间环境中等离子体的特性各不相同。例如，太阳大气和行星际空间充满着稀薄的等离子体，各种等离子体物理过程往往受到行星际磁场的影响，它们又主要受太阳磁场的控制。地球磁层则基本上由完全电离的等离子体组成，其形态主要受地球磁场的支配，同时又受太阳活动的影响。电离层由部分电离的等离子体组成，太阳辐射、地球磁场和引力场共同对它起作用。这些等离子体的一个重要特征是带电粒子之间的长程作用力及其与电磁场的相互耦合决定着它们的动力学行为。同时它们的动力学过程发展速度往往大于体系趋于平衡态的速度，经典的碰撞效应可忽略不计，因而等离子体可看成是无碰撞的。这种非平衡态下的无碰撞等离子体的各种不稳定性会导致等离子体波动的激发，并形成各种非线性的等离子体物理现象。一些基本的等离子体物理过程，可能是不同的空间环境中的一些宏观现象的共同起因。例如，磁场重联可能是导致太阳耀斑、日冕物质抛射、磁层亚暴等重要爆发现象的共同机制。同时，空间环境的各种宏观现象，如太阳爆发现象以及它们引发的扰动在行星际、磁层和电离层的响应，都与空间等离子体中的基本物理过程密切相关。因此从等离子体物理学的角度出发来研究空间环境中的各种现象，探讨它们的物理起因，了解它们的物理本质，可以更好地预报空间环境中的各种灾害性天气事件。

空间科学中的很多现象都是由等离子体物理过程控制的。空间环境中的等离子体是本身就是等离子体的一种存在形态，并且有着实验室等离子体达不到的一些特征，如经典的碰撞效应可忽略不计，等离子体可看成是无碰撞的。空间科学的研究极大促进和完善了等离子体物理的理论体系。此外，由于空间等离子体非常稀薄，对某些物理量的测量，如电子速度分布，卫星观测有其优势，可以更好地研究等离子体物理过程。当然，对等离子体中物理过程的深入理解有助于我们更好地进行空间科学相关研究（如空间天气预报）。

（二）固体地球物理学

固体地球物理学科学目标是利用地震波、重力场、地磁场和地电场等特征，研究地球内部物理，理解地球的演化过程。它们在地球系统中存在交叉点，地球内部过程驱动着磁层、电离层和中高层大气，太阳 - 磁层 - 电离层 - 大气层的过程在地球内部也有效应。地磁场连接日地空间与地球内部，是空间物理科学和固体地球物理学共同关注的研究对象。太阳风与地磁场相互作用形成地球磁层，共同控制磁层的形态、结构及其动力学过程，也影响着电离层的物理性质。起源于地球外核的地球主磁场的长期变化，如偶极子场衰减、磁极移动和非偶极子场的西向漂移等，引起磁层和电离层的长周期变化。由于多圈层相互作用的复杂性，学术界对一些空间磁场的显著的周期性变化机制的认识尚不完全清楚或存在很大的争议。地球主磁场的变化对磁层 / 电离层的影响机理和效应有待深入研究。

重力场在空间等离子体的运动及电磁波动方面起着作用。地磁场强度的空间分布结构控制着辐射带高能粒子。在南大西洋磁异常区，辐射带的高度大幅度降低，磁场的倾角控制着辐射带的空间展布。电离层中大尺度电流由多种源驱动，如中性风、重力和等离子体压力梯度。近期的研究表明，重力场在夜侧电离层电流的形成过程中起着重要作用。

磁层 - 电离层电流体系在地球内部产生感应电流，是地电学研究地球电性质的天然信号。磁暴、亚暴、日变化等地磁场扰动是由磁层 - 电离层电流体系产生的，在导电的地球内部感应出电流和电场，地电学利用地面或者卫星观测，反演地下电导率的结构和分布。

空间物理的一些电磁现象与地震前兆有关，可能被用于未来的地震预报领域。学者们报道有些地震前存在电离层异常的现象，但在震前电离层异常的成因方面缺少相应的理论，猜测地震区产生的垂直电场引起电离层扰动或异常。此外，早已有研究发现，地震激发的大气重力波，可以传播到电离层高度，引起电离层的同震扰动。深入研究电离层物理可对研究地震形成过程及地震电磁前兆机制提供观测和理论基础。

空间科学为空间技术在地球物理方面的研究和应用奠定基础。空间探测已成为固体地球物理学的现代观测手段，如全球定位系统甚至空间技术在地球物理方面得到了广泛的应用。地球物理方面的卫星轨道位于电离层中，空间天气影响卫星的飞行环境，超级太阳风暴急剧增加辐射粒子通量，威胁卫星运转和寿命。电离层空间天气会影响全球定位系统信号传输，增加接收信号噪声。电离层物理研究有助于提高全球定位系统的精度，准确监测板块运动。

（三）地震、海洋、冰川和水文学

空间大地测量观测新技术，如全球定位系统、卫星测高、卫星重力及合成孔径雷达等的迅猛发展，显著提升了现今空间大地测量的监测能力与性能、精度、可靠性、分辨率、时效性及效率，直接推动了现代大地测量学与地震、海洋、冰川和水文学等领域的交叉研究。利用空间大地测量新技术，结合相匹配的精密数据处理方法、地学反演算法及数值模拟分析技术，开辟了地震（如地震机理、防震减灾、地震地壳形变、震源破裂过程、地震精确定位等）、火山喷发、海啸、海平面变化、海洋环流、冰川消融、陆地水储量变化等监测与研究的新时代，加深了人们对地球系统的各圈层的物质分布、物质循环和能量交换的认识。以上这些加深了人们对地球各系统的质量分布、运移和交换等动力学过程的进一步了解，推动了对探测地球系统内部的动力学和气候学驱动过程的机理研究，为人类应对全球变暖、极地冰川融化、海平面上升及人类水资源匮乏等全球环境变化与全球地表物质迁移所引发的科学与社会问题，提供了较全面的技术与知识支持。

（四）计算机、信息科学

由于宇宙空间的物理结构和动力学过程的复杂性，空间科学数值模拟中的大型科学计算问题对计算机性能提出了越来越高的要求。大规模并行计算机、大容量存储系统、高速局域网组成的高性能计算环境是空间科学模型的发展基础。随着高性能计算机 30 多年的发展，超级计算机的计算峰值速度从每秒 100 万亿次到每秒 100 万亿次，运算速度提升迅猛。以对称式多处理机为基本节点的大规模并行处理，采用共享存储和全息传送相结合的机制已经成为主流。多核甚至众核已经成为当前阶段处理器体系架构发展的必然方向，无处不在的并行正在成为现实。然而，高性能计算机实际应用的低效率与计算峰值速度的快速提高存在着明显的差距。其主要原因在于算法的研究与发展及其应用实现较之硬件技术的发展严重滞后。

空间科学科研信息化新时代已经来临。对于空间科学数值模拟的算法研究者而言，计算机硬件技术的快速发展既是很好的发展机遇，又是巨大的挑战。目前并行计算的发展趋势是并行算法研究与机器和应用特点的结合越来越紧密。对于空间科学领域众多复杂度高、耦合性强的数值预报算法，如何有效利用数千个处理器、多核处理器、多级存储结构、指令级流水线并行等高性能特征开展并行编程与并行优化工作将极具挑战性，需要加快、深化与高性能计算技术研究的学科交叉。空间科学海量数据、三维可视化等需求决定了与信息科学交叉的必然性。

量子信息科学在空间科学中有重大应用价值，在空间基础物理研究、天体演化研究、深空探测、超大规模计算、海量信息存储和传递等领域尤为重要。量子信息科学利用量子体系的独特性质对计算、编码、信息处理和传输过程给予新的诠释，从而实现经典信息处理无法达到的性能。量子信息科学的核心目标是实现真正意义上的量子计算机和绝对安全的可实用化的长程量子通信。未来的量子计算机一定会在量子位数目可升级的量子系统中获得实现。中远距离的量子密钥分配已经达到实用化的阶段，未来的研究将是追求量子密码可实用化的指标。对于长程量子通信，应发展安全高效的量子中继技术。不同于经典信息，量子信息的基本逻辑单元及对这些单元的处理过程都遵从量子力学规律。例如，量子叠加性、纠缠性、非局域性和不可克隆性等，使量子信息可以实现经典信息无法做到的新信息功能，在提高运算速度、确保信息安全、增大信息传输容量等方面突破经典信息的极限。量子信息包括基于光子的量子信息处理，基于冷原子、冷离子、冷分子等超冷物理系统的量子信息处理，基于固态系统的量子信息处理等。

（五）材料科学

空间科学的迅猛发展与材料学科基础理论的重要突破和日新月异的先进材料技术是密不可分、相辅相成的。材料学科的发展和技术进步支撑了人类空间探索的宏伟蓝图由梦想走向现实，并不断展开更加新的篇章，同时空间科学的发展又不断对材料科学提出新的课题和挑战，引领材料科学的基础研究和加工技术的重大突破和跨越式发展。目前，空间先进材料的研究和制备已经作为一个相对独立的新兴学科蓬勃发展，并且正在人类未来空间探索的进程中起着越来越关键的作用。

航天材料科学一直是材料科学中富有开拓性的一个分支。

一方面，航天器本身就是一个由数量庞大的功能材料和部件构成的复杂系统，是机械、电子高度一体化的产品，它要求使用品种繁多的、具有先进性能的结构材料和具有电、光、热和磁等多种性能的功能材料，并且航天材料需要经受超高真空、振动、微重力、冷热循环、辐射、等离子体等多种复杂特殊空间环境的考验，需要具备更高的可靠性和适应性。此外，有些航天材料则因为空间容纳的限制，需要以最小的体积和质量实现与通常材料等效的功能。因此，从人类向太空迈出的第一步开始，材料的空间环境适应性试验即宣告开始。从此，材料学科迎来了一个崭新的课题，那就是空间特殊环境下新型功能材料的研发、应用和环境适应性评价。在这一战略需求牵引下，各种新型材料的出现大大拓展了航天器的功能，为空间探索任务设计创造了新的可能性。例如，举世瞩目的暗物质探测计划的关键仪器——阿尔法磁谱仪中的强场永磁体、新型半导体材料和器件等多项材料学科发展的重大成果发挥了关键性作用。伴随着空间探索任务的拓展创新和空间技术的重大需求，新型空间功能材料的研制和开发应用正在飞速发展。新型高效太阳电池材料、多功能聚合物材料、空间低温超导材料、纳米防护涂层材料、柔性结构材料、空间仿生材料、新型智能材料、新一代半导体传感器材料、3D 打印技术等，正在为空间探索和空间科学发展提供更多技术上的可能性和自由度。

另一方面，空间作为一个超高真空、微重力、超洁净的特殊环境，又为特殊材料生长和研究提供了一个天然的实验平台。因此，空间环境下先进材料的制备研究及应用又成为空间科学的一个独立分支而得到迅猛发展。从材料生成机理看，空间材料可分为晶体生长和金属、复合材料制备两类。按材料的性能用途分，它又可分为包括半导体、超导、磁性和光纤等在内的功能性材料，包括合金、金属、泡沫多孔及复合材料等在内的结构材料，以及陶瓷、玻璃材料等几类。在航天器上利用空间微重力条件进行材料科学研究和实验，已取得了很大进展。在空间失重环境中，对流、沉积、浮力、静压力等现象都已消失，而另外一些物理现象却显现出来。例如，液体的表面张力使液体在不和其他物体接触时，紧紧抱成一团，在空中悬浮；液体和其浸润物体接触时，液体在物体表面能无限制地自由延展；气体泡沫能均匀地分布在液体中，不同密度的液体可均匀混合。通过大量的研究实验，人类不仅清楚地认识了这些在微重力环境下产生的物理现象以及产生这些物理现象的机理，而且进一步了解了地球重力环境限制材料加工的各种因素。利用这些在微重力环境下特殊的空间物理现象和过程，人类已试验了空间焊接、铸造、无容器悬浮冶炼等工艺，冶炼出高熔点金属，制造出了具有特殊性能的各种合金、半导体晶体、复合材料和光学玻璃等新材料。

第五节　资助机制和政策建议

一、政策需求

（一）战略地位

我国建设科技强国必须有雄厚的基础科学实力，需要大力加强基础研究，瞄准世界科技前沿，主动在可能产生革命性突破的重点方向和前沿领域进行布局。空间科学集中研究太阳系和宇宙的起源演化、物质结构和物质运动规律、生命起源、人类生存环境等重大基础科学问题，是当代基础研究中最活跃的、充满新发现机遇的前沿领域，有望取得重大突破并可能催生新一轮科学革命。

空间科学孕育着先导性、前瞻性和原创性的基础科学重大突破，在科学领域中具有本质性的重大意义，是基础研究前沿和重大方向，在当代科技发展中具有突出地位，非常适于作为我国科技发展和基础研究突破的重点领域。对空间科学领域的重点研究和突破将对全面提高我国基础研究水平起到促进和引领作用。空间科学活动富于新发现的机遇，将在我国建设科技强国的进程中源源不断地产生重大科学成果。

空间科学是当代自然科学的前沿领域、不断扩展人类的知识领域；空间科学是牵引和带动航天及相关高技术领域发展的引擎；空间科学的成果转化对促进新兴产业发展有重要作用；空间科学是社会和经济发展的重要推动力之一；空间科学探测任务是国家意志的重要体现；空间科学在我国总体学科发展布局中占有重要的地位。加强空间科学将优化我国航天科技布局，促进我国航天科技协调健康发展，激发创新活力，有力地推动我国成为世界航天强国。

空间科学是各空间大国空间活动重点，也是科技发达国家基础研究的重点，是战略必争领域。我国具备在空间科学领域实现突破的基本条件和历史机遇，应当将空间科学作为建设科技强国布局的重点领域。

（二）规划实施

1. 做好发展战略规划

空间科学规划是国家科技发展和空间科技战略（政策）的重要组成部分。战略规划体现国家意志，阐明政策措施和科学导向。因此，要组织国内各研究机构、科学家开展持续的空间科学发展战略规划研究。对国际各主要空间国家（组织）空间科学领域的前沿科学问题、最新科学发现、发展战略与趋势进行跟踪调研，分析国内空间科学的发展现状，提出我国空间科学研究的科学问题与发展切入点，制定发展目标，提出为解决上述科学问题所需要的空间科学计划与卫星任务建议，拟定中长期发展路线图，并明确所需发展的支撑技术。

2. 制定发展规划和实施计划

国家空间科学规划是我国空间科学长期稳定发展、实现长远目标的重要保证。要组织国内科技界以及科技战略、政策研究力量，面向国际科学前沿和国家战略需求，制定空间科学中长期发展规划。规划应包括空间科学政策、总体目标、发展方向、重点领域、遴选机制、国际合作、数据政策等，并予以公布，指导和统筹协调空间科学发展。

在空间科学中长期发展规划的基础上，应制定具体的空间科学实施计划。实施计划要通过制定指南，公开征集项目建议，通过科学合理的项目遴选机制和公开、公平、公正、透明的项目评选程序，自下而上、上下结合确定候选项目，通过培育、预研、确认等过程，最终敲定进入工程研制的空间科学项目。空间科学实施计划应遵循规律，形成持续稳定、及时滚动的发展模式，保证规划和计划的先进性和创新性。

空间科学发展规划的落实要建立规范的流程，可以参考发达国家的经验。作为空间科学管理和研究机构，美国国家航空航天局的战略目标较全面地反映了政策、预算、外部科技界的需求、合作伙伴、工业界的影响以及自身的能力、限制和挑战。美国国家航空航天局局长会利用多种正式的内部机制，保证开展活动在其战略规划框架内。这些机制包括规划、立项、预算和执行过程等。美国国家航空航天局运行主管负责监督其计划和项目规划的进展。规划阶段的工作包括分析可能会影响美国国家航空航天局的技术、内外部条件和不利因素等，考察针对这些因素做出的战略调整，确定长期的战略目标和短期的绩效目标。规划阶段主要分为五个步骤，包括内/外部调研分析、制定战略规划、制定年度绩效目标、制定执行规划、制定战略规划指南等。

规划制定和实施计划要重视咨询评议，美国国家航空航天局、欧洲航天局长期坚持在空间科学规划的决策和实施过程中实行广泛的同行评议。美国国家研究委员会、欧洲科学基金会的决策咨询建议对美国和欧洲的战略制定和实施计划决策影响深远。这种咨询评议机制在空间科学各领域集聚了强大的高水平智力资源，效果显著、意义重大、值得借鉴。

3. 加大任务比重

为实现航天强国的发展目标、提升我国空间科学发展水平，建议在后续发展中对空间科学任务的实施坚持以科学目标为引导、科学目标决定立项、工程为科学目标服务的原则，建立围绕科学目标和有效载荷需求进行卫星平台设计的体制。

建议把空间科学系列卫星计划纳入国家科技发展计划，确保国家在空间科学方面的投入，保障空间科学的可持续发展和对空间技术、应用的持续牵引带动作用。持续支持先进的空间科学任务，将使中国能够持续获得领先世界的科技成果，并凝聚、稳定一批创新能力强的高科技人才队伍，使中国有能力为人类的空间探索、技术进步和社会发展做出持续性的贡献。

4. 加强学科建设

空间科学不是一级学科，空间科学各领域的学科建设分散在各母学科。总体上，虽然利于空间科学各领域扎根母学科，可以不断从母学科发展中汲取营养并反哺母学科，但由于空间科学自身特点，需要设置或加强一批二级学科和交叉性学科，培养和增设相关国家重点学科，以利于推进空间科学学科建设和人才培养。在学科建设中要重视学科交叉，解决综合性人才包括科学与工程复合型人才培养不足的问题。空间科学研究既要重视基础理论研究，又要重视实验方法、科学仪器创新和空间科学载荷研制。因此需要培养空间科学各领域的科学家、科学探测及实验技术专家和具备综合能力、组织领导空间科学任务的总体专家和管理专家。这些需求在学科规划建设中需要加以部署。

5. 完善体制机制

建议设立直属国务院的国家空间科学管理机构，代表国家全面规划和管理空间科学和民用航天，以加强空间科学的规划和发展部署，实行科学目标导向的任务管理机制。国际上，美国、俄罗斯、法国、德国、日本、加拿大等均已建立了代表政府的航天局（目前设立航天局的国家约有 50 个），主要从事空间科学活动的统一管理。这些机构对制定国家空间发展政策、统筹空间科学任务实施、统一调配资源、加强导向、提高决策效率、提升研究效益等发挥了重要或决定性作用，其本身也成为国际著名的空间机构，推动着人类空间探索和空间科学的巨大进步。

我国航天活动整体规模已经大大超过欧洲航天局，以及法国、德国、日本、加拿大等单独国家，但迄今还没有形成比较完整的国家空间科技领导体制。为了我国空间事业和空间科学的长远发展，在国家层面成立独立的包括空间科学的民用航天国家级管理机构势在必行，应尽快谋划。国家管理机构应全面领导和管理我国空间科学和民用航天体系建设，有专门的空间科学预算，负责政策、规划、立项、经费安排和任务管理等全面工作，制定公平公正的立项规则。国家管理机构应重视调集空间科学方面的管理专家，并建立必要的科学委员会和具有权威性的空间科学专家咨询队伍。

6. 保证稳定投入

给空间科学单列经费预算计划，建立必要、合理和稳定的经费预算体系，是我国空间科学长期可持续发展的关键。将空间科学作为我国空间（航天）科技领域的发展重点，在我国空间领域增加对空间科学的投入并保持必要增长，长期稳定支持空间科学发展。尽快改变我国空间领域长期以来空间科学投入偏少，空间科学、空间技术和空间应用比例严重失衡的状况，使我国空间活动的组成结构更趋科学合理，支撑航天事业整体的长期可持续发展。近期在整个航天科技领域中，空间科学投入比例应达到 10%，科学卫星的数量宜占我国卫星发射总数的 10% 左右，且它们应逐步增加到 15% 或更高。

目前，空间科学任务的经费安排不够合理。存在以下现象：空间科学大项目只有技术研发经费和工程经费，缺少事先和过程中的科学研究经费；对科学产出、获取科学成果的关注不够，数据分析处理、相关理论研究的经费不能落实，无法保证重大科学产出和成果的转移转化；研究经费中的人员经费较少，无法保持研究队伍的长期稳定发展。

因此，在国家航天预算中应规定空间科学研究预算的大致比例，空间科学项目经费中应包含相当比例的科学研究经费和研究人员的人力成本，以保持和吸引高水平的科学研究队伍。这是国家重视和推动空间科学发展政策的体现，是在未来20~30年抓住战略机遇期，实现我国空间科学整体跨上新台阶，重要领域进入世界前沿，乃至建成空间科学强国战略目标的需要。

7. 发展新途径

随着微电子、功能材料和微纳技术的巨大进步，卫星技术门槛已经降低，进入空间成本也将下降。政策上应扶持军民融合项目，鼓励和资助（或部分资助）科研院所、高等院校、高新企业和民营企业发展低成本高性能科学载荷与科学卫星技术。例如，小型和微纳型科学探测卫星、具有新创意的科学研究课题，新颖灵巧的科学载荷技术，货架产品空间应用技术、智能管理技术，以及微纳卫星编队飞行技术、灵活廉价的小卫星地面管理系统等。这些任务由科学家自行管理，集聚和利用社会资源，对活跃科学思想、提高学生和研究人员的训练水平、培养和壮大空间科学研究队伍都有重要作用。

二、措施建议

（一）建设空间科学国家实验室

在现有空间科学领域国家重点实验室和部门实验室的基础上，需要高起点建设空间科学国家实验室，加强空天地一体化综合研究。以空间科学的五个研究分支为依据，将现有的空间科学领域的国家重点实验室和部门重点实验室整合为"空间天文学国家重点实验室""太阳与空间物理学国家重点实验室""行星空间环境学国家重点实验室""空间地球科学国家重点实验室""微重力科学国家重点实验室"五个国家重点实验室；或者建设"空间科学国家实验室"，下设"空间天文学部""太阳与空间物理学部""行星空间环境学部""空间地球科学部""微重力科学部"五个研究部门。同时依托国家实验室、全国重点实验室，带动国家野外观测台站等基地建设，引领空间科学的发展，满足国家的重大需求，开展空间科学的探测与研究，引领高新技术的发展，积极承担国家重大科研任务，获得具有原始创新和自主知识产权的重大科研成果，为经济建设、社会发展和国家空间安全提供强有力的科技支撑。

（二）建立探测和实验卫星系列体系

针对空间科学的特点，在利用国外观测平台的同时，建议建立国家空间科学探测和实验卫星系列体系（包括大、中、小、皮纳卫星等空间探测任务），并将其作为国家大型科技平台建设的主要组成部分。这将逐步实现我国自主研发及建设的观测系统，如天地一体化的空间天气保障系统、空间天气系列卫星、数字化近地空间保障平台、地球极盖探测基地、重力卫星测量系统、全球卫星导航系统等。同时，充分利用遥感、海洋和气象等业务卫星平台开展空间科学载荷搭载，为我国空间科学的研究提供原始的测量数据，大幅提升我国的空间科学的原始创新能力和保障服务能力。每一个科学卫星研究项目都需要长期的科学研究积累，科学载荷及关键技术需要先期攻关和研发，大型空间探测载荷的研制周期长达 10～15 年，特别需要全面部署，长期规划，及早确定。

（三）开展科学载荷技术预研与攻关

空间科学的发展历史表明，科学探测和实验技术具有十分重要的作用。由于新技术的发明或方法创新，开拓新的观测窗口、新的探测波段，或大幅度提高探测性能而探明新发现的例子层出不穷。我国空间科学实验和探测技术水平总体上落后国际水平，有效载荷种类单一、精度较低、标定手段缺乏等成为科学研究突破的制约。建议成立国家级空间科学探测有效载荷中心，并给予长期稳定的支持，迅速改变我国空间科学探测仪器水平落后的局面，为空间科学研究提供高质量的第一手数据。

加强科学载荷技术预研与攻关是我国实现空间科学突破的重大任务。在新形势下需要特别重视并大力加强先进空间科学仪器和科学载荷技术的发展，提高性能指标和国际竞争力，并确保其进入空间后的可用性和可靠性。

（四）搭建空间科学数据共享平台

空间科学是以观测和实验为基础的综合交叉科学，如果没有各种数据的支持，势必成为无源之水，不可能持续发展。国际上空间科学通行的数据政策以相当开放的方式实现了数据共享，有力促进了科学研究的活跃和高水平成果的产出。我国需要通过政策和立法破除影响数据共享的各种障碍和壁垒，构建统一的、包括天基和地基获取的空间科学（各领域或方向的）数据平台和数据库，开展大数据分析挖掘和科学研究，最大限度地实现数据共享，提高我国在空间科学各领域的产出和重大成果的产出。

（五）加强人才队伍建设

空间科学的发展，使得研究队伍亟待稳定和扩大。一般中型或大型空间科学任务从进入实施阶段（科学研究、载荷研制试验）到数据分析需要经历5～10年高强度的工作，需要有几十人甚至上百人的科学家和技术团队的支撑（不包括空间飞行器等空间技术方面的人员），参与国际空间站的大规模综合性空间研究的人数多达数千人。有些大型卫星数据的处理、分析和研究需要数百人持续若干年。面对未来我国空间站、科学卫星、遥感卫星等任务的持续性发展，加上空间科学基础性工作不断积累和滚动的需要，需要采取有效措施大量增加现有队伍的规模和团队数量。建议从以下几个方面着手。

1.建设高水平团队

建议采取能够适应空间科学工作需要长期稳定的特点的有效措施，长期支持并稳定一批高水平的空间科学研究队伍，以改变当前普遍存在的任务导向、经费导向导致的队伍波动或流失等不利情况。加强对现有重点实验室和承担空间科学任务重点单位的支持力度，使核心骨干队伍稳定和发展壮大，构建人才队伍发展的良好环境，使投身于空间科学研究的科技领军人才和骨干队伍潜心研究，无后顾之忧。

2.加强专业建设

空间科学未来发展的需求使得空间科学团队需要大量从事载荷研制、数据分析处理、科学研究等领域的高水平人才。建议加强重点高校及研究所空间科学相关专业建设，调整和优化课程体系和培养方案，增设空间科学类二级硕士和博士学位授予点，加大硕博研究生的培养力度，增加相关研究所培养空间科学相关研究生的数量。建议各重点高校在本科阶段设立空间科学培养方向，结合空间科学实际需求制定培养方案。

3. 扩展科普教育

空间科学是集知识性、趣味性和前沿性于一体的学科。为加强大众，特别是青少年对科学和工程的兴趣，提高公众的科学素养和对空间科学的理解与支持，需要大力加强空间科学普及和教育。建议建立健全政策法规，规定大型空间科学项目（包括科学卫星）必须拨出一定比例（如 0.5%）的经费用于科学普及和科学教育。通过展览、视频、动画、各种新媒体和其他形式大力开展科学教育和普及活动。各科研机构可以采取公众参观日、青少年社会实践等方式使群众和广大青少年初步参与及了解空间科学研究领域和手段。空间站等国家重大空间专项需要广泛开展青少年参与的空间科学实验活动，将征集和资助青少年项目作为整体安排的必要组成部分。同时，当前中学自然科学类教材和大学本科相关基础课教材相关内容已经跟不上科技发展，内容偏少且陈旧，需要组织编写新的教材或补充修订有关内容，加强最新科学知识的教授和传播，以激发青少年兴趣。

4. 开展国际合作与交流

鉴于我国空间科学的现有水平和希望实现的目标，应将空间科学合作提高到推动我国空间科学发展、迅速提升我国空间科学水平的战略层面。同时，应坚持自主发展为主的方针，重视并积极参加重要国际空间科学计划和双边及多边具体合作项目，支持我国自主研发载荷搭载国外科学卫星计划，在国际合作中发挥自身特长，不做重复性工作，而做有优势有特色的工作，形成互补。积极鼓励以我国为主导的国际合作，开放我国重大专项（空间站、探月）的空间科学计划和科学卫星计划，征集国外科学家的项目建议，鼓励国外科学家提供科学仪器参加我国计划，开展部分国内项目的国际评审。开展高层次的国际合作，优先支持我国发起并领导的国际合作项目，积极参加国际重要空间科学计划。举办和参加各种科学讨论会和工作会议，加强我国在国际组织中的活动和作用，积极参与联合国和平利用外层空间委员会的活动，鼓励并支持我国空间科学家积极参加国际会议和国际组织的活动并任职，以显著提升我国空间科学的国际影响力。

充分重视和发挥科学家在开展学术交流和形成具体国际合作项目中的作用。建立和加强我国空间科学各领域和分领域与国外专业对口机构（研究中心、研究所、大学等）之间的密切交流，支持建立国际联合实验室等合作机构，逐步形成长期稳定的合作关系。加强国家航天机构间合作。在已有基础上加强与欧洲航天局、俄罗斯联邦航天局、德国宇航中心、法国国家空间研究中心、加拿大国家航天局等的合作，在条件具备时争取打破与美国国家航空航天局和日本宇航探索局在空间科学方面合作交流的壁垒。适当放宽科学技术国际合作交流（特别是具体合作项目）的出国访问、接待来访、必要物资通关、设施和基地开放等政策限制，简化管理办法。

本章参考文献

国家自然科学基金委员会，中国科学院. 2012. 未来 10 年中国学科发展战略·空间科学. 北京：科学出版社.

国家自然科学基金委员会，中国科学院. 2019. 中国学科发展战略·空间科学. 北京：科学出版社.

吴季. 2016. 2016—2030 空间科学规划研究报告. 北京：科学出版社.

中国科学技术协会. 2016. 2014—2015 空间科学学科发展报告. 北京：中国科学技术出版社.

邹自明，胡晓彦，熊森林. 2018. 空间科学大数据的机遇与挑战. 中国科学院院刊，33（8）：877-883.

第二章

空间天文学

第一节　战　略　地　位

　　空间天文学主要基于空间平台，进行天体观测，研究天体的形态、结构、组成、运动、物理状态、演化规律。空间天文学利用各种空间观测技术所获得的观测数据开展研究，并研究为实现这些观测而采用的空间探测技术。空间天文学的主要研究内容包括恒星形成与演化、星系和宇宙学、粒子天体物理、系外行星、高能天体物理，以及与天文紧密相关的基本物理重大问题，如暗物质、暗能量、宇宙微波背景和引力波等。空间天文学根据观测波段、探测技术或研究对象等可分成许多分支，如空间射电天文、空间红外和亚毫米波天文、空间光学天文、空间紫外天文、空间 X 射线和 γ 射线天文、空间粒子天文、空间引力波天文、系外行星探测等。太阳是距离地球最近的恒星，也是空间天文观测的最重要对象之一，因此空间太阳物理是空间天文的一个重要组成部分。这不仅是因为一系列空间天文探测新技术首先是在太阳的探测中获得技术验证，更是因为太阳本身就是一个极佳的宇宙实验室。太阳近距离使得可以对其表面细节开展全波段辐射、高能粒子和物质流探测，为我们提供了认识宇宙的独一无二的恒星样本。

空间天文学的兴起是天文学发展史上的重要里程碑,更是人类认识宇宙的重大飞跃。空间天文观测是天文观测的重要组成部分,更是传统天文学的革命性进展,开拓了全电磁波段天文、粒子天文和引力波天文观测的多信使新时代。在地球大气以外的空间进行天文观测的主要优点如下。

1)克服地球大气对于大部分电磁波的吸收。在地面上开展天文观测只能"看到"整个电磁波段里几个较窄的来自天体和宇宙的辐射,主要集中在可见光、部分红外和射电波段的中频部分,因而地基天文只能观测到宇宙天体的较少信息。然而,空间观测实现了全波段电磁辐射观测,可以获得反映天体和宇宙不同物理过程(包括高能过程)及不同发展阶段的丰富信息,极大促进了天体物理研究。图 2-1 展示了地球大气对不同波长电磁辐射的透过率,图 2-2 展示了银河系的多波段图像。

2)克服地球大气对观测质量的影响。透过大气到达地面可见光、射电等天体辐射会受地球大气(包括其等离子体层)的不稳定性影响。大气干扰了到达地面的天体的辐射信号,影响天体光观测的观测精度和清晰度。对比之下,空间天文观测大多能够以仪器观测极限能力获取清晰和高质量的观测数据,更有利于科学研究。

3)克服昼夜和区域限制。由于地球昼夜变换以及天气条件影响,地面观测很难做到对天体不间断观测,损失了很多天体的重要信息。空间天文观测可以脱离地球的影响,做到不间断、全天区的天文观测。

4)克服地球尺度局限。望远镜角分辨率的大幅度提高只能依赖于扩展望远镜阵列的尺度(不同望远镜之间的距离),而地基望远镜阵列的最大尺度只能是地球大小。未来放置于太空中的引力波观测平台,具有极高的稳定性,平台之间具有可超越地球尺度的巨大距离,其望远镜阵列具有更高的分辨率。这些优势使得这些空间引力波观测平台能够直接探测低频引力波。

5)克服地球大气对初级宇宙线探测的限制。只有在空间才能开展初级宇宙线粒子(质子、电子、各种原子和同位素)的电荷、方向、质量和能量的直接测量。此外,在空间飞行器上的测量可以避免地球磁场对初级宇宙线粒子方向的影响。

截至 2019 年,世界各国已经发射了约 200 颗天文卫星(约 70 颗与太阳

图 2-1　地球大气对不同波长电磁辐射的透过率

资料来源：F. Granato. Transparency of the atmosphere. https://www.eso.org/public/images/atm_opacity/[2023-04-05]

图 2-2　银河系的多波段图像

资料来源：Jay Friedlander & Seth Digel. Multiwavelength Milky Way Science Users. https://asd.gsfc.nasa.gov/archive/mwmw/mmw_sci.html[2023-04-05]

观测有关），开展了大量空间天文任务。这些天文任务观测到了宇宙最早的星系，发现了各种黑洞 / 中子星等致密天体系统、宇宙 γ 射线暴的多样性和大批系外行星，确定了类星体性质以及对于宇宙演化的作用。其中，宇宙微波背景辐射和宇宙年龄的精细测定对发现宇宙加速膨胀起到关键作用。丰富的发现有力推动了天体物理和宇宙学研究，以前所未有的深度和广度迅速地延拓人类对于宇宙和自然规律的认识。

　　空间天文领域的探测和研究对实现我国基础科学前沿突破具有重大意义。空间天文涉及当代自然科学中宇观和微观两大科学前沿及其交叉科学，对于认识包括宇宙的起源演化、星系和各类天体的形成与演化、中子星和黑洞等致密天体的物理过程，理解从量子到引力现象，以及各种极端条件下的物理规律，甚至回答人类在宇宙中是否孤独等一系列重大科学问题具有不可取代的作用。空间天文研究富于新的发现机遇，孕育着科学上的重大突破和发现，涵盖了《国家中长期科学和技术发展规划纲要（2006—2020 年）》基础研究科学前沿问题"物质深层次结构和宇宙大尺度物理学规律"的核心内容。此外，我国的航天活动进入 21 世纪后发展迅猛，日地空间的灾害性天气事件对航天器安全和可靠运行的影响十分明显，太阳空间探测具有预报空间灾害性天气的重大现实意义。

第二节 发 展 规 律

一、发展阶段

空间天文学的发展分为探索试验和全面发展两个阶段。

（一）探索试验

1912 年，一位气球飞行的业余爱好者，奥地利物理学家赫斯将高压电离室带到高空，发现大气的电离度随高度的上升持续增加。研究认定这是来自地球以外的一种穿透性极强的射线所产生的，后来人们称为"宇宙射线"。赫斯发现"宇宙射线"是空间多信使天文探测研究的开端，赫斯于 1936 年获得了诺贝尔物理学奖。

第二次世界大战后到 20 世纪 60 年代初是空间天文的探索试验阶段。传统意义上的基于电磁辐射的空间天文发展则晚得多，通常认为它发源于第二次世界大战后利用 V-2 火箭和科学气球开展的大气外天文观测。运载工具是高空科学气球和探空火箭，观测对象主要是离地球最近的太阳和地球大气中的辐射本底，探测仪器是简单的核物理探测器，如光子计数器、电离室、盖革－米勒计数器和碘化钠闪烁计数器等。早期的观测条件虽然简陋，但取得了重要科学成果。例如，应用光栅频谱仪进行太阳软 X 射线和紫外线的低分辨率能谱测量，发现了其波长基本上集中在 $2\sim8$ Å[①]、$8\sim20$ Å 和 $44\sim60$ Å 三个波段，表明太阳软 X 射线稳定成分的流量基本不变，辐射强度随波长增加而增加；太阳在某些紫外谱线上出现短时间的突然增亮，暗示太阳上存在紫外爆发，这一重要发现为后来的卫星观测所证实；用气球探测到太阳耀斑硬 X 射线辐射；1948 年，用气球载电离室探测到了 γ 射线在宇宙线中的比例，开创了 γ 射线空间探测的先河。人造地球卫星发射后，虽然探空火箭和科学

---

① 1Å（埃）= 0.1纳米。

气球仍在开展探索和试验任务，但卫星逐步成为空间天文的主力。在 20 世纪 60 年代初，空间天文观测还没有或很少有专用的卫星，大多数天文观测是搭载别的卫星进行的。之后规划并发射了初期的天文卫星系列，如轨道天文台、太阳辐射监测卫星和轨道太阳观测站系列卫星。

这一时期的代表性成就如下。

1）发现了宇宙 X 射线源和弥漫 X 射线背景。

2）1969 年首次发现了蟹状星云射电脉冲星 NP0532 的 X 射线脉冲的短波辐射。

3）发现了河外 X 射线源。

4）发现了来自地球以外的 γ 射线辐射。

5）进行了空间红外天文测量。

6）盖革－米勒计数器、电离室、正比计数器、闪烁计数器、布拉格晶体频谱仪和光栅频谱仪、掠射式成像望远镜等新的观测方法和技术得到运用，获得了很多有价值的资料，为以后空间天文学的全面发展奠定了坚实基础。

（二）全面发展

第三阶段是从 20 世纪 70 年代起到今天，世界各国相继发展空间观测技术，发射了各类专用天文观测卫星和设施，开辟了全电磁谱段天文研究的新时代。以上专用天文观测卫星和设施包括 γ 射线卫星、X 射线卫星、紫外卫星、光学卫星、红外和亚毫米波卫星、空间长波射电观测设施等。除了基于电磁波探测的天文卫星，还发射了基于其他天文信使的卫星，如空间宇宙线探测卫星等。

美国除早期开拓性的天文卫星外，还取得巨大成功的是美国国家航空航天局的"大型轨道天文台计划"。该计划包括哈勃空间望远镜、康普顿 γ 射线天文台、钱德拉 X 射线天文台、斯皮策红外空间望远镜四个重达十几吨的大卫星，使空间天文观测和科学产出达到了一个高峰。此外，还有宇宙背景探测器、威尔金森微波各向异性探测器、γ 射线暴快速探测器（也称为雨燕 γ 射线暴探测器）、广域红外巡天探测者卫星、核分光望远镜阵列，以及阿尔法磁谱仪等。欧洲航天局的主要天文卫星有 γ 射线 COS-B 天文卫星、欧洲 X 射线天文卫星，测量恒星位置和运动的依巴谷卫星、红外空间天文台、多镜面 X

射线空间望远镜、欧美合作的国际 γ 射线天体物理学实验室等。

欧洲在空间天文发展领域也取得了丰硕的成果。欧洲航天局于 2009 年发射了赫歇尔空间天文台，这是当时最大的远红外和亚毫米波空间观测设备；2013 年发射了专为天体测量设计的盖亚探测器，它以前所未有的精度测量恒星的位置、距离和运动。这两台空间设备成为空间天文学发展的新里程碑。欧洲各国还发射了一批天文卫星，如早期英国研制的主要用于 X 射线观测的羚羊系列卫星、以德国为主研制的伦琴 X 射线卫星、意大利和荷兰共同研制的贝波 X 射线天文卫星、法国国家太空研究中心研制的用于系外行星探测的柯罗号天文卫星等。欧洲航天局在国际空间站的哥伦布实验舱上安装了太阳变化与辐射监测仪、太阳光谱辐射测量仪、自校准极紫外与紫外光谱仪等设备。很多其他国家也在空间天文发展中做出重要贡献。日本的天文卫星系列包括首次采用准直器调制成像的火鸟号太阳探测器，以及天马号 X 射线天文卫星、银河号 X 射线天文卫星、首次使用 CCD 作为 X 射线成像探测器的先进宇宙学和天体物理学号卫星、朱雀卫星等。此外，还研制了高新通信和天文实验室，国际空间站上的全天候 X 射线监视装置及探测宇宙线和暗物质的量能器电子望远镜等。俄罗斯发射了"石榴号"高能天文卫星等，阿根廷、澳大利亚、印度、印度尼西亚等也发射了天文卫星。我国于 2015 年成功发射暗物质探测卫星——"悟空号"，标志着我国正式加入了"国际空间天文探测的俱乐部"。

在宇宙微波背景辐射研究方面，美国 1989 年发射了专用的宇宙背景探测器。它在 0.05～1 厘米波长范围内获得了 43 个宇宙微波背景辐射强度的精确测量数据，结果与温度为 2.73K 的黑体辐射能谱完美符合，精度为 0.25%，该结果强烈支持宇宙大爆炸理论。宇宙探测器团队的领导者约翰·马瑟和乔治·斯穆特因此荣获了 2006 年诺贝尔物理学奖。诺贝尔奖评委会的公报说，他们的工作使宇宙学进入"精确研究"时代。1998 年美国在南极实施了高空科学气球"微波背景不均匀性探测"任务，证明宇宙是"平直"的。之后，美国发射的威尔金森微波各向异性探测器以更高精度的数据证实这一结论；2009 年以欧洲航天局为主、美国国家航空航天局参加的"普朗克"宇宙辐射探测器证实宇宙微波背景有约十万分之一的各向非均匀性。

空间观测发现了数以千万计的红外、X/γ 射线源，还开创了寻找宇宙中生命的活动，在空间发现了 30 多种有机分子，发现并定义了大量的宜居带"类地"系外行星。总结如下。

1）发现了辐射 X 射线的黑洞和中子星等致密天体，证实了类星体是大质量黑洞的吸积过程，并且深入认识了类星体对于星系和宇宙结构起源和演化的作用。

2）发现了宇宙 γ 射线暴及其多样性，确认其主要来源于超新星爆发和中子星并合，空间天文及相关研究建立了宇宙演化和宇宙重子物质循环基本物理图象，对于恒星结构演化和宇宙大爆炸模型两大理论框架的建立和完善起到了不可替代的作用。

3）精细测定了宇宙微波背景辐射和宇宙年龄，有力支持了大爆炸宇宙学理论并对宇宙加速膨胀的发现起到重要作用。

4）凸显了宇宙暗物质、暗能量问题是当今对物理学基本理论的巨大挑战，成为整个科学界关注和集中研究的热点。

二、发展规律

空间天文项目往往技术复杂、耗资巨大、研发及运行的周期长，因此总结并遵循历史上成功项目的发展规律对于空间天文学的持续健康发展具有重要意义。考虑到我国空间天文尚处于起步阶段，下面的规律主要来自对国外空间天文发展历程的观察。

1）做好战略规划。美国国家航空航天局自 20 世纪开始，每十年开展一次"十年巡查"。欧洲航天局 2005 年提出《宇宙憧憬（2015—2025）》计划，有计划有步骤地征集和遴选项目，对空间科学的现状、未来科学需求、技术需求、科学优先级、技术优先级等进行系统调研和咨询，同时对未来 10～30 年的空间项目进行规划。美国和欧洲的空间规划和计划方法，标志着空间天文进入到了以重大科学目标为驱动的成熟期。我国也分别于 2012 年以及 2019 年出版了《未来 10 年中国学科发展战略·空间科学》和《中国学科发展战略·空间科学》，对包括空间天文在内的空间科学进行了战略规划。

2）加强技术预研。美国哈勃空间望远镜研制了十几年，欧洲赫歇尔望远镜从 1985 年提出概念到 2009 年发射历经 20 多年，韦布空间望远镜为攻克技术困难不遗余力，研制了 20 余年。欧洲航天局规划引力波空间探测已经 10 余年，2015 年发射了激光干涉空间天线——丽莎探路者号，验证了空间引力波关键技术，为正式项目进行技术储备。美国国家航空航天局近几年已经开展了未来大型项目"山猫" X 射线天文台、工作在远红外波段的起源空间望远镜、大型紫外 / 可见光 / 红外探测卫星的概念研究以及关键技术攻关。

3）扩大研究范围，夯实项目基础。国外的空间天文发展的经验和教训都表明，仅仅通过实验室研发和环境模拟实验并不能全部和彻底解决所有的关键技术和降低风险。基于高空科学气球和探空火箭等的亚轨道实验在相当大程度上扩大了研究范围，是培养人才、夯实空间项目基础的重要途径。亚轨道实验在对低成本科学和技术进行验证的同时，还能够取得重大的科学发现。例如，南极气球"毫米波段气球观天计划"宇宙微波背景辐射观测实验提供了宇宙平坦性的最强烈证据，支持了利用超新星发现宇宙暗能量的结果，为后续的空间宇宙微波背景观测实验打下了良好的基础。先进薄电离量能器南极气球宇宙线观测实验发现了电子的总能谱超出，推动了各种暗物质探测实验，也促进了日本的量能器电子望远镜和中国的暗物质粒子探测卫星等重要项目的立项。美国的南极粒子天体物理和非粒子天体物理计划支持了近 30 项有创新潜力的空间天文项目，有些已经选为空间站项目，对活跃和发展空间天文发挥了显著作用。

4）关注"计划外"的新现象，形成新的研究方向。纵观空间天文学的研究历史，重大科学现象的发现往往有偶然性（如 γ 射线暴、宇宙背景辐射等）。后续观测则会形成聚焦，通过很长时间、全天文界和所有观测设备的协同攻关，最终得到深入理解（如 γ 射线暴）。

5）重视新探测窗口、新探测方法和新技术应用。空间天文技术开创了地球大气之外的电磁波段探测窗口，近年引力波探测新窗口的开辟将为探索宇宙未知带来新机遇。虽然目前空间天文项目以重大科学目标为驱动，但新的研究窗口、新的技术突破或方法仍然将对未来空间天文起到重要的作用。得益于计算机能力的日新月异，设计和模拟达到了接近实际情况的程度，大大降低了望远镜研制、发射以及运行的风险。

三、研究特点

空间天文学强烈地依赖于尖端观测仪器和先进的航天技术，是各国展示科技实力的舞台，更是引领世界科技发展的重要驱动力。2002 年的诺贝尔物理学奖特别关注开辟了空间 X 射线天文这一探测宇宙新窗口科学家的贡献。2006 年诺贝尔物理学奖授予了宇宙背景辐射卫星的两位负责人。哈勃空间望远镜的观测也对获得 2011 年诺贝尔物理学奖的宇宙加速膨胀的发现做出了决定性的贡献，标志着空间天文从技术突破开辟新窗口的起步时期进入到了以重大科学目标驱动的成熟期。目前，不但所有的发达国家，而且一些较小国家（如韩国）和发展中国家（如印度和巴西）都有了实质的空间天文项目。

当前空间天文的前沿领域是开展小尺度精细结构和大尺度物理规律的科学探索。空间天文探索加深对宇宙和主宰其行为的物理过程的认识，试图回答宇宙是如何起源的、黑洞的形成及演化、恒星和星系是如何形成及演化的等重要问题。此外，空间天文还研究暗物质与暗能量的物理本质和在宇宙中的分布、寻找类地行星系统、探测暗物质和引力波，涵盖了当代以及未来天文学与基础物理中最重要的研究领域。目前，基于卫星的观测数据所开展的天文学研究构成了研究主体，而后续的天文卫星计划则决定着未来若干年天文学研究的发展趋势。

随着人类对自然规律研究需求的发展，空间天文探测已经能够全面利用空间优良的天文观测条件，以及构建长基线望远镜所需的大尺度空间，进入从 γ 射线到射电波段的全电磁波波段时代，已经在空间通过探测宇宙线粒子研究宇宙暗物质。2016 年 2 月激光干涉引力波天文台第一次探测到引力波，开辟了人类观测宇宙的新窗口。2017 年 8 月的引力波事件 GW170817 观测到光学对应体和多谱段信号，开创了引力波与广阔电磁谱段的多信使、全波段、全天时、全方位、高分辨率、高灵敏度和宽视场探测的新纪元。对宇宙观测的广度、深度和细节大大提高，将极大丰富人类对宇宙的认识。对当代物理学、宇宙学和天体物理学共同关注的暗物质、暗能量本质问题的空间研究，将持续成为空间天文研究的热点。此外，利用各种天文手段（包括地基和空间观测设备）在多个电磁波波段寻找类日－地系统的行星系统，也成为天文学研究和观测的热点。空间天文学将带动自然科学发展，并为人类认识宇宙和自然规律做出重大贡献。

空间天文学的发展同样依赖于新的探测器件、探测系统技术、分析手段和能力。新技术方法将带来天文观测的进步甚至革命，可能开辟新的观测窗口。在探测手段和分析能力方面，当前国际上天文学的发展趋势如下。

1）大面积空间巡天和更高的空间、时间和光谱分辨率。大天区时变和运动天体的观测。全波段探测和研究，包括紫外、可见光、红外以及 X 射线和 γ 射线。

2）开辟并发展电磁波外新的观测窗口，包括引力波天文学、中微子天文学、宇宙射线天文学，并与电磁波观测深入融合。

3）天地一体化观测。空间望远镜和地面天文或其他仪器对同一天区或目标进行观测，充分利用各自观测独特的优势。例如，对引力波及其电磁对应体的观测，地面光学望远镜对 γ 射线暴的后随观测等。

4）发展新的大数据和海量数据处理方法（含智能算法），发展计算天体物理学和天文信息学，并建立资料更完善、使用更方便的数据库。

而纵观空间天文的发展历程，我们可以发现如下特点。

1）运载能力和飞行器技术是基础，载荷水平是科学产出的关键，光机设计和工艺水平、传感器或探测器器件水平是决定载荷能力的关键。哈勃空间望远镜、钱德拉 X 射线天文台、核光谱望远镜阵列、多镜片 X 射线观测卫星、"阿尔法磁谱仪 2 号"以及韦布空间望远镜和欧洲航天局的"欧几里得"等未来要实施的一些中大型项目，都体现了当代高精尖技术与航天技术的结合。

2）不可重复性和继承性。天文卫星的研制、发射以及运行维护费用都十分昂贵，一般情况下不太可能发射同一类观测能力相近的卫星。

3）广泛的国际合作是空间天文发展的趋势。空间天文观测设备的规模越来越大，技术复杂且必须优势互补，巨大的投资规模使得任何一个国家在有限的时间内都难以单独完成，因此目前几乎所有的空间天文项目都有不同程度的国际合作。

第三节 发 展 现 状

一、国际主要项目

表 2-1 列出了以美国为主，包括日本、欧洲等国家和地区，截至 2022 年还在运行的天文卫星或空间站任务。

表 2-1 在轨运行的主要天文卫星 / 空间站任务

中文名	发射时间	备注
哈勃空间望远镜	1990 年 4 月	美国国家航空航天局，紫外 / 可见光 / 红外大型空间光学望远镜
钱德拉 X 射线天文台	1999 年 7 月	美国国家航空航天局，软 X 射线聚焦成像望远镜
多镜片 X 射线观测卫星	1999 年 12 月	欧洲航天局，X 射线聚焦成像望远镜
国际 γ 射线天体物理学实验室	2002 年 10 月	美欧多国联合研制，γ 射线天文台
斯皮策红外空间望远镜	2003 年 8 月	美国国家航空航天局，红外天文望远镜
雨燕 γ 射线暴探测器	2004 年 12 月	美国国家航空航天局，多波段 γ 射线暴观测
γ 射线轻型探测器	2007 年 4 月	意大利，高能 γ 射线天文卫星
费米 γ 射线空间望远镜	2008 年 6 月	美国国家航空航天局，γ 天文台
开普勒空间望远镜	2009 年 3 月	美国国家航空航天局，银河系，小行星，可居住环境
赫歇尔空间天文台	2009 年 5 月	欧洲航天局为主，远红外和亚毫米波段，早期、最遥远恒星和星系
"普朗克"宇宙辐射探测器	2009 年 5 月	欧洲航天局，宇宙背景辐射
"阿尔法磁谱仪 2 号"	2011 年 5 月	国际空间站，暗物质、反物质、宇宙线
核光谱望远镜阵列	2012 年 6 月	美国国家航空航天局，高能 X 射线，核谱仪
全天候 X 射线监视装置	2009 年 8 月	日本，国际空间站 X 射线巡天实验
广域红外巡天探测卫星	2009 年 12 月	美国，红外巡天小型天文卫星。于 2011 年完成红外巡天任务。2013 年转为近地球目标巡天，更名为新智彗星（NEOWISE）
射电天文号	2011 年 7 月	俄罗斯，欧洲多国、美国，甚长基线干涉仪技术

续表

中文名	发射时间	备注
盖亚探测器	2013 年 12 月	欧洲航天局天体测量卫星，恒星的位置和自行
量能器电子望远镜	2015 年 8 月	日本，国际空间站，宇宙初级电子和暗物质
暗物质粒子探测卫星	2015 年 12 月	中国，暗物质，宇宙线，γ 射线
天文科学卫星	2015 年 9 月	印度，X 射线天文，中子星、黑洞
激波干涉空间天线 - 开拓者	2015 年 12 月	欧洲航天局，目前处于扩展阶段
中子星内部成分探测器	2017 年 6 月	中子星，X 射线
硬 X 射线调制望远镜	2017 年 6 月	中国，宽波段 X 射线卫星
凌星系外行星巡天卫星	2018 年 4 月	美国
成像望远镜阵列扩展伦琴测量卫星	2019 年 7 月	德国 / 俄罗斯，X 射线，巡天
表征系外行星卫星	2019 年 12 月	欧洲航天局
引力波暴高能电磁对应体全天监测器	2020 年 12 月	中国
X 射线成像偏振探测器	2021 年 12 月	美国国家航空航天局
韦布空间望远镜	2021 年 12 月	美国国家航空航天局，欧洲航天局，加拿大国家航天局
先进天基太阳天文台	2022 年 10 月	中国，太阳观测天文台

对于光学波段的测量，欧洲航天局 1989 年发射的第一颗天体测量卫星——依巴谷卫星，对恒星的亮度、自行、时差开展了首次高精度测量，从而能够更好地计算它们的距离和切向速度。依巴谷卫星最重要的科学成果，是包含 11.8 万颗恒星的依巴谷星表，精度比以前提高了 200 倍，位置和视差的测量精度 0.001 角秒，测光精度 0.001 星等，以及包含上百万颗恒星而测量精度相对较低的第谷星表。依巴谷卫星的继任者是欧洲航天局 2013 年发射的盖亚探测器，其主要任务是精确测量银河系内恒星的位置、距离和运动。盖亚探测器计划获取 10 亿颗恒星的精度 0.007～0.2 毫角秒的位置信息，并开展棱镜分光多色测光和高色散集成视场分光。盖亚探测器的海量高精度天体测量数据，可用于多个领域的天文学和天体物理学研究。此外还有美国国家航空航天局于 2009 年发射的开普勒空间望远镜，是采用凌星法搜索系外行星的专用航天器。开普勒任务和扩展的任务数据，提供了 2800 多颗系外星系候选体。开普勒的继任者是 2018 年发射的凌星系外行星巡天卫星。

　　光学空间望远镜最著名的是 2.5 米的哈勃空间望远镜，它由美国国家航空航天局和欧洲航天局联合制造，于 1990 年发射，至今仍在轨运行。哈勃空间望远镜主要工作在光学波段，并延伸到近紫外波段和近红外波段，可开展成像、测光、分光测量、偏振测量等多种天文观测。哈勃空间望远镜在证实暗能量存在、精确测定哈勃常数并约束暗能量参数方面做了很多重要工作。哈勃空间望远镜还可以获得高红移超新星样本，帮助理解宇宙的加速过程。利用哈勃空间望远镜提供的 Ia 型超新星观测证实了今天的宇宙在加速膨胀，从而确定了暗能量的存在。2004 年，哈勃空间望远镜开展了深度星系巡天，新发现了 21 颗 Ia 型超新星。结合之前的数据，观测结果排除了快速演化的暗能量模型，结果与宇宙学常数模型一致。通过哈勃空间望远镜第三代广域照相机对银河系、19 个 Ia 型超新星宿主星系、脉泽星系 NGC 4258 及大麦云中的造父变星进行近红外观测，将哈勃常数 H_0 测量误差约束到 2.4%。H_0 是标准宇宙学模型中最重要的参数，对其测量精度的增加，也同样会提高仅基于宇宙微波背景辐射测量的暗能量状态参数 w 的精度。

　　由于地球大气的吸收，红外波段天文观测都需要在空间进行。红外观测可以探测宇宙中的低温天体，以及被尘埃遮蔽的天体。例如，原行星盘及行星形成、行星大气及光环、小行星、彗星组成结构、褐矮星、新形成的恒星和星系、濒死恒星周围的尘埃壳、正在形成行星的恒星周围的尘埃盘，以及正在诞生新恒星的稠密气体和尘埃云。高红移的早期恒星，可见光、紫外等短波段辐射波段会红移到红外波段，所以红外波段的天文观测还可帮助研究宇宙的起源以及星系形成。1983 年美国发射了世界首个红外天文卫星，光学部件由铍制成，用超流氦冷却到 10 开以下，焦面仪器冷却到 2.8 开以下。红外天文卫星的继任者是美国国家航空航天局和欧洲航天局合作的红外空间天文台，其在轨时间为 1995～1998 年，它主要观测对象是恒星、星际物质和星系。随后，美国国家航空航天局于 2003 年发射了斯皮策红外空间望远镜，欧洲航天局于 2009 年发射了赫歇尔望远镜。它们在早期宇宙的星系形成和演化、恒星形成及与星际介质的相互作用、太阳系天体的大气和表面化学成分、宇宙分子化学、系外行星等方面都取得了大量的科学成就。而 2021 年 12 月发射的韦布空间望远镜是目前最强大的红外空间望远镜，它由美国国家航空航天局、欧洲航天局和加拿大国家航天局联合制造，口径 6.5 米，工作在长波可见光到中红外波段（0.6～28.8 微米），将以前所未有的高角度分辨率和灵敏度组合进行观测。韦布空间望远镜的主要科学目标之一是第一代恒星和星系的形成。宇宙中大部分恒星是在红移 1 到 6 时形成的。韦布空间望远镜可以研究高达 z～7 的星系结构和物理，而细节和现在 z～2 观测相当。对于暗能量，韦布空间望远镜将有助于进一步改进哈勃常数的测量。它在近红外波段的高灵敏度使我们能够测量距离大于 50 Mpc[①] 的造父变星光变曲线。韦布空间望远镜能实现哈勃常数 1% 精度的测量，这意味着暗能量参数 w（w 表示暗能量压强与密度之比）测量值精度可达 2%。对于暗物质，韦布空间望远镜能以比哈勃和斯皮策红外空间望远镜更高的空间分辨率获得引力透镜数据，为暗物质在星系团中的分布提供了约束条件。

在与宇宙学直接相关的宇宙微波背景研究方面，从 1989 年发射的宇宙背景探测器，到 2001 年发射的威尔金森微波各向异性探测器和 2013 年发射的"普朗克"宇宙辐射探测器，测量精度不断提高。它们对微波背景辐射的高精度观测揭示了宇宙的高度均匀各向同性和微弱但可测量的各向异性，对宇宙起源的大爆炸模型尤其是冷暗物质模型提供了最有力的观测支持。宇宙微波背景辐射同时也是常用的暗能量探针。地球大气对天体紫外辐射强烈吸收，所以绝大部分紫外天文观测需要在空间进行。恒星发出的电磁辐射可近似看作黑体辐射，表面温度高的恒星，辐射能量主要集中于紫外区。大部分紫外空间卫星的观测对象是太阳，如 20 世纪 60 年代的轨道太阳天文台系列，欧洲航天局和美国国家航空航天局合作的"索贺"太阳和日球层探测器（简称"索贺"）、美国的太阳过渡区与日冕探测器和太阳动力学观测台等。主要的非太阳探测的紫外电文观测卫星有美国 20 世纪 60～80 年代的轨道天文台系列、荷兰天文卫星、国际紫外线探测器、美国的极紫外探测器。极紫外探测器是第一个专门工作在极紫外波段（7～76 纳米）的天文卫星，它的科学目标包括全天的极紫外巡天、黄道面的深度巡天和选择目标的光谱观测。极紫外探测器极大地改变了极紫外天文学的面貌，推动了晚型恒星冕层活动、激变变星和白矮星物理、近邻星际介质状态、活动星系核特征、星系团中心气体性质等诸多领域研究的进展。此外，还有美国 1997 年发射了远紫外分光探测卫星。其主要科学目标为探测银河系和近邻星系中氘元素丰度与化学演化，以及与

---

① pc表示秒差距，1 pc ≈ 3.26光年 ≈ 3.1×10^{16}米，1Mpc表示100万秒差距，即10^{6}pc。

五次电离氧（OVI）和氢分子在远紫外波段的跃迁相关的星际电离气体及分子气体的性质，是美国国家航空航天局"起源计划"的组成部分。2003年，美国发射了星系演化探索者，通过一系列不同深度的星系巡天观测来研究星系形成与演化。星系演化探索者的主要成果包括：重新标定了紫外光度与恒星形成率的关系，发现了低面亮度星系外盘上有年轻恒星的紫外辐射，揭示了此前缺失的年轻到年老星系的演化过程，发现了年老星系周围的巨大年轻恒星环，显示了星系盘从内到外的成长过程，找到活动星系核与宿主星系共同演化的证据等。2004发射的γ射线暴快速反应探测器（简称"雨燕卫星"）还携带了紫外/光学望远镜（170～600纳米）。由于地面无法开展紫外的观测，因此紫外/光学望远镜在紫外波段对γ射线暴（以及超新星等其他源）的观测十分重要。不仅如此，对于红移在1.3～5的γ射线暴，紫外/光学望远镜还可以提供测光红移信息。2013年，日本发射了世界上第一个用于紫外波段行星观测的空间望远镜。

X射线是高能光子，由于地球大气的强烈吸收，X射线的天文观测只能在空间进行。X射线往往和天体的高温、高能过程相联系，通过致密天体吸积盘X射线波段的观测可以对恒星级黑洞、中子星、星系核级黑洞开展研究。星系团内的气体在引力作用下向团内坍缩形成发射X射线的高温气体，从X射线波段可直接地得到团内气体分布，从而研究星系团内暗物质分布。

主要的非太阳X射线空间探测器包括如下：美国的自由号卫星，首颗专用X射线探测卫星；哥白尼卫星/轨道天文台3号，发现了周期长达几分钟的X射线脉冲星；爱因斯坦天文台，首个使用聚焦光学器件角分辨率为几弧秒的X射线探测器；欧洲的X射线天文卫星；伦琴X射线天文台，其灵敏度比自由号卫星高1000倍；贝波X射线天文卫星，发现了γ射线暴X射线"余晖"，解决γ射线暴距离之谜；美国的钱德拉X射线天文台，它具有高空间分辨率和高能谱分辨率，标志着X射线天文学从测光时代进入光谱时代；欧洲航天局的牛顿多镜片X射线空间望远镜；美国的核光谱望远镜阵列；日本的朱雀卫星；俄罗斯和德国合作发射的光谱-伦琴-γ卫星。

γ射线是电磁波段中能量最高的部分，大气对γ射线光子具有吸收作用，对宇宙天体的γ射线观测也只能在空间进行。但是能量高于10^{11}eV（电子伏）的"甚高能"γ射线在空间难以直接探测，因为它进入地球大气与大气中的粒子碰撞会引起地球大气簇射。但是大气簇射产生大量的切伦科夫光子，能被地面的切伦科夫望远镜探测到。γ射线源通常对应高能、极端、爆发性的天体事件，主要的γ射线空间探测器包括美国的小型天文卫星2号、γ射线天文台、雨燕γ射线暴探测器，欧洲航天局的国际γ射线天体物理学实验室，意大利的γ射线轻型探测器，多国合作的费米γ射线空间望远镜等。

暗物质粒子空间探测方面，主要通过观测暗物质粒子衰变或相互作用后产生的稳定粒子如γ射线、正负电子、反质子、中微子等寻找和研究暗物质粒子。最新实验结果主要来自国际空间站上的"阿尔法磁谱仪2号"实验、费米γ射线空间望远镜、帕梅拉空间探测器、先进薄电离量能器南极气球实验和中国暗物质粒子探测卫星。先进薄电离量能器和帕梅拉两个实验中电子的能谱测量结果表明，在几十到数百GeV（吉电子伏）的能段内，所测能谱较传统模型有着显著超出。同时帕梅拉正电子实验证明了该异常的存在，但相关的反质子测量实验中并没有发现异常。"阿尔法磁谱仪2号"的结果表明，正电子比例异常的结果可能来自脉冲星等天体物理源，也可能来自暗物质。要解释这两个现象，必须对暗物质粒子模型提出特殊的要求。

空间引力波方面，美国地面大型激光干涉引力波天文台项目科学合作组织于2016年2月11日宣布首次探测到了引力波信号。2017年8月17日，美国的大型激光干涉引力波天文台和欧洲的室女座引力波天文台（Virgo）联合探测到了双中子星并合产生的引力波信号GW 170817，随后大量的地面和空间望远镜观测到了GW 170817从γ（γ暴GRB 170817A）射线、X射线、紫外、光学、红外一直到射电波段的电磁对应体。欧洲航天局已将空间引力波探测作为大型任务L3，其技术验证星"激波干涉空间天线-开拓者"已于2015年发射，成功验证了相关技术。目前在轨运行的天文卫星中，高能天文卫星（X射线和γ射线）约占一半，说明这个领域将继续成为空间天文观测和天体物理研究的重要方向。

未来国际上还陆续有一些重要的空间天文卫星发射运行，基本上保持每年发射运行2~3颗空间天文卫星，见表2-2。由于国外天文卫星的寿命一般都在5~10年，甚至很多能够达到20年，今后若干年太空中将继续维持大约20颗空间天文卫星运行。除美国继续在空间天文领域起领导作用之外，国际空间天文的发展逐渐呈现多元化格局，美国一家独大的局面可能会有所改变，日本和俄罗斯的重要性越来越突出。2015 年 9 月天文学卫星成功发射运行使得印度已经成为发展中国家中首个拥有国际水平空间天文卫星的国家。2015 年 11 月暗物质探测卫星"悟空号"、2017 年 6 月硬 X 射线调制望远镜卫星"慧眼"和 2020 年 12 月"怀柔一号"的成功发射运行，使中国跻身于国际上拥有空间天文卫星的国家行列。

表 2-2 2023 年 1 月以后拟实施的天文卫星／空间站天文任务

卫星／飞行器	预计发射时间	建造国（组织）	参加国（组织）	波段／目的
日本实验舱载极端宇宙空间天文台	2023 年＋	日本	国际空间站	宇宙线
欧几里得	2023 年		美国	光学巡天；近红外／暗宇宙
天基多波段空间变源监视器	2024 年＋	中国	法国	多波段 γ 射线暴观测天文卫星
X 射线成像与光谱任务	2023 年＋	日本	美国	软 X 射线成像和能谱测量
爱因斯坦探针	2023 年＋	中国		X 时域天文／引力波电磁对应体
载人空间站工程巡天空间望远镜	2024 年	中国		中国空间站、2 米光学巡天、暗能量等研究
世界空间紫外天文台	2025 年＋	俄罗斯	欧洲航天局、中国	紫外天文台
柏拉图	2024 年	欧洲航天局		寻找类地行星
"天极 -2"	2024 年	中欧		中国空间站、γ 射线暴
高能宇宙辐射探测设施	2027 年	中国		中国空间站、暗物质与宇宙线
南希·格雷丝·罗曼空间望远镜	2027 年	美国		光学巡天、系外行星、暗能量
甚大面积 γ 射线空间望远镜	2026 年＋	中国		γ 射线、宇宙线、暗物质
增强型 X 射线时变和偏振探测卫星	2027 年	中国	欧洲航天局	X 射线时变和偏振，黑洞和中子星
高能天体物理学先进望远镜	2035 年	欧洲航天局	美国	X 射线天文台
近邻宜居行星巡天计划	2028 年＋	中国		近邻宜居系外行星
地球 2.0 巡天空间卫星	2028 年＋	中国		用凌星法寻找类太阳恒星宜居带内的类地行星

续表

卫星 / 飞行器	预计发射时间	建造国（组织）	参加国（组织）	波段 / 目的
系外行星大气遥感红外大型巡天	2029 年	欧洲航天局		系外行星
新引力波天文台	2037 年	欧洲航天局	美国	引力波（具体方案待征集）
激光干涉空间天线	2037 年	欧洲航天局		新型引力波天文台、欧洲航天局憧憬 L3 任务
"太极"计划	2034 年	中国		引力波天文、暗能量研究等
天琴	2034 年	中国		引力波天文、暗能量研究等
先进技术大孔径空间望远镜	待讨论	美国		光学、系外生命、暗物质等
宇宙学与天体物理干涉望远镜	待讨论	欧洲航天局	日本	中远红外空间望远镜

注：+ 表示 2023 年或之后。

2023 年 1 月以后国际上（包括中国）已经立项或正在推进的主要空间天文项目（含暗物质、宇宙线、引力波实验）见表 2-2。从中可以看到，未来空间天文将继续强劲发展，下一代天文卫星中有欧洲航天局与美国国家航空航天局合作的激光干涉空间天线、新引力波天文台、高能天体物理学先进望远镜等旗舰级项目，还有众多采用新一代技术的卫星，集中在光学巡天、高能天文、粒子天体物理和系外行星探寻等领域，勾画出未来十几年空间天文的新图景，将取得新的革命性发现。美国国家航空航天局近些年开展了先进技术大孔径空间望远镜的概念研究。先进技术大孔径空间望远镜是美国国家航空航天局为下一代紫外 / 可见光 / 红外探测卫星进行的战略任务，主镜直径 8～16 米，预计在搜寻系外行星、基础物理研究等方面都将发挥巨大的作用。

二、国外战略规划

在空间天文领域，美国在任务规模和水平方面一直处于领先地位，欧洲和日本很强势，其他一些具有代表性的国家，如法国、德国、意大利和俄罗斯等也具有相当的实力，巴西和印度可以认为是发展中国家的代表。

从战略规划内容上看，美国国家航空航天局和欧洲航天局的规划最为宏大，几乎涉及了天文学和天体物理中所有的前沿领域，代表着空间天文领域未来的发展方向。其他国家（如俄罗斯、日本、印度、巴西、韩国等）一般都只是在上述大框架下的局部强调和延伸。概括起来，未来空间天文探测和研究的主要热点是：宇宙的起源、结构和演化，以及类地球－太阳系外行星系统的搜寻。其中宇宙起源、结构和演化包括的内容广泛，从黑洞、活动星系核到第一代恒星的形成、暗物质与暗能量的物理本质和在宇宙中的分布等。类地球－太阳系外行星系统的搜寻一度变得很热，反映了人们对发现地外生命有着强烈的欲望和好奇心。

从实现战略规划的途径上看，十年内的规划都非常具体。2030 年及之后的战略规划更多是给出发展方向，而非具体项目。美国国家航空航天局和欧洲航天局在规划后十年时的提法有些类似，都强调了深入的 X 射线、γ 射线、红外观测，以及太阳系外行星系统的探测。

从探测手段上看，除了 X 射线、γ 射线、紫外和红外观测外，利用干涉仪观测是一个新的手段。引力波探测又开辟了一个新的窗口，引起了高度重视。编队飞行卫星探测将变得越来越普遍。针对科学上的新概念，如暗物质和暗能量，需要在空间探测上做出快速反应。小卫星计划体现出相当灵活性，可望短时间内得到期望的结果，或为需要长时间研制的大卫星计划提供必要的先期探测研究。

从层次上看，美国国家航空航天局和欧洲航天局追求全面的领先地位，在突出重点的同时，强调各个方面均衡发展。日本则强调谋求世界空间科学中心的同时，力促尖端技术发展。俄罗斯更多强调保持空间大国应有的贡献和地位。法国、意大利等国家在参加欧洲航天局大科学计划的同时，还有一系列自己的计划。值得注意的是，在发展中国家中，巴西和印度都朝着独立开展空间计划的方向迈进，巴西选择有限目标，而印度占有与美国合作的优势，计划显得雄心勃勃。

（一）美国

美国国家航空航天局列出的空间天文研究主题是：暗能量与暗物质、黑洞、大爆炸、星系、恒星、系外行星。在 2010 年 8 月 13 日美国发布的"天文学和天体物理学的新世界和新视野"的报告中，推荐了空间的大型、中型和小型项目，给出了发展的优先级。三个大型空间项目（耗资超过 10 亿美元）按优先级排列分别是：宽视场红外巡天望远镜、激光干涉空间天线和国际 X 射线天文台。目前，激光干涉空间天线项目和 X 射线天文台项目都已经被列为欧洲航天局的规划项目——下一代引力波天文台和高能天体物理先进望远镜替代。

报告发布后，新的美国国家航空航天局天体物理学研究活动预算进一步减少，主要缘于韦布空间望远镜发射时间的推迟，以及任务成本的大幅提高。作为对这种情况的反应，美国国家航空航天局建议考虑以 20% 的成本份额参加欧洲航天局的"欧几里得"任务。2013 年 1 月，美国国家航空航天局正式加入"欧几里得"任务，将为近红外探测仪提供 20 个探测器。宽视场红外巡天望远镜于 2016 年启动阶段 A 研究，计划 2024~2026 年发射。

2015 年初，美国国家航空航天局发布了《天体物理部 2020 年十年巡查白皮书》，该报告主要提出在韦布空间望远镜和宽视场红外巡天望远镜后的大型任务概念。报告内容还包括宇宙微波背景偏振巡视者、远红外巡视者、引力波巡视者、系外行星成像任务、紫外 / 光学 / 红外巡视者和 X 射线巡视者。

（二）欧洲航天局

欧洲航天局所关注的关键科学问题和美国国家航空航天局类似，包括热和能量宇宙、引力宇宙、行星与生命、太阳系、基本规律、宇宙。

欧洲航天局自 2005 年开始发布《宇宙憧憬（2015—2025）》计划以来一直有序地部署和遴选空间科学项目。欧洲航天局的卫星计划按规模分为大（L，大于 10 亿欧元）、中（M，4.5 亿欧元）、小（S，5000 万欧元）三类。表 2-3 列出了欧洲航天局截至 2023 年遴选出的项目。

表 2-3 《宇宙憧憬（2015—2025）》2015 年以来在研、推荐或候选的空间天文项目

领域	L 级	M 级	S 级	其他项目
天体及基础物理	高能天体物理高新望远镜（L2，2035 年），高能天体	欧几里得（M2，2023 年），光学巡天	系外行星特性探测卫星（S1，2019 年），系外行星	空间激光干涉仪——丽莎探路者号（2015 年），引力波探测验证
	空间激光干涉仪（L3，2037 年），规划中	柏拉图（M3，2026 年），行星 / 星震		增强型 X 射线时变和偏振探测卫星

注：L1，大型项目 1 号。M1，中型项目 1 号。S1，小型项目 1 号。以此类推。

2014 年 8 月欧洲航天局开始征集 M4 项目，目标发射日期为 2025 年，主题是系外行星、等离子体物理和 X 射线宇宙。2015 年 6 月选择了三个项目作为 M4 候选项目进行概念研究，包括大气红外遥感系外行星大调查、湍流致热观测台、X 射线成像偏振探测器。其中，大气红外遥感系外行星大调查已经被遴选为 M4 项目，预计于 2029 年发射。2016 年初欧洲航天局启动征集 M5 候选项目，2021 年 6 月 M5 项目选定为预见号金星轨道探测卫星，计划于 2031 年前后发射。M7 任务机会目前正在竞争中，2022 年 11 月，选择了五个候选任务进行进一步研究。其中，作为暗晕巡天关键仪器的吸积星系解析残留物分析卫星项目旨在对附近宇宙中的暗弱星系进行成像，以检测标准宇宙学模型。瞬态高能天空和早期宇宙勘测者卫星项目是一项针对瞬变天文学的多仪器任务，重点关注伽马射线爆发，通过研究第一批大质量恒星的爆炸、认证引力波对应体来探索高红移宇宙。

（三）日本

2015 年初，日本政府公布了修订后的宇宙基本计划时间表草案。从 2015 年后的十年里，日本将最多发射 45 颗人造卫星，计划发射 7 颗以上科学卫星。日本分别与美国、意大利、挪威、法国、澳大利亚、韩国、越南、缅甸等国在众多不同领域开展了多层次的合作。

日本宇航探索局 2016 年初成功发射了新一代 X 射线天文卫星"瞳"，因为软件错误导致卫星在一个月后解体。日本计划重新研制这颗卫星，欧洲航天局和美国国家航空航天局将参与，于 21 世纪 20 年代早期发射。此外，日本重新评估了宇宙学与天体物理干涉望远镜，计划在 21 世纪 20 年代末期发射。日本还提出了下一代探测宇宙微波背景辐射的 B 模偏振，以研究宇宙暴胀的中小型空间卫星项目，计划于 2028 年发射，在日地拉格朗日点 L2 进行为期三年的观测。

三、中国发展现状

我国空间天文观测与研究队伍不断进步，逐步形成了从人才培养、仪器设备研制、观测和理论研究到应用服务的较完整体系，聚集了一批在国内外有影响的学术带头人和优秀创新研究群体，研究队伍的年龄结构趋于合理。在国际核心杂志上发表的论文大幅增加，国际上有较高显示度和影响力的成果显著增加。

目前，国内专门从事空间天文观测与研究的研究人员主要分布在中国科学院高能物理研究所、紫金山天文台、国家天文台、上海天文台、云南天文台、理论物理研究所，以及清华大学、南京大学、北京大学、中国科学技术大学、首都师范大学、广西大学、厦门大学、广州大学、中山大学、华中科技大学、华中师范大学等单位。其中，在中国科学院高能物理研究所、紫金山天文台、国家天文台和上海天文台，以及南京大学、广西大学、清华大学、厦门大学、中国科学技术大学形成了有一定规模的研究团队。截至 2023 年，已经建成的主要从事空间天文研究的重点实验室有中国科学院暗物质与空间天文重点实验室（紫金山天文台）、中国科学院空间天文技术重点实验室（国家天文台）、中国科学院粒子天体物理重点实验室（高能物理研究所）。我国空间天文领域在 X 射线双星的观测和数据分析、γ 射线暴余辉和能源机制、超新星遗迹的辐射和动力学演化、吸积盘理论、致密星双星的形成和演化等研究方面取得了一批有国际显示度的成果。

我国空间天文学目前处于发展初期阶段，空间天文探测基本上以空间高能天文为主（含暗物质和空间粒子探测）。截至 2023 年，已经规划和部署了 γ 射线、X 射线、紫外、可见光、射电等多波段空间天文计划和任务，并开展了一些重大计划的预先研究，将出现蓬勃发展的新局面。与空间天文相关的天体物理研究工作基本上包括了国际空间天文的主要研究方向。例如，黑洞等致密天体物理、超新星遗迹、γ 射线暴、星系、星系团、宇宙学、太阳活动以及暗物质的探索等重要天体物理前沿。空间天文研究的一个重要特色是全球数据共享和长期利用。我国天文界具有使用国外各波段空间天文卫星观测数据的经验，我国学者从 20 世纪 90 年代开始就长期使用几乎所有国际空间天文卫星的数据，做出了重要成果，在个别研究方向上已经进入了国际前沿。在使用这些数据的同时，积累了数据获取、整理、管理、分析和使用的丰富经验，对于优化我国天文卫星的设计和运行具有重要作用。我国空间天文的一些学术带头人曾经是国外主要空间天文项目的骨干成员，回国后带动了国内空间天文研究的快速发展。因此我国已经具备了在空间天文各领域开展系统研究和实施空间任务的能力。

我国开展大型空间天文项目的经验尚不足，需要经历更多空间天文项目的实践，才能在一些重要领域形成优势，在国际上起主导作用。从当前任务和未来发展的角度看，我国空间天文研究队伍的规模和水平还远远不能适应需要，需要更大的发展和提升。

（一）早期研究

1976 年，中国科学院曾推动"两星一站"计划，包括以观测太阳为主的天文卫星，主要载荷是掠射式软 X 射线望远镜。紫金山天文台张和祺负责天文卫星科学探测总体设计，并组建了空间天文实验室。该项目完成了卫星系统设计、卫星结构 / 热控星研制，并开展了载荷关键技术攻关。20 世纪 80 年代中期由于各种原因终止了计划，但仍对推动我国空间天文、培养科技队伍起到了开拓作用。

高能物理研究所李惕碚 1972 年提出开展高能大体物理研究建议。1977 年高能物理研究所宇宙线规划会议决定将部分研究力量转向高能天体物理，并建议发展科学气球开展实测研究。1978 年开始，高能物理研究所联合大气物理研究所、中国科学院空间物理研究所和空间科学技术中心、上海天文台、广州电子技术研究所联合发展高空科学气球技术，并在河北省香河县建设科学气球系统。1978 年到 20 世纪 90 年代共发放了 180 余个高空科学气球。高能物理研究所利用科学气球开展了原初宇宙线核成分探测，探测到初级宇宙射线中≥4 GeV/n 的氦、碳、氮、氧、硅、铁等重核核素和在一定地磁刚度区域的重离子丰度分布；测量了高空宇宙 γ 射线本底和中子感生的 γ 本底；采用碘化钠晶体探测器在我国首次获得了蟹状星云脉冲星（PSR-0531+21）的硬 X 射线辐射及其辐射脉冲周期，与射电脉冲周期相当符合；发展了碘化钠 / 碘化铯复合闪烁探测器和高压充氙多丝正比室球载硬 X 射线望远镜，对天鹅座 X-1、天鹅座 X-3、武仙座 X-1 等高能天体进行了观测，获得天鹅座 X-1 在特定条件下的低态完整的硬 X 射线能谱结构。

紫金山天文台发展了锗酸铋晶体 γ 射线探测器和气体正比计数器，进行了气球天文观测。同时，在中日合作气球越洋飞行中采用高压氙正比计数器成功进行了 20～100 keV（千电子伏）硬 X 射线流强和时变观测。此外，还发展了 30 厘米红外长波（20 微米、40 微米、60 微米、100 微米、170 微米）液氢致冷红外望远镜系统，观测到塞弗特星系 SCO-α1 的红外辐射。

上述工作为"神舟二号"我国首次空间天文任务——宇宙 γ 射线暴和太阳高能辐射探测进行了技术准备（徐玉朋，2021）。

上海天文台发展了球载太阳望远镜，成功测量了太阳可见 / 近红外波段的亮度温度；发展了 10 厘米红外望远镜（0.9 微米、85～130 微米），在中日越洋飞行中对银河中心区域进行了扫描观测。

1993 年，根据李惕碚和吴枚提出的直接解调成像方法（李惕碚和吴枚，1993），采用高能物理研究所发展的 HAPI-4 复合晶体球载硬 X 射线望远镜（灵敏面积 800 平方厘米）进行了气球飞行探测（Lu et al.，1995），获得了天鹅座 X-1 强背景下的高信噪比图像，验证了准直型非成像探测器直接解调方法的硬 X 射线成像能力，开辟了新的高能电磁辐射成像方法。此项目后获国家重点基础研究发展计划（973 计划）支持，促进了"硬 X 射线调制望远镜"项目的立项。

1998 年起，中国科学院高能物理研究所作为中方牵头单位参加了丁肇中领导的航天飞机阿尔法磁谱仪实验和国际空间站"阿尔法磁谱仪 2 号"实验，承担了实验中电磁量能器研制和部分热管理设备研制，是国际上参加相应的科学数据分析的主要小组之一。

（二）主要成就

1. γ 射线暴和太阳高能活动探测

2001 年，高能物理研究所和紫金山天文台在"神舟二号"上装载了由超软 X 射线、X 射线和 γ 射线探测器组成的宽波段探测器，成功地观测到近 30 个宇宙 γ 射线暴和近百例太阳耀斑的 X 射线和 γ 射线爆发。这也是我国空间天文观测迈出的重要一步。

2. 暗物质粒子探测

"悟空号"是中国科学院空间先导专项首批科学卫星之一，是我国首颗粒子天体物理和暗物质探测卫星，也是我国成功发射运行的首颗天文卫星。其科学目标是探索可能的宇宙暗物质粒子湮灭或衰变产生的特征信号，研究宇宙射线起源传播及加速机制和高能 γ 射线天文。暗物质粒子探测器是以锗酸铋能量器为中心，包括塑闪列阵探测器、硅列阵探测器和中子探测的复合探测器。探测器的电子和光子探测能量范围为 2 GeV～10 TeV（万亿电子伏特），能量在 1 TeV 能量分辨率为 1%，探测几何因子对电子超过 0.3 平方米·球面度（sr），质子和重离子探测能量范围 50 GeV～500 TeV，能量分辨率优于 40% @ 1 TeV，几何因子为 0.2 平方米·球面度。电荷分辨率 0.33 @ Z=26，100 GeV 的角分辨率优于 0.1°，这些指标达到或者超过目前国际上同类空间探测器的水平（Chang et al.，2017）。

　　"悟空号"采用了高效的质子和电子鉴别方法，并在参与美国先进薄电离量能器气球探测计划中得到验证。"悟空号"以优于同时在轨运行的其他探测任务的灵敏度和能量范围探测电子、光子和宇宙射线。2015 年 12 月发射升空后成功获取了目前国际上精度最高的宇宙线电子探测结果。与之前结果相比，"悟空号"的电子宇宙射线的能量测量范围比起国外的空间探测设备（如"阿尔法磁谱仪 2 号"）有显著提高，拓展了观察宇宙的窗口；"悟空号"测量到的 TeV 电子的能量最准、"纯净"程度最高（也就是其中混入的质子数量最少）；"悟空号"首次直接测量到了电子宇宙射线能谱在约 1 TeV 处的拐折，该拐折反映了宇宙中高能电子辐射源的典型加速能力，其精确的下降行为对于判定部分（能量低于 1 TeV）电子宇宙射线是否来自暗物质起着关键性作用。此外，"悟空号"的首批数据显示在约 1.4 TeV 处存在能谱精细结构，一旦该结构能够被更大的统计量数据予以确证，将是粒子物理或天体物理领域的重大发现（Ambrosi et al.，2017）。

　　基于该卫星收集到的前两年半数据，"悟空号"国际合作组发布了从 40 GeV 到 100 TeV 能量范围的宇宙线质子精确能谱测量结果。这是国际上首次利用空间试验实现对高达 100 TeV 的宇宙线质子能谱的精确测量，该能量上限比丁肇中先生领导的"阿尔法磁谱仪 2 号"实验高出约 50 倍，比日本科学家领衔的量能器电子望远镜实验最新结果高出 10 倍。"悟空号"的测量结果确认了质子能谱在数百 GeV 处的变硬行为。"悟空号"首次发现质子能谱在约 14 TeV 出现明显的能谱变软结构，这一新的结构很可能是由近邻个别宇宙线源留下的印记，拐折能量即对应于其加速上限（An et al.，2019）。

3.γ射线暴偏振探测

2016 年 9 月由中国科学院高能物理研究所牵头，与瑞士日内瓦大学、瑞士保罗谢尔研究所，以及波兰的国家核研究中心合作研制的 γ 射线暴偏振探测仪随"天宫二号"空间实验室升空。"天极"是高能物理研究所牵头的中欧国际合作项目，是世界上首台高灵敏度 γ 射线暴瞬时辐射偏振探测仪器。它的主要科学目标是对 γ 射线暴瞬时辐射的线偏振进行高精度测量，从而对 γ 射线暴瞬时辐射机制理论模型进行约束或强有力的限制，同时，再对喷流区几何结构以及磁场构型等进行研究。"天极"结构上由舱外偏振探测器和舱内电控箱两部分组成。其中，偏振探测器共包含 25 套偏振探测器单体，组成 5×5 阵列。整个"天极"探测器阵列的探测面积约为 557 平方厘米，视场约为 2π sr，能量探测范围为 50～500 keV（Produit et al.，2018）。

"天极"发射后，合作组利用搭载的探测仪器开展了多项天文观测实验，包括 γ 射线暴探测及其偏振测量、脉冲星探测与导航定轨方法验证、太阳耀斑探测等。在 5 个多月的观测运行期间"天极"共探测到 55 个确认的 γ 射线暴，并于 2019 年 1 月发表了 5 个 γ 射线暴高精度偏振测量结果（Zhang et al.，2019a）。该测量结果是当时国际上最大的高精度 γ 射线暴偏振测量样本，发现 γ 射线暴爆发期间的平均偏振度较低，约为 10%，并且发现 γ 射线暴在单个脉冲内偏振角的演化等重要现象。随后，"天极"合作组联合德国马普地外物理研究所利用"天极"和费米 -γ 射线暴监视系统数据采用新方法针对 GRB 170114A 开展了偏振 - 能谱联合分析。"天极"最新的数据分析进展统计性地给出了 14 个 γ 射线暴的偏振探测结果，进一步验证了 γ 射线暴在瞬时的辐射阶段偏振度不高的重要结论。表 2-4 所示为"天极"探测到的 5 个 γ 射线暴的偏振分析结果汇总情况。从表中我们可以看出，5 个 γ 射线暴的整体偏振度不高，99% 置信度的偏振度上限最高为 67%，最低为 28%。其中，有一个 γ 射线暴 GRB 170114A 的偏振状态在单个脉冲内发生了演化，另外三个 γ 射线暴 GRB 161218A、GRB 170101A 以及 GRB 170206A 偏振角没有发生变化，最后一个 γ 射线暴 GRB 170127C 较暗，导致康普顿散射事例不够，从而无法分析其偏振演化情况（表 2-4）。

表 2-4　"天极"在轨探测到的 5 个 γ 射线暴的偏振分析结果以及
GRB 170114A 的两个时间段内的偏振分析结果

γ 射线暴	T_{90}/s	积分通量/(erg/cm²)	偏振度（PD）/%	偏振度<2% 的概率/%	偏振度的99%置信上限/%	偏振角/(°)	偏振角变化
GRB 161218A	6.76	1.25×10^{-5}	9	9	45	40	否
GRB 170101A	2.82	1.27×10^{-5}	8	13	31	164	否
GRB 170127C	0.21	7.4×10^{-6}	11	5.8	67	38	不确定
GRB 170206A	1.2	1.34×10^{-5}	10	12	31	106	否
GRB 170114A	8.0	1.93×10^{-5}	4	14	28	164	是
GRB 170114Ap1	N/A	N/A	15	8	43	122	N/A
GRB 170114Ap2	N/A	N/A	41	0.49	74	17	N/A

注：T_{90} 为观测到的扣除背景计数时间的 90% 间隔；erg 为能量单位，中文名为尔格，
1 尔格 =10^{-7} 焦耳，erg/cm² 在 10～1000 keV 能量范围内；N/A 表示无数据。

同时，"天极"在国内首次在轨观测到脉冲星并且完成了首次脉冲星导航技术验证试验（郑世界等，2017），定轨精度约为 10 千米，和理论预期一致。此外，还利用"天极"在轨观测数据开展了 γ 射线暴定位研究、蟹状星云脉冲星能谱－相位分析以及偏振分析等，并取得了重要进展（Wang et al.，2021；Han et al.，2019）。

由于"天极"实验的成功，同时也由于 γ 射线暴偏振探测提出了新的重要科学问题，中欧科学家共同提出了在中国空间站上继续开展 γ 射线暴瞬时辐射偏振探测的实验项目——增强型 γ 射线暴偏振探测仪"天极 -2"。"天极 -2"的偏振探测面积是"天极"的 4 倍，采用硅光电倍增管读出技术，探测灵敏度更高；同时，还搭载了能谱仪，用于能量测量和 γ 射线暴定位。"天极 -2"已正式入选中国空间站国际合作实验项目，计划于 2024 年发射。

4. 硬 X 射线调制望远镜

"慧眼"是我国首颗空间 X 射线天文卫星，由国家航天局和中国科学院空间先导专项联合支持，于 2017 年 6 月成功发射，2017 年 12 月完成在轨测试（Zhang，2020）。"慧眼"由高能探测器（20～250 keV）、中能探测器（5～30 keV）和低能探测器（1～15 keV）组成。探测器具有宽波段大天区 X

射线巡天监测能力，用于发现新的（暂现）X 射线源，监测中子星和黑洞双星活动；具有多波段快速光变观测能力，研究中子星和黑洞 X 射线双星时变，能谱和铁发射线以及强磁场下物质的状态方程；具有硬 X- 软 γ 射线暴的探测能力，成为 200 keV～3 MeV 能量范围在轨灵敏度最高的 γ 射线暴探测器，对 γ 射线暴和引力波暴电磁对应体的观测具有重要意义（已纳入中国科学院引力波先导 B 研究计划）（Zhang et al.，2020）。

在 X 射线双星爆发演化以及致密天体性质方面，"慧眼"已经取得了一批成果。"慧眼"在新发现的黑洞 X 射线双星系统 MAXIJ1820+070 中首次发现当黑洞 X 射线双星的爆发演化处于中间态期间，低频准周期振荡可以达到 200 keV 以上的能量，不同能段的时间差在秒量级，远大于以前观测到的典型的相位差，难以通过流行的辐射转移或者冕的冷泽－提尔苓进动模型来解释（Ma et al.，2021）。由此，"慧眼"团队构造出了喷流进动的模型，描绘出了距离黑洞上百千米的相对论喷流在螺旋进动中的冷却。黑洞产生的准周期振荡随着能量呈现出较大时间尺度的延迟结构，这是迄今观测到的距离黑洞最近的相对论喷流。"慧眼"团队在研究该系统的爆发中，采用改进的盘反射模型对"慧眼"数据进行能谱分析，发现在爆发演化阶段，冕在随着流量的增加而收缩降低的同时，喷流向外加速运动。"慧眼"团队首次给出 X 射线爆发迟滞现象的外盘照射电离起源图像的观测证据。X 射线双星爆发在硬度－强度图呈现的 q 形状已经成为研究爆发演化的常规手段，但是其物理起源目前仍旧未知。利用"慧眼"对黑洞 X 双星系统 MAXI J1348-630 的完整监测，发现该形状可以通过软硬 X 射线的时间延迟有效消除，支持爆发的物理起源来自盘冕内区的辐射对吸积盘外区的辐射加热电离的物理图象（You et al.，2021；Weng et al.，2021）。

中子星极冠附近的吸积物理和辐射几何是未来研究极端致密条件下中子星物态的关键问题之一。"慧眼"对大质量 X 射线双星在宽能区的高频度、高统计观测取得新的进展。Swift J0243.6+6124 是目前观测到的第一个河内超亮 X 射线源，"慧眼"对该源爆发的观测发现，吸积盘的形态从气体压主导的薄盘变为辐射压主导的厚盘，导致了脉冲轮廓和功率谱的变化（Doroshenko et al.，2020；Kong et al.，2020；Wang et al.，2020）。这种现象首次被观测到，验证了半个多世纪前提出的吸积理论。进一步细致的能谱分析，清晰地阐明了爆发辐射模式从铅笔模型到风扇模型演化期间的黑体参数演化特性，黑体成分从铅笔模式期间中子星极冠附近的土丘辐射区剧烈演化到了风扇模式吸积柱多普勒效应加热导致的中子星表面辐射区。"慧眼"的观测研究发现，该系统在爆发流量上升和下降期间，中子星自旋脉冲的强度呈现出显著不同的演化特点。这表明该系统在上升和下降期间中子星极冠区附近的磁场演化存在差异，而且在爆发的下降期间可能存在外流回落吸积的效应。"慧眼"首次给出回旋吸收线随着特征光度的完整演化。"慧眼"观测 1A0535+262 的爆发，首次发现在特征光度以上，回旋线能量同光度在上升和下降期间呈现两条反相关平行线的现象。"慧眼"还给出了第一个对于爆发上升下降以及涵盖特征光度演化高统计和宽能区的高频度观测样本，并由此给出了第一个回旋线随着光度演化的完整样本。

研究强引力等极端密度条件下的基本物理规律（广义相对论和中子星物态），需要构建黑洞或者中子星附近吸积辐射的实验室，该实验室系统的一个重要的组成部分是冕。中子星表面热核暴对冕的快速冷却效应是研究冕的一个有效探针。但是，由于"慧眼"之前的卫星在硬 X 射线能区面积小，一般需要累积数十个暴的样本才能捕捉到暴对冕的探针效应。"慧眼"的运行大大改观了这一研究领域的现状。对 4U 1636-536 的观测研究发现，"慧眼"可以通过观测单个热核暴就能够清晰地看到冕的冷却（Chen et al., 2018）。Zhao 等（2020）首次发现Ⅱ型暴的时间延迟以及暴的非热特性。Ⅱ型暴一般认为是来自吸积盘的快速吸积，目前只有两个观测样本。"慧眼"观测 X 射线暴源，叠加几十个Ⅱ型暴，得到非热能谱，硬 X 射线滞后于软 X 射线大约 3 秒。观测表明Ⅱ型暴是来自突然出现的冕成分，与盘的磁重联有关。

在研究极端条件下物理规律的 X 射线双星实验室中，致密天体的基本性质也是关键的一环。"慧眼"宽能区的能谱，结合 Fe 线附近的良好能量分辨，使得"慧眼"可以精确测量黑洞在 X 射线双星中的自旋。例如，"慧眼"通过观测天鹅座 X-1，得到了该系统黑洞的自旋测量结果。中子星磁场的直接测量方面，"慧眼"独具优势。例如，"慧眼"观测 GRO J1008-57，通过分析能谱中的回旋吸收线，得到共振能量为 90 keV（Ge et al., 2020）。这是目前观测到的最高基态能量的电子回旋吸收线，而且显著性水平超过了 20 倍的标准偏差，对应于目前直接、可靠测量的最强中子星磁场。

快速射电暴从 2007 年发现以来，其起源一直被认为可能是磁星。"慧眼"于 2020 年 4 月 28 日观测到了磁星 SGR J1935+2154 的宽能段 X 射线暴，并通过耀发的时间结构和定位首次证认 FRB 200428 的 X 射线暴起源于磁星 SGR J1935+2154。"慧眼"观测发现 X 射线暴光变的双峰结构和 FRB 200428 双脉冲成协，而且 X 射线暴双峰比射电暴双脉冲延迟了大约 8.57 秒。这与基于色散计算来自 SGR J1935+2154 射电信号得到的时间延迟 8.63 秒吻合（Li et al.，2021）。这些结果显示出"慧眼"对研究磁星的巨大优势，也为研究磁星及其与快速射电暴关联开辟了一个新窗口。

"慧眼"在硬 X 射线波段（20～250 keV）的大面积和窄视场的设计使其在暗弱变源巡天能力方面好于以往的硬 X 射线望远镜。"慧眼"将对银道进行高频次的巡天扫描，对河内硬 X 射线变源进行最深和最高频次的普查，获得河内硬 X 射线辐射源表，并可能发现一批新的硬 X 射线活动天体或者硬 X 射线辐射新现象。包含中子星和黑洞的河内 X 射线双星系统大部分处于银盘面上和银河系中心方向，而且在 X 射线波段存在不同时间尺度的活动。历史上每一次银道面和银河系中心方向的巡天和监测都发现了已知源的新活动以及新（类型）的瞬变源，在国际上掀起了多波段、多天文台和天地一体化观测的热潮。"慧眼"预期将发现已知源的新活动，组织多波段和多天文台协同观测，理解天体高能活动的多样性；发现新的高能变源，并做后续观测证认和研究，这对理解高能天体源的多样性有极其重要的意义。

"慧眼"已经开展了 1700 余次扫描观测，监测了 1499 个天体的活动（探测到了其中的大约 200 个天体的 X 射线信号），开展了 2100 余次定点观测，对 106 个目标天体开展了定点观测，已探测到 370 余个 γ 射线暴，已监测 54 个引力波事件的高能电磁对应体和 39 个高能中微子事件的高能电磁对应体。此外，"慧眼"对第一个双中子星并合引力波事件 GW170817 的电磁对应体在 MeV 能段的辐射给出了严格的限制（Li et al.，2018）。Zhang 等（2021）首次给出太阳耀发的时变和能谱分析以及和射电的关联研究，发现 X 射线和射电辐射都对应于相同的磁重联加速的高能电子起源，并给出辐射区磁场演化。

5. "怀柔一号"

"怀柔一号"是中国科学院"空间科学"（二期）战略性先导科技专项部

署的我国首个机遇型空间科学项目，于 2020 年 12 月 10 日发射入轨。"怀柔一号"主要科学目标是：全天监测发现各种类型的引力波高能电磁对应体；全时监测快速射电暴的高能电磁对应体；全天监测研究各种类型的高能暂现源，包括 γ 射线暴、磁星爆发、太阳耀斑以及地球 γ 射线闪等。

"怀柔一号"包括两颗相同的微小卫星（"怀柔 -A"和"怀柔 -B"），每颗微小卫星的重量约 160 千克，配置 25 个 γ 射线探测器和 8 个带电粒子探测器。γ 射线探测器用于 γ 射线暴的触发定位以及能谱和时变的探测，带电粒子探测器用于监测空间带电粒子流量，从而帮助 γ 射线探测器鉴别空间荷电粒子引起的触发和 γ 射线暴。根据设计，两颗卫星轨道相同、相位相反，且均采用反地心指向，从而实现对全天区无缝监测。因卫星能源分系统异常，"怀柔 -B"平均每天的观测时间约 11 小时，"怀柔 -A"尚不能开展科学观测（Han et al.，2020）。表 2-5 列出了"怀柔一号"在轨观测性能指标。

表 2-5 "怀柔一号"在轨观测性能指标

综合性能指标	原设计（双星）	当前值（仅"怀柔 -B"）
双星联合监测视场	100% 全天区	约 60% 全天区
年平均监测覆盖度	>90% 全天区	约 18% 全天区
定位精度（1σ）	<1°	约 2.6°
灵敏度（3σ）	$<2 \times 10^{-8}$ erg/（$cm^2 \cdot s$）	约 1.1×10^{-8} erg/（$cm^2 \cdot s$）

"怀柔一号"是我国首颗具有快速下传及发布天文警报的科学卫星。"怀柔一号"具有在轨实时触发和定位高能爆发天体的能力，创新性地应用"北斗三号"全球短报文服务准实时下行触发警报信息并向国际天文界发布，引导其他望远镜联合观测，取得了重要的成果。

"怀柔一号"观测运行一年来，发现 70 多个 γ 射线暴；发现 3 颗磁星（SGR J1935+2154、SGR J1555.2-5402、SGR J1830-0645）的百余次爆发，其中包括一颗新发现的磁星（SGR J1555.2-5402）；监测了一批快速射电暴的高能辐射性质，包括 FRB 20201124A 的 400 余次爆发；发现一批 X 射线双星爆发、太阳耀斑等，包括著名的 X 射线双星 4U 0614+09 的热核暴；发现一批地球 γ 射线闪，找到关联闪电信号；跟我国的 500 米口径球面射电望远镜（简称"天眼"）、"慧眼"、高海拔宇宙线观测站（简称"拉索"）、空间分布式 γ 射线暴探测网（简称"天格"）、引力波跟踪网络，以及国际上的雨燕 γ 射线暴探测器、费米 γ 射线空间望远镜、中子星内部组成探测器、γ 射线暴探测器、国际 γ 射线天体物理学实验室、γ 射线轻型探测器、太阳轨道飞行器等多波段观测设备开展了联合观测和数据分析；通过全球循环网络等平台及时向国际天文界报道观测结果 90 余次，为多信使多波段联合观测提供了重要信息；成功实现了在轨触发信息的准实时下传和发布，开创了利用"北斗"短报文实现卫星数据快速下行的新途径，且该技术已应用到其他空间项目，产生了良好效益。

6. 月基光学望远镜

2013 年，"嫦娥三号"首次实现了中国地外天体软着陆和巡视探测。随后利用自主研制的月基光学望远镜第一次在月球上巡视太空。这是国际上首次研制了极紫外相机，在月面上对地球周围 15 个地球半径的大视场等离子体层进行极紫外观测，是世界上首次在月球表面开展近紫外观测。

（三）当前观测任务

1. 载人空间站工程巡天空间望远镜

中国空间站计划中安排了以光学天文巡天为主，具有显著国际竞争力的多功能光学设施（图 2-3）。该设施采用 2 米口径主镜的离轴三反光学系统，观测视场面积 1.1 平方度[①]，角分辨率优于 0.15 角秒（80% 能量集中度半径）。光学设施与光学舱平台组成的光学舱是与空间站主体同轨道面飞行的独立飞行器，可定期或根据需要与空间站对接进行维护或升级，其设计运行寿命大于 10 年，主要科学任务如下。

1）多色成像与无缝光谱巡天。开展高空间分辨率、大天区面积的巡天观测。包括宽波段成像（从近紫外到近红外 255～1000 纳米，不少于 6 个波段）和无缝光谱观测（255～1000 纳米，3 个波段），覆盖 17 500 平方度中高黄纬、中高银纬天区，成像观测极限星等达 25～26 等，无缝光谱观测极限星等 22 等以上。该巡天将获取数十亿恒星与星系的海量数据。通过对天体流量（亮度）、位置、形状和红移等属性的精确测量，可以研究宇宙加速膨胀的机制、暗物质性质，精确地测定宇宙学参数，检验宇宙学模型、引力理论、星

---

① 1 平方度等于 $(\pi/180)^2$ 球面度。整个球面有 4π 球面度，所有总共：$4\pi \times (180/\pi)^2 \approx 41252.96$ 平方度。

图 2-3　实施多色成像与无缝光谱巡天的光学舱

资料来源：李然 . 巡天空间望远镜：将伴"天和"探太空 .https://www.cas.cn/kx/kpwz/202105/
t20210513_4787988.shtml[2023-04-05]

系结构的等级形成和演化理论，测量中微子质量，探索暗物质属性，重构宇宙初始密度扰动、银河系三维结构与形成历史，揭示恒星、行星、黑洞、星系、类星体等多种天体的形成与演化的规律，为相关天文学与物理学前沿领域的重大突破提供线索，争取获得革命性的新发现（Gong et al.，2019）。

2）太赫兹天文观测。利用多功能光学设施强大的集光能力，开展星系、晚型星、星际介质以及行星、彗星等 THz（亚毫米波）观测，获取 H_2O、Cl、O_2、CO 等分子谱线数据。这将加深对早期宇宙演化、恒星和星系形成、行星及行星系统形成等问题的理解。接收终端采用超导氮化铌混频接收机，工作频段 0.41～0.51 THz（太赫兹），频率分辨率 100 kHz（千赫兹），观测灵敏度优于 100 mK（毫开）。

空间站光学巡天望远镜已于 2013 年正式立项，是我国目前实施的规模最大的空间天文"旗舰项目"，预计 2024 年或之后发射。其高分辨率、多波段测光和无缝光谱巡天将为开展宇宙学研究提供高质量、丰富的宇宙学探针，包括超新星、重子声学振荡、红移空间畸变、弱引力透镜、强引力透镜等，测量暗能量性质，考察能量密度随时间的演化规律；精确测量宇宙各个尺度上的暗物质结构，考察暗物质是冷的还是温的、暗物质粒子是否具有自相互作用等暗物质本质问题；精确测量红移 1.5 以来的宇宙结构演化，解释宇宙结构形成过程。

2. 天基多波段空间变源监视器

"天基多波段空间变源监视器"是中法两国政府间合作的天文卫星项目，已于 2015 年正式立项，2017 年转入阶段 C，计划 2024 年发射，将是继"雨燕卫星"之后最重要的 γ 射线暴探测卫星。该项目重点通过探测 γ 射线暴的位置、时变、流量能谱（红移）特征、光学余辉研究其物理机制，并探测 γ 射线暂现源、活动星系核和新星等性质。该监视器安排了四个能量衔接且具有特色的科学载荷，从高到低分别是 γ 射线监视器（能量范围 15～5000 keV，视场/分辨率为 160°/3°）、X 射线成像仪（能量范围 250～4 keV，视场/分辨率为 10°/10′）、软 X 射线望远镜（能量范围 7～0.3 keV，视场/分辨率为 1°/20″），以及光学望远镜（视场/分辨率为 21′/1″）。γ 射线暴通常由 γ 射线触发后，顺次由能量较低的载荷逐次精确定位并控制卫星指向目标，通过其高频空地实时通信，通报给地面大型跟随望远镜，实现联合精细观测。该项目还配置了地面光学宽视场相机（余舜京等，2019）。

3. 爱因斯坦探针

爱因斯坦探针是中国科学院空间科学先导专项"十三五"科学卫星，该项目已获批立项，预计 2023 年底发射，运行寿命 3 年。作为一颗面向时域天文学和高能天体物理的小型 X 射线天文卫星，其主要科学目标是：以前所未有的探测灵敏度和空间监测范围，系统性发现和探索宇宙中的高能暂现源，监测天体活动性；通过探测爆发事件，发现和探索各个尺度上的沉寂黑洞；搜寻引力波源的电磁波对应体；获得大样本宇宙 X 射线源的辐射变化数据。爱因斯坦探针的有效载荷包括一台宽视场的软 X 射线聚焦成像望远镜（60°×60°，源定位精度 1″，在 1.25 keV 的能量分辨率为 170 eV）和一台窄视场后随 X 射线成像望远镜（在 1.25 keV 的能量分辨率为 170 eV）。宽视场的软 X 射线聚焦成像望远镜采用微孔龙虾眼光学技术，具有 3600 平方度的无渐晕视场，探测能量范围为 0.5～4 keV。窄视场后随 X 射线成像望远镜为 Wolter-I 型 X 射线望远镜，视场 30 角分，能量范围为 0.3～8 keV。卫星还具有暂现源触发警报信息快速下传功能（Yuan et al.,2018）。

4. 低频射电探测仪

鹊桥中继卫星携带了与荷兰合作研发的中－荷低频射电探测仪。它与

2019 年 1 月首次登陆月球背面的"嫦娥四号"携带的极低频射电频谱仪一起，首次开展基于月球的 30 MHz 以下长波射电天文观测，该波段的长波射电观测在地面上由于大气电离层的反射无法进行，因而"嫦娥四号"的低频射电观测，将在天文学几乎未经探索的低频射电领域迈出第一步。

第四节　发展布局

一、发展目标和科学问题

发展我国空间天文的基本思路是：瞄准前沿科学问题，加强优势领域，适当扩大规模；重点发展高能天体物理观测、空间光学巡天观测、宇宙线粒子和暗物质探测、引力波空间观测和空间甚长基线干涉观测；大力加强天体物理和宇宙学理论研究和数值模拟；大力发展新型探测器技术；在天文卫星的发射数量、主导和实质性参与国际空间天文卫星计划，以及形成完整的空间天文研究体系方面，均有大幅度提升。同时，通过空间天文探测计划的实施，带动航天和空间仪器关键技术发展，将满足国家重大战略需求与发展空间天文结合起来。

我国空间天文领域中长期科学发展目标是：有选择地开展针对重大科学问题的前沿探索与研究，在黑洞、暗物质、暗能量和引力波的直接探测，以及地外生命的探索等方面取得突破性进展。

为实现上述目标，在 2021～2030 年的时间段里，结合我国空间科学的发展基础和技术条件，对上述科学问题及为每一问题寻找答案所提出的科学计划进行了规划，其对应关系见表 2-6。

表 2-6　科学问题与规划计划对应表

主题	问题	子问题	规划计划
物质是如何起源、发展和运动的？	1. 宇宙是如何起源和演化的？	宇宙是由什么构成及如何演化的？	"天体肖像"计划 "天体光谱"计划 "空间粒子探测"计划
		宇宙中不同尺度的结构和天体是如何起源和演化的？	"黑洞探针"计划 "天体光谱"计划 "空间粒子探测"计划

主题	问题	子问题	规划计划
物质是如何起源、发展和运动的?	1. 宇宙是如何起源和演化的?	是否存在超越现有基本物理理论的新物理规律?	"黑洞探针"计划 "天体号脉"计划 "太极"计划、"天琴"计划 "空间粒子探测"计划
	2. 生命是如何起源和演化的?	生命是如何起源和演化的?	"系外行星探测"计划
		获取地球以外存在生命的证据	"系外行星探测"计划

二、计划布局和优先领域

针对上述发展目标与科学问题,空间天文各主要计划布局如下。

(一)"黑洞探针"计划

"黑洞探针"计划的科学目标是通过观测宇宙中的各种黑洞等致密天体以及 γ 射线暴,研究宇宙天体的高能过程和黑洞物理。以黑洞等极端天体作为恒星和星系演化的探针,理解宇宙极端物理过程和规律。

"黑洞探针"计划回答关于宇宙组成和演化的以下几个重要的前沿科学问题。

1)黑洞等极端和致密天体的性质是什么?

2)黑洞等极端和致密天体是如何和它们周围的环境相互作用的?

3)极高密度、极强磁场和极端引力场中的物理规律是什么?

4)大质量恒星是如何演化和最后形成黑洞等致密天体的?

5)超大质量黑洞是如何形成和增长的?

6)超大质量黑洞在星系以及宇宙大尺度结构的形成和演化过程中起什么作用?

7)高红移(早期)宇宙中暗物质和暗能量是如何演化的?

根据目前中国空间天文的发展现状,"黑洞探针"的项目已经实施或正在研制,在近几年陆续发射。

（二）"天体号脉"计划

"天体号脉"计划的科学目标是对天体各波段的电磁波和非电磁波辐射进行高测光精度和高时间精度探测，以理解天体内部结构和各种剧烈活动过程。

宇宙中各种天体的电磁波辐射信号随时间的变化提供了天体内部结构和天体活动的基本信息。恒星、白矮星和中子星的周期性光变对于理解它们的性质起了决定性的作用。美国罗西 X 射线计时变探测器发现了很多中子星和恒星级质量黑洞系统的丰富多彩的快速光变行为。然而，目前我们仍然没有从根本上理解中子星的内部结构和状态方程，没有准确地测量到黑洞自转参数的分布，不能够对中子星和黑洞吸积物质和产生相对论喷流的动力学过程给出详细的描述。由于中子星表面和黑洞视界附近的电磁波辐射主要集中在 X 射线波段，需要实施"天体号脉"计划，对这些天体的 X 射线等波段的辐射进行高测光精度和高定时精度的探测，从而回答上述这些基本的天体物理问题。

"天体号脉"计划目前主要包括：增强型 X 射线时变与偏振探测卫星、爱因斯坦探针和"怀柔一号"。

（三）"天体肖像"计划

"天体肖像"计划的科学目标是获得太阳系外的恒星、行星、白矮星、中子星、黑洞等天体的直接照片，以及星系中心、恒星形成区、超新星遗迹、喷流等结构的高清晰度照片，开展各个波段的深度成像巡天，以及绘制各个波段宇宙辐射的高精度的天图。

"天体肖像"计划包括空间站多功能光学设施载人空间站工程巡天空间望远镜、空间毫米甚长基线干涉阵和空间极特频射电天文台等项目，其中，载人空间站工程巡天空间望远镜已经正式立项。另外，我国科学家正在提议 L2 点处的 6～8 米级紫外光学望远镜项目。

（四）"天体光谱"计划

"天体光谱"计划的科学目标就是对天体的各种波段（光学、射电和 X 射线）的光谱进行高分辨的测量，理解各种天体的化学组成、密度和温度，以及确定天体的距离（视向速度）、大小、质量、密度和运动速度，研究它们不同层次和位置的物理过程和结构模型。

"天体光谱"包括空间站太赫兹探测实验、莱曼紫外发射线成图探索小卫星和宇宙热重子探寻计划等，其中空间站太赫兹探测实验已经正式立项。

（五）"系外行星探测"计划

"系外行星探测"计划主要搜寻太阳系外的类地、类木行星，精确测定行星的质量、轨道、可见光和红外光谱以及上述物理参数随时间的变化情况。根据测量参数建立上述行星半径、密度、有效温度、反照率、大气环境、温室气体、表面重力等重要物理参数的数据库，初步对宇宙中是否存在另一个"地球"这一基本科学问题做出回答。主要项目包括空间冷行星成像计划，该计划包括两个空间任务：计划 2022~2024 年发射的外星黄道尘盘成像和系外类木/类地行星谱征研究任务和计划 2030 年之后发射的系外类地生命特征信号搜寻任务。

（六）"空间粒子探测"计划

众多天文观测表明，宇宙中的物质主要以不发出电磁波辐射的暗物质组成。然而，目前我们对于暗物质的本质几乎一无所知。暗物质探测主要分为地面探测和空间探测两种，目前尚不清楚哪种方式能够率先探测到暗物质，因此必须齐头并进。空间暗物质探测的主要原理是试图探测各种理论模型预言的暗物质湮灭或衰变的产物，需要大体积和较重的复杂的粒子探测器系统。由于暗物质探测基本上不需要卫星平台的高精度指向，所以比较适合于在空间站平台上实施"暗物质探测"计划。鉴于暗物质探测研究具有重大的科学意义，中国"暗物质探测"计划的第一步是发射一颗暗物质粒子探测卫星，该计划已于 2015 年发射；在 2025 年前后的中国空间站高能宇宙线探测设施项目以及甚大面积空间望远镜项目将分别聚焦基于宇宙线和 γ 射线的暗物质粒子间接探测。

（七）引力波探测计划

空间引力波探测也是我国基础研究领域的重大研究课题，已被列入中国科学院制定的空间 2050 年规划，并得到国家高度关注，作为科技部重大研究计划进行部署。按照初步规划，我国开展的空间引力波探测计划是我国自主探测方案即"太极计划"，该计划于 2034 年前后发射三颗卫星构成等边三角形（边长 300 万千米，绕太阳轨道运行）的引力波探测星组。中国科学院空间科学先导专项已经资助"太极计划"的预先研究项目。

除了"太极计划"，中山大学正在推进"天琴计划"，其基本方案是将三颗卫星发射到 10 万千米高的地球轨道组成一个间距约 10 万千米等边三角形阵列，用激光精确测量其距离变化。

除了空间探测引力波计划外，中国的地面间接探测引力波实验（直接探测宇宙微波背景辐射的 B 模偏振——原初引力波遗留的痕迹），即阿里原初引力波探测实验（简称"阿里计划"）已于 2016 年 12 月正式启动，预计 2023 年底建成并投入观测。

由于引力波信号微弱，定位误差大。只有像双中子星并合引力波事件 GW170817 实现了引力波与电磁波的联合探测，我们才可以论证引力波源的天体物理起源。为此，中国科学院高能物理研究所提出了引力波暴高能电磁对应体全天监视器计划，清华大学也提出了"天格计划"。"天格计划"拟于 2018～2023 年在约 600 千米的不同轨道发射 24 颗微小卫星组成星座，实现空间分布式引力波暴电磁对应体探测网。首颗技术验证星计划已于 2018 年搭载"快舟十一"火箭完成发射入轨并获得重要成果。截至 2023 年 1 月，"天格计划"合作组已有 8 颗卫星载荷成功发射，进入多星稳定科学观测的阶段，其首批科学成果已于 2021 年 12 月发布。

二、空间任务建议

（一）研制的中小型天文卫星

空间毫米波甚长基线干涉阵，将通过毫米波段的甚长基线干涉技术进行黑洞周边区域成像，精确测量中央超大黑洞的质量，揭示活动星系核巨大能源之谜。该项目计划发射两颗椭圆轨道卫星，远地点约 6 万千米，每颗卫星携带一台 10 米口径的射电望远镜，与地面望远镜配合，使得在 43 GHz（吉赫兹）的观测达到约 20 微角秒的空间角分辨率。目前该项目已完成背景型号研究，首次自主研制了 10 米可展开的高精度空间天线原理样机。

（二）高能宇宙辐射探测设施

高能宇宙辐射探测设施是计划于 2025 年左右安装在中国空间站上的空间天文和粒子天体物理实验，预计在轨运行十年以上。高能宇宙辐射探测设施计划是由中国提出并领导的，国内多个优势科研院校参与，并由意大利、瑞士、西班牙等多个空间科学发达国家实质性参加并贡献硬件设备的重大国际合作项目。

高能宇宙辐射探测设施将以前所未有的灵敏度搜寻暗物质，保证中国占领空间暗物质搜寻的制高点，为解决天文学和物理学的最重大疑难之一——暗物质问题做出关键贡献；探究宇宙线起源的世纪之谜，将首次直接精确测量"膝"区（换算成原初宇宙线的能量 PeV 量级）宇宙线能谱和成分，可望在宇宙线物理上取得革命性的突破；开展高灵敏度高能 γ 射线巡天和监视，并探索脉冲星导航的新体制；牵引国际高能天体物理界的重要科学发现，全面深入理解宇宙极端条件物理。

高能宇宙辐射探测设施采用三维成像量能器的创新技术实现对五面粒子入射灵敏的能力，其主要技术指标超出其他实验一个数量级以上，核心科学能力将长时间保持大幅度国际领先。它代表着空间高能宇宙辐射探测的革命性创新和跨越式发展，毫无疑问将成为中国空间站标志性的旗舰级重大科学实验和具有重大影响的大型国际合作项目。高能宇宙辐射探测设施有效载荷包含五种仪器，从内而外分为三维成像量能器、光纤径迹仪、反符合探测器

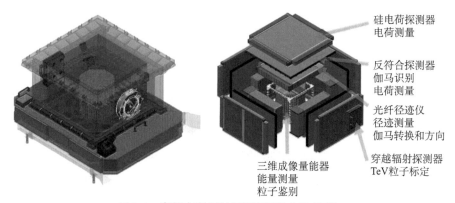

图 2-4　高能宇宙辐射探测设施的有效载荷

（塑闪探测器）、硅电荷探测器和穿越辐射探测器等（图2-4）。量能器采用三维晶体颗粒阵列代替长条交叉型的传统方案，以较少的资源实现世界领先的接收度，可显著提升几何因子并改善粒子鉴别能力。通过研制原理样机参加在欧洲核子中心的高能粒子束流实验，实现了对创新设计和关键技术指标可行性的圆满验证。

高能宇宙辐射探测设施载荷主光轴指向天顶，视场大约为一半的天空，载荷总重约4吨。借助我国空间站运行周期长、资源条件丰富、有人在轨的操作和天地往返运输等有利的条件，高能宇宙辐射探测设施可以长期保持高效在轨的科学运行。

（三）大型空间天文台计划

鉴于国际天文台的发展态势和中国的具体情况，需要发展我国大型旗舰级的空间天文台。大型空间天文计划需要得到国际空间天文界的支持和参与，贡献先进的空间天文仪器，确保项目的科学先进性和技术可行性。目前已经具有良好基础并且可行性明确的项目有增强型X射线时变与偏振探测卫星和高能宇宙辐射探测设施（Hua and Bellazzini，2020；Zhang et al.，2014）。

增强型X射线时变与偏振探测卫星在天体号脉计划中已有规划，它的核心科学目标是通过对"一奇"（黑洞）和"二星"（普通中子星和磁星）的观测，理解三极端条件（极端引力、磁场、密度/能量）下的极端物理规律。增强型X射线时变与偏振探测卫星包括能谱测量X射线聚焦望远镜阵列、偏振测量X射线聚焦望远镜阵列、大面积X射线准直望远镜和广角监视器四种有效载荷，卫星总装约3.5吨。其中，大面积X射线准直望远镜在卫星发射时折叠压缩，入轨后再展开，是具有旗舰性质的大型X射线天文台，正在与欧洲航天局有关研究组研究合作事宜（Zhang et al.，2019b）。

三、预先的空间项目

（一）空间引力波探测

目前我国科学家提出了"太极"与"天琴"两个开展空间引力波探测的计划方案。

空间"太极计划"方案是发射由三颗间距 300 万千米的无拖曳卫星构成等边三角形引力波探测星组。星组绕太阳轨道运行,用 6 路激光干涉方法进行中低频波段,沿日心轨道运行,用激光干涉方法进行中低频波段(10^{-4}~1 Hz)引力波探测(Hu and Wu,2017)。太极计划的主要科学目标,是通过探测高红移双黑洞并合产生的引力波,寻找宇宙早期第一代恒星塌缩成的中质量黑洞,探索星系 - 黑洞共同演化过程,理解宇宙早期星系结构形成的规律。

"太极计划"已制定了单星、双星、三星的空间引力波探测三步走发展路线图。

1)第一步,背景型号和试验验证:在 2019 年发射"太极一号"单星绕地球轨道,主要目标是形成在空间探测引力的技术能力。

2)第二步,预计 2023~2028 年左右发射"太极二号"双星绕日运行,主要目标是在空间中探测到引力波。

3)第三步,预计 2029~2033 年左右发射"太极三号"三星至预定轨道,主要目标是全面探测和认知空间引力波。在背景型号阶段,主要开展关键技术攻关,对具备条件的关键技术进行在轨搭载验证。2019 年 8 月 31 日引力波探测技术验证星"太极一号"发射成功。在后续的在轨实验中,"太极一号"各项功能、性能指标满足研制总要求,成果超出预期,已经取得了圆满成功。"太极计划"提前进入"太极二号"研制阶段。

"天琴计划"方案是发射轨道高度和卫星间距均约 10 万千米的三颗全同卫星(SC1、SC2、SC3)组成等边三角形阵列。卫星阵列作高精度无拖曳控制以抑制太阳风、太阳光压等外部干扰,卫星间以激光精确测量由引力波造成的距离变化。"天琴"的重要探测对象是一个周期仅有 5.4 分钟的超紧凑双白矮星系统 RXJ0806.3+1527 产生的引力波(Luo et al.,2016)。"天琴计划"提出了"0123"技术路线图,以此来稳步推动所需关键核心技术走向成熟。其中,第"0"步是开展地 - 月激光测距实验,为"天琴计划"的高精度定轨提供技术支撑;第"1"步是发射单颗卫星,建立高精度空间惯性基准;第"2"步是发射两颗卫星,对长距离星间激光干涉测量技术开展在轨验证;第"3"步是发射 3 颗卫星构成三角形编队,为"天琴计划"开展引力波的空间探测。2019 年底"天琴一号"发射成功,一些关键技术经过检验。"天琴二号"

计划在 2025 年前后发射。

（二）γ 射线空间望远镜

为了保持我国在暗物质空间间接探测的核心竞争力并引领国际上的 GeVγ 射线天文研究，基于"悟空号"探测器的研发以及运行经验，紫金山天文台领衔的"悟空号"卫星研发团队提出研制"甚大面积 γ 射线空间望远镜"。该项目相较"悟空号"γ 射线探测能力提高约 50 倍，对 GeVγ 射线的接受度高度大于 10 平方米立体角，这高于现有以及提议中的其他 γ 射线空间观测设施。辅以其高的角分辨率，"甚大面积 γ 射线空间望远镜"将成为世界上灵敏度最高的空间 γ 射线探测台。这是一个大型计划，2019 年以来已经开始关键技术攻关。

（三）系外行星探测

南京天文光学技术研究所团队提出了"空间冷行星成像"计划，将采用直接成像技术探测系外行星，并研究行星大气精确组成。该计划包括两项空间任务：外星黄道尘盘成像和系外类木／类地行星谱征研究任务及系外类地生命特征信号搜寻任务。前者的科学目标如下：

1）首次对外星黄道尘辐射强度的定量研究。

2）首次对 30 pc 以内恒星（包括 F，G，K 以及 A 型，总计约 400 颗）雪线附近的类木行星进行成像和光谱研究（预计探测 80～100 颗）。

3）初步开展近邻恒星（F，G，K 型，总计约 38 颗）宜居带内类地行星的成像观测和大气光谱特征研究（期望确认 2～4 颗）。

目前，空间超高对比度成像系统试验成像对比度首次在大区域内达到 10^{-9}。系外类地生命特征信号搜寻任务的科学目标是在 30 pc 以内恒星宜居带进行内类地行星成像观测和大气光谱分析，搜寻并确认生命活动释放在行星大气中的化学元素并精确测量其组成，确认生命特征信号，以为解答"人类在宇宙中是否孤独？"这一基本科学问题做出贡献。

（四）小型紫外卫星

小型紫外卫星将对近邻系和星系际介质的远紫外五次电离氧（OVI）波

段（102～110 纳米）及中性氢的莱曼 -α 发射线三维成图探测，研究涉及两个重要的天体问题：宇宙缺失重子及星系吸积和演化。

（五）热宇宙重子探寻

热宇宙重子探寻计划的科学目标是寻找宇宙中"丢失"的重子物质，研究星际介质和环绕星系的气体，了解宇宙大尺度结构形成与演化及星系形成与演化的物理过程。这是一个大型项目，目前处于概念研究以及关键技术攻关的阶段。

（六）空间甚低频射电天文台

空间甚低频射电天文台是世界上第一个工作在 0.1～30 MHz 频段具备多项科学探索用途的空间望远镜阵列。其独有的工作频段将填补无线电波谱的最后一段空白，它前所未有的高分辨率高灵敏度成像能力有望在宇宙黑暗时期探测、系外行星搜寻、太阳日冕抛射、星系形成等多个天体物理和基础物理前沿领域取得重大发现。

（七）近邻宜居系外行星巡天计划

近邻宜居系外行星巡天计划是针对太阳系外行星系统的空间高精度光学测量项目，将采用空间微角秒级别的高精度天体测量和定位技术，对太阳系附近 10 pc 以内的约 100 颗 F、G、K 等类型恒星开展高精度定位测量，并对其周围是否存在行星，尤其是位于宜居带的类地行星进行全面、深入的探测研究。该计划将是第一个测量精度达到 1 微角秒的光学测量空间科学卫星，同时也将是国际上测量精度最高的宜居行星探测卫星。该项目处于背景型号研究阶段。

（八）地球凌星巡天 2.0

"地球凌星巡天 2.0"任务是一个大视场、超高精度光学测光卫星项目。它采取空间凌星观测方法，致力于回答三个科学问题：

1）在类太阳恒星的周围是否有类似地球的宜居行星（简称地球 2.0）？

2）它们的发生率是多少？

3）类地行星是如何形成和演化的？

"地球凌星巡天2.0"将由7个口径为30厘米级的广角望远镜构成,每个望远镜有256平方度的视场,并配备拼接探测器,在像元比例尺相似的条件下,达到美国开普勒空间望远镜约2.5倍的视场覆盖范围。该项目处于背景型号研究阶段。

第五节　保 障 措 施

高水平的空间天文项目需要经历一个研究过程才能形成完整的研究链条。一般需要初选项目,精心培育,长期积累,开展地面实验和理论研究,提升科学思想,发展科学仪器,需要利用各种研究设施(地面台站、气球、火箭、落塔等)开展研究,在初步研究基础上精选上天项目。空间任务实施后,除繁重的上天设备研制、试验、调试、定标等工作外,一旦设备进入太空,还有在轨测试、探测或实验进程调控,支撑空间任务运行,以及开展大规模的数据分析研究的复杂工作,才能最终获得科学结果。同时,数据处理准备和软件开发也需要投入大量人力物力和数年及更长期的准备。空间天文(含太阳)的硬件和卫星项目涉及经费体量巨大,特别需要国家不同层面的资助体系相互配合和衔接。

一、先导专项

空间科学先导专项的研究内容覆盖了从提出科学思想到获取科学成果的全过程。空间科学先导专项的研究内容包括:开展空间科学发展战略规划的研究,创新概念研究和相关探测技术预先研究,科学卫星关键技术研究,空间科学卫星的研制、发射和运行以及科学卫星上天后的科学数据应用,构成空间科学任务从孵育、前期准备、技术攻关到工程研制、成果产出的完整链条等。

通过空间科学先导专项,加强预先研究对未来的天文卫星计划和必需的关键技术进行先期研究，创新卫星任务概念研究，实施并高质量完成爱因斯坦探针研制，继续背景型号研究。这将为"十四五"乃至更长时间段空间科学的发展作好技术准备、奠定发展基础。

二、空间站

空间站作为独特的有航天员参与、有天地往返运输支持的空间实验室和长期（预期至少 10 年）观测平台，为空间天文观测、宇宙学研究和基础物理实验提供了重要机遇。美、日等国都充分利用国际空间站开展天文研究。在我国空间站已经部署的载人空间站工程巡天空间望远镜项目和列入运营阶段的高能宇宙线探测设施项目之外，可通过滚动计划，及时将有创意、有重要意义的天文探测器送上空间站，或根据发展升级空间站上的天文设备，在广阔的电磁波波段观测各种重要和极端的天体、发现新的天文现象、研究宇宙学的重大问题和开展前沿基础物理实验。此外，结合国家重大战略需求（如脉冲星导航）和前沿空间天文技术的试验验证，从而推动我国空间天文学全方位的发展。

（一）亚轨道实验探测平台

高空气球和探空火箭等亚轨道平台对发展我国空间天文、发展关键技术和验证能力有重要作用。我国于 20 世纪 70 年代末开始发展高空科学气球，在 80～90 年代形成了较强的高空科学气球能力，对我国空间天文技术尤其是高能天体物理实验技术的发展做出了不可替代的贡献。但是由于各种原因，高空科学气球能力没有继续为空间天文的发展服务，如果不能及时得到扭转，将成为我国未来空间天文发展的一个制约因素。

高空科学气球系统应作为我国空间天文发展的重要实验平台，在可见光、红外、硬 X 和 γ 射线等波段进行天文仪器的实验和先导天文观测。在内陆气球飞行常规化、业务化运行的同时，积极发展在南极开展长时间气球技术，尽早建立南极气球飞行基地。科学气球将高效灵活地开展空间天文新技术的低成本验证实验，开展新概念或先导性天文观测，并开辟人才队伍培养的有效渠道。

（二）国际合作与学术交流

国际合作是实现我国空间天文战略目标的战略途径，应结合我国的空间天文卫星科学计划加强与欧洲航天局和其他各国空间机构等的合作。需要遴选安排出若干有合作基础、以中国为主的重大空间天文国际合作项目，与国际空间天文计划形成互补。同时鼓励和支持中国科学家参加国际空间天文项目，以提高我国空间天文研究水平，促进科研成果产出，加快我国空间天文的发展速度和水平，扩大我国空间天文研究的国际影响力。

空间天文领域进行的国际合作方式如下：

1）合作研制观测设备。众多天文探测计划在科学目标、工程概念、方案设计、设备研制和技术合作等诸方面都进行了广泛的国际合作。我国下一代高能空间天文台设备的研制也应该通过国际合作充分吸收先进国家的相关技术和经验。

2）合作研究。我国各主要天文单位每年都派出一定数量的学者到国外一流科研单位进行较为长期的进修和合作科研，同时邀请一批国际学者来国内访问。

3）双边会议。与德国、法国、瑞士、意大利、美国等国家建立比较长期稳定的双边会议制度。

4）联合培养研究生。

本章参考文献

李惕碚，吴枚 .1993. 高能天文中成像和解谱的直接方法 . Chinese Journal of Astronomy and Astrophysics，3：17-26.

余舜京，François G，魏建彦，等 . 2019. 中法天文卫星（SVOM）伽马暴联合探测任务 . 空间科学学报，39（6）：800-808.

郑世界，葛明玉，韩大炜，等 . 2017. 基于天宫 2 号 基 POLAR 的脉冲星导航实验 . 中国科学：物理学 力学 天文学，47（9）：099505.

Ambrosi G, An Q, Asfandiyarov R, et al. 2017. Direct detection of a break in the teraelectronvolt cosmic-ray spectrum of electrons and positrons. Nature, 552: 63-66.

An Q, Asfandiyarov R, Azzarello P, et al. 2019. Measurement of the cosmic ray proton spectrum from 40 GeV to 100 TeV with the DAMPE satellite. Science Advances, 5(9): 3793.

Chang J, Ambrosi G, An Q, et al. 2017. The Dark Matter Particle Explorer mission. Astroparticle Physics, 95: 6-24.

Chen Y P, Zhang S, Qu J L, et al. 2018. Insight-HXMT observations of 4U 1636-536: corona cooling revealed with single short Type-I X-Ray burst. The Astrophysical Journal Letters, 864(2): 30.

Doroshenko V, Zhang S N, Santangelo A, et al. 2020. Hot disk of the Swift J0243.6+6124 revealed by Insight-HXMT. Monthly Notices of the Royal Astronomical Society, 491: 1857.

Ge M Y, Long J, Zhang S N, et al. 2020. Insight-HXMT firm detection of the highest-energy fundamental cyclotron resonance scattering feature in the spectrum of GRO J1008-57. The Astrophysical Journal Letters, 899: 19.

Gong Y, Liu X K, Cao Y, et al. 2019. Cosmology from the Chinese Space Station Optical Survey (CSS-OS). The Astrophysical Journal, 883(2): 203.

Han C L, Neal G, Ge M Y, et al. 2019. Phase-resolved gamma-ray spectroscopy of the Crab pulsar observed by POLAR.Journal of High Energy Astrophysics, 24: 15-22.

Han X B, Zhang K K, Huang J, et al. 2020. GECAM satellite system design and technological characteristic. Scientia Sinica-Physica Mechanica & Astronomica, 50(12): 129507.

Hu W R, Wu Y L. 2017. The Taiji Program in Space for gravitational wave physics and the nature of gravity. National Science Review, 4(5): 685-686.

Hua F, Bellazzini R. 2020. The X-ray polarimetry window reopens. Nature Astronomy, 4: 547.

Kong L D, Zhang S, Chen Y P, et al. 2020. Two complete spectral transitions of Swift J0243.6+6124 Observed by Insight-HXMT. The Astrophysical Journal, 902(1): 18.

Li C K, Lin L, Xiong S L, et al. 2021. HXMT identification of a non-thermal X-ray burst from SGR J1935+2154 and with FRB 200428.Nature Astronomy, 5: 378-384.

Li T P, Xiong S L, Zhang S N, et al. 2018. Insight-HXMT observations of the first binary neutron star merger GW170817. Science China Physics, Mechanics & Astronomy, 61(3): 031130-031137.

Lu Z G, Wang J Z, Li Y G, et al. 1995. Hard X-ray imaging with a slat collimated telescope. Nuclear Instruments and Methods in Physics Research Section A, 362(2): 551-555.

Luo J, Chen L S, Duan H Z, et al. 2016. TianQin: a space-borne gravitational wave detector. Classical and Quantum Gravity, 33(3): 035010.

Ma X, Tao L, Zhang S N, et al. 2021. Discovery of oscillations above 200 keV in a black hole X-ray binary with Insight-HXMT. Nature Astronomy, 5(1): 94-102.

Produit N, Bao T W, Batsch T, et al.2018. Design and construction of the POLAR detector. Nuclear Instruments and Methods in Physics Research Section A, 877: 259-268.

Wang P J, Kong L D, Zhang S, et al. 2020. Insight-HXMT observations of Swift J0243.6+6124: the evolution of RMS pulse fractions at super-Eddington luminosity. Monthly Notices of the Royal Astronomical Society, 497(4): 5498-5506.

Wang Y H, Sun J C, Kole M. 2021. Localization of Gamma-ray Bursts using the Compton polarimeter POLAR. Nuclear Instruments and Methods in Physics Research Section A, 988: 164866.

Weng S S, Cai Z Y, Zhang S N, et al. 2021. Time-lag between disk and corona radiation leads to hysteresis effect observed in black-hole X-ray binary MAXI J1348-630.The Astrophysical Journal Letters, 915(1): 15.

Yuan W M, Zhang C, Chen Y, et al. 2018. Einstein probe: exploring the ever-changing X-ray universe. Scientia Sinica Physica, Mechanica & Astronomica, 48(3): 039502.

You B, Tuo Y L, et al. 2021. Insight-HXMT observations of jet-like corona in a black hole X-ray binary MAXI J1820+070. Nature Communications, 12(1): 1205.

Zhang P, Wang W, Su Y, et al. 2021. Non-thermal electron energization during the impulsive phase of an X9.3 flare revealed by Insight-HXMT. The Astrophysical Journal, 918(2): 42.

Zhang S N.2020. Progress Report on Insight-HXMT: China's first X-ray astronomy satellite. 空间科学学报, 40 (5): 655-661.

Zhang S N, Adriani O, Albergo S, et al. 2014. The high energy cosmic-radiation detection (HERD) facility onboard China's Space Station. Space Telescopes and Instrumentation 2014: Ultraviolet to Gamma Ray, 9144: 91440X.

Zhang S N, Merlin K, Bao T W, et al. 2019a. Detailed polarization measurements of the prompt emission of five Gamma-Ray Bursts. Nature Astronomy, 3: 258-264.

Zhang S N, Andrea S, Marco F, et al. 2019b. The enhanced X-ray Timing and Polarimetry mission—eXTP. Science China Physics, Mechanics & Astronomy, 62: 29502.

Zhang S N, Li T P, Lu F J, et al. 2020. Overview to the hard X-ray modulation telescope (Insight-HXMT) satellite. Science China Physics, Mechanics & Astronomy, 63: 249502.

Zhao X S，Gou L J，Dong Y T，et al. 2020. Estimating the black hole spin for the X-Ray binary MAXI J1820+070 .The Astrophysical Journal，916(2): 108.

第三章

太阳和空间物理学

第一节　战　略　地　位

太阳是位于太阳系中心唯一的恒星，创造了适宜人类和生命生存的环境，它几乎是由等离子体和磁场组成的理想球体，其结构从内向外依次可分为日核区、辐射层、对流层、光球、色球、日冕。其中，太阳日核区通过氢核聚变提供维持太阳以及太阳系结构的能量，辐射层和对流层传导将上述能量传导到太阳表面，太阳表面之上的太阳大气中又发生着变化多端丰富多彩的活动现象。

太阳风源源不断向外流出，将地球包裹在其中，并在星系中形成了一个半径上至 140 AU 大小的腔洞。在腔洞边缘，星系介质向腔洞内的压力同太阳风等离子体的外向压力相平衡，形成了所谓的日球层顶——我们太阳系家园的边界。这个紧紧包围着地球和其他太阳系内的行星的气体层，称作"日球层"，便是太阳和空间物理所研究的区域。

为了研究太阳的结构、物质组成、能量来源与传输、太阳活动与演化以及对太阳系空间的作用和影响等问题，形成了天体物理学中最早发展起来、并对天文学的发展具有重大影响的分支学科——太阳物理学（颜毅华和谭宝林，2012），用物理学、数学、化学等基础学科的理论与方法研究太阳的物质组成、结构演化、太阳大气的各种活动现象的发生发展规律及其对行星际空间环境的作用和影响。

具体来说，空间物理关注的范围是地球上空 30 千米以上、太阳大气层之外、被日球层顶包括的整个区域。空间物理学在 17 世纪形成了学科雏形（标志性事件是地磁场的发现和极光的观测），在 20 世纪初期得到了初步发展（标志性事件是基于无线电波测量的电离层研究），在人类进入太空时代后得到了快速发展（1957 年人类发射第一颗人造卫星之后），并随着人类探测手段和空间技术的进步达到了繁荣。经过近 400 年的发展，空间物理学现如今已形成两个学科分支——空间等离子体物理和空间天气。其中，空间等离子体物理的学科目标是探究并揭示日地空间的基本等离子体物理过程、拓展等离子体物理学这门学科的未知领域；空间天气的学科目标是预报太阳活动对近地空间环境的影响、规避极端事件对国民经济和航空航天所带来的损失。显而易见，前者偏向于基础研究，而后者则偏向于应用服务。

现今，太阳和空间物理的研究范围不断扩展，地球空间环境、太阳风及其与行星的相互作用，以及太阳是如何产生和控制日球层的中的带电等离子体的研究等都被逐渐包括在内，与此同时研究方法和研究手段也不断改进和补充。

一、前沿领域

太阳物理和空间物理研究的主要任务从根本上讲是要了解太阳系范围的空间状态、基本物理过程和变化规律（王赤，2008）。宇宙空间可作为一个在地面无法模拟的特殊实验室，不断涌现出自然科学领域数百年来的经典理论所无法解释的新问题，是有待探索的重大基础科学前沿（国家自然科学基金委员会和中国科学院，2012）。

太阳是一颗恒星，除了可以开展普遍的天文学研究，诸如研究恒星的结构、组成、演化和消亡等具有代表性的科学课题之外，对太阳的精密探测使得太阳物理研究的内容广泛而具有独特性。作为距离地球最近的一颗恒星，高质量的观测数据使得对太阳的理解不仅仅局限于恒星相关的研究内容。系外行星的探测和可宜居带的搜寻使得恒星磁活动、磁周期及其对可宜居性影响的研究成为天体物理学的前沿热点之一。作为一颗光谱型为 G2V 的具备详细观测资料的普通恒星,太阳磁周期的产生机制和磁周期强度变化的非线性调节机制可被恒星和星系物理所借鉴。恒星和星系物理在不同物理参数下的活动特征也可用来检验我们对太阳周期的理解(刘睿等,2019)。太阳的不同层次结构涵盖了不同的研究内容,相互联系,密不可分。日核区位于太阳中心,主要进行氢原子聚变成氦的热核反应,涉及了原子物理的基本物理过程;辐射层和对流层呈现能量和物质的剧烈对流和交换状态,对于太阳表面的磁场、温度等结构具有举足轻重的作用,日震学、太阳发电机理论等即是研究该层次结构的热门课题。太阳大气中包含多种结构和爆发现象,涉及的研究课题包含日冕加热机制、太阳活动能量来源、能量转换机制、粒子加速机制、太阳活动的触发机制等科学前沿课题,其中剧烈太阳活动和灾害性空间天气的研究,是当代空间科学中最前沿、最具挑战性和与人类生产和生活关系最为密切的课题(魏奉思,1999;方成,2006)。

日地之间的空间环境涉及诸多物理性质不同的空间区域,如中性成分主导的地球中高层大气、电离成分为主的电离层、接近完全离化和无碰撞的等离子体(磁层、行星际空间和太阳高层大气),以及宏观与微观多种非线性过程和激变过程,如日冕物质抛射的传播、激波传播、高能粒子传播、磁场重联、电离与复合、电离成分与中性分的耦合、重力波、潮汐波、行星波、上下层大气间的动力耦合等,这些都是极具挑战性的基本科学问题。

研究日地系统所特有的高真空、高电导率、高温、强辐射、不同的重力势环境,研究其中的各种宏观与微观交织的非线性耗散,以及具有不同物理性质的空间层次间的耦合过程,了解日地灾害性空间天气变化规律,获取原创性科学发现,已成为当代自然科学国际前沿课题之一。日地空间天气研究是组织多学科交叉、协同攻关,夺取重大原创性新成就的重大科学前沿领域。中国科学院发布的《2016—2030 年空间科学规划研究报告》中明确将太阳物理和空间物理作为重点发展领域之一(吴季,2016)。

二、迫切需求

我国的航天活动进入 21 世纪后的发展迅猛。据不完全统计，"十一五"期间 70 余次发射，发射卫星和飞船 70 余颗，达到年均 14 颗以上，比整个"九五"至"十五"期间的发射总数都要多。"十二五"期间，共完成近 90 次发射，将 140 余颗国内外的航天器送入太空，创造了中国新的航天发射纪录。《2016 中国的航天》白皮书报道未来十年我国预计将发射约 100 颗卫星。我国还将继续实施月球探测工程，突破探测器地外天体自动采样返回技术。未来的深空探测工程还将实施四次重大任务（中华人民共和国国务院新闻办公室，2016）：一是 2020 年发射了首个火星探测器，一步到位实现绕、落、巡开展火星探测；二是实施第二次火星探测任务，进行火星表面采样返回，开展火星构造、物质成分、火星环境等科学分析与研究；三是进行一次小行星探测；四是规划一次木星和行星的探测。此外，我国还将继续实施载人航天、北斗卫星导航卫星系统、高分辨率对地观测系统等已有航天重大专项。未来五年，我国还将加快建设空间基础设施，构建形成遥感、通信广播、导航定位三大系统，促进卫星及应用产业发展。

随着卫星发射的数量和频次增加，空间与地面基础设施的日益完善，航天安全形势却日益严峻，基础设施亟须保障。此外，我国广大的中低纬地区处于全球电离层闪烁多发区域，影响卫星至地面无线电传输的电离层空间天气现象经常发生。在这些地区的卫星通信、导航定位经常受到影响，严重时发生信号中断。日地空间的空间天气事件对航天器在轨安全和可靠运行的影响日益突出，使得空间与地面基础设施面临严峻挑战。

要改善这一现状，必须加强太阳和空间物理研究。一方面了解太阳活动规律对日地空间环境的作用机制和影响，掌握航天器和基础设施空间环境仿真分析技术并应用于防护设计；另一方面对空间天气事件进行准确预报，以保障航天器和基础设施的安全和稳定服务。同时，在恶劣空间天气事件中，要采取紧急应对措施，避免空间技术系统遭受重大损失。

综上所述，日地空间乃至整个太阳系，是人类开展科学探索、揭示自然规律的重要区域，同时也是人类空间活动最主要的区域。太阳和空间物理是世界各国争相研究的热点领域，也是各国科技实力展示的重要平台，更是引领未来世界科技发展的驱动力。由于伴随当今人类社会发展的诸多领域如航天、通信、导航等高科技领域和国家安全的强烈需求,太阳和空间物理正迅速发展成国际科技活动的热点之一。

第二节 发 展 规 律

　　太阳和空间物理学是一门基础学科。它是地球物理学、大气物理学和天文学延伸而来。空间物理学的诞生标志着人类对宇宙的认识进入了一个新的阶段。宇宙空间是在地球上无法模拟或重现且多学科交叉的一个天然实验室,是自然科学原创性新发现的重要区域。日地空间环境中涉及诸多物理性质不同的空间区域,如中性分(中高层大气)、电离成分为主(电离层)、接近完全电离化和无碰撞的等离子体(磁层和行星际),以及宏观与微观多种非线性过程和激变过程,如日冕物质抛射的传播、激波传播、磁场重联、电离与复合、电离成分与中性成分的耦合、重力波、潮汐波、行星波、上下层大气间的动力耦合等,这些都是当代具有挑战性的基本科学问题。空间物理学与地球物理学、大气物理学、等离子体物理学等基础学科紧密地结合在一起,并且促进了这些学科的发展。

　　太阳和空间物理学是一门探测学科。太阳和空间物理研究开始于地基监测,人类很早从极光、气辉、天电、潮汐等易于直觉的现象开始了地面的观测研究,随后利用气球、火箭进行了临近空间的探测。1957 年人类发射第一颗人造卫星开辟了空间科学发展的新纪元。太阳和空间物理学的发展是伴随航天技术和空间探测技术的发展而迅速发展起来了(王赤,2008)。半个世纪以来,人类发射了数百颗航天器用于空间物理探测。整个 20 世纪 60 年代则充满了激动人心的空间新发现。人们发现了辐射带的存在,发现和证实了太阳风的存在,并相继发现了太阳风中存在激波、高速流、阿尔芬波和各种磁流体间断面的存在。基本弄清了地球轨道附近的行星际空间环境,发现了地球弓形激波、粒子的激波加速和磁场重联等基本物理现象的存在。在随后的二三十年间，针对日地系统不同的空间层次，人们开始进行目的性很强的专门探测，发射了一系列专项研究卫星，太阳和空间物理学向广度和深度发展。世界上既有监测和研究太阳活动的卫星，也有探测太阳风的卫星，还有研究地球空间的卫星。与此同时，人类也有计划地探测了太阳系中的其他行星。目前还有 70 年代末发射的飞船正在向宇宙深空疾驶，"旅行者 1 号"于 2005 年底到达了太阳系的边缘（终端激波）。从 90 年代开始，人们逐渐认识到把日地系统整体作为一个有机因果链进行探测、研究的重要性。90 年代中期美国开始制定国家空间天气计划，准备建立从太阳到地面的全过程监测链，实现常规的和可靠的空间天气预报。日本、俄罗斯、欧洲也相继制定了各自的空间天气计划，重点监测日地联系，以确保航天环境安全（王赤，2008）。

　　太阳和空间物理的研究是通过广泛的国际合作发展起来的。由于需要在广阔的宇宙空间和全球各地进行大量的观测，单靠一个国家的力量是难以达到的。因此，太阳和空间物理方面的大规模国际合作计划几乎接连不断。这些合作计划所研究的课题都集中在空间物理的核心问题——太阳活动对地球空间环境和人类社会的影响，而且都涉及多学科的综合观测研究。

　　太阳和空间物理及空间环境是应用性极强的学科。空间环境是我们人类自从开展了空间活动以来，面对着一个新的环境，由空间物理和航天任务需要相结合发展起来的。空间环境科学已经成为应用性极强的领域，对这个环境的认识、了解并且利用，消除它对我们在空间开展活动可能的不利影响，已成为空间科学的重要应用任务之一。统计结果表明，航天器在轨道上发生的故障和异常中，有 40% 是空间环境因素造成的。对太阳和空间物理和空间环境的研究将在增强航天器的抗环境干扰能力、减少航天器故障、延长航天器寿命上有重要的经济效益。另外，空间环境对通信、导航和定位以及对地面长距离输电系统的影响等都已经是高技术社会必须面临的问题，所有这些问题的解决无疑也会产生重要的经济效益。

一、太阳物理发展历程

　　历史上每一次太阳观测仪器或技术的革新，都使得太阳物理学处于推动天文学、空间科学、粒子物理学、等离子体物理学、行星科学和地球科学等学科发展的最前沿。自 1612 年意大利科学家伽利略首次将他发明的望远镜指向太阳,详细观测太阳黑子及太阳的自转运动,论证太阳黑子是发生在太阳表面上的一种现象。从而开启人类利用现代望远镜技术实测太阳的时代。从 1612 年至第二次世界大战,光学望远镜、光谱仪和照相技术发展迅速,人类从物理上初步认识太阳。太阳探测手段的发展使人们发现许多太阳上新的观测特征,对太阳的认识有了质的飞跃。首次在观测太阳连续光谱中发现吸收光谱线,研究认为这种暗线是由太阳外围冷物质吸收形成,该发现不仅促进光谱学的发展,也对太阳大气结构进行了重新的认识;发现太阳黑子 10～11 年的周期变化规律,开启太阳黑子活动规律的研究;第一次观测到太阳表面上最为强烈的活动现象——太阳耀斑,揭示了发生在太阳表面的太阳活动现象;利用塞曼效应首次测量了太阳黑子的磁场,开始了对太阳磁场定量观测与研究;发明日冕仪,使人们在阳光普照时也能够对日冕产生的光线进行观测,最终发现日冕是太阳的一部分,对太阳大气结构的认知有了突飞猛进的发展;证认出日冕谱线来自高电离态的金属元素,表明太阳大气温度从表面 6000 开在大约 2000 千米内(约 0.03 太阳半径,太阳半径约 6.963×10^5 千米)急剧上升到百万开尔文,揭示太阳外层大气温度远远超过太阳光球层上层的温度,提出了日冕加热的难题;探测到太阳黑子、日冕的射电辐射并于 1944 年首次发表了关于太阳射电的文章,对于认识磁场与粒子之间的相互作用至关重要。对太阳的详尽观测帮助人类深入认识了恒星内部产能机制、恒星结构和演化;对太阳磁活动详细的观测研究,催生了宇宙磁流体力学(刘睿等,2019)。

第二次世界大战之后至今,科学和技术的发展使得人类对太阳的研究进入空间与高性能计算时代,开启全面深入认识太阳物理的阶段。自 20 世纪 50 年代末第一颗人造卫星上天以来,人类已经发射了上百颗卫星和飞船去探测太阳和我们赖以生存的日地空间环境,空间卫星探测成为推动当代太阳物理学发展的主要动力。空间卫星观测,使人们摆脱了地球大气的束缚,可以在几乎全波段范围内观测太阳的辐射(包括粒子),从而带来了太阳物理学研究上的革命性突破(国家自然科学基金委员会和中国科学院,2012)。1959 年苏联"月球 1 号"飞船首次发现太阳风,两三年间苏联和美国飞船先后探测到连续和超音速的太阳风,证实帕克关于日冕超音速膨胀的理论预见。70 年代初，安装在轨道太阳观测站 7 号飞船上的首个空间日冕仪发现日冕物质抛射，之后被证明为太阳系最剧烈的爆发现象之一，能在行星际空间产生巨大的扰动，是灾害性空间天气的最主要的驱动源，因而成为日地空间物理研究的核心课题（刘睿等，2019）。太阳物理的探测也由单纯的可见光观测进入到全波段观测，诸如射电、紫外、X 射线、γ 射线以及各种高能粒子、电子、中子甚至中微子等的探测手段均被发展并采用。探测接收系统也由简单照相发展为电耦合器件阵面系统，并配有强大的数据图像处理和计算机分析。

目前太阳物理学以空间探测和地基大型望远镜联合观测为主导，开始了多信使、全波段、全时域、高分辨、多尺度、多视角和高精度探测的时代。主要的空间太阳探测器包括"索贺"（1995 年至今）、太阳过渡区与日冕探测器（1998～2010 年）、太阳高能光谱成像探测器（2002～2018 年）、日地关系观测台（2006 年至今）、太阳动力学观测台（2010 年至今）、界面区成像光谱仪（2013 年至今）等。其中，"索贺"从 1995 年起运行在 L1 点，全天候实时监测太阳，至今仍在服役；日地关系观测台首次对太阳进行双视角观测，并与"索贺"和太阳动力学观测台一起，短暂实现了对太阳的 360° 全方位观测。此外，建成的夏威夷 4 米口径太阳望远镜将实现从太阳表面到日冕的系统磁场观测。太阳物理观测取得了众多里程碑式的进展，已经积累了巨量关于太阳磁场、大气结构和太阳活动的系统完整的资料，深入揭示太阳表面及太阳大气各个层次中的各类物理过程，使得太阳物理学的研究空前繁荣（刘睿等，2019）。基于磁流体力学、辐射磁流体力学和等离子体物理学的高性能数值模拟发展迅速。

二、空间物理发展历程

1957 年人类发射第一颗人造卫星开辟了空间科学发展的新纪元，空间物理学随着航天技术和空间探测技术的发展而迅速发展。自 20 世纪中期的 60 年以来，人类发射了数百颗航天器用于空间物理探测。空间物理学天基探测的发展大致分为如下 3 个阶段（刘振兴，1998；王水，2001）。

1）第一阶段：20 世纪 60 年代初到 80 年代末，发现和专门探测阶段。整个 60 年代充满了激动人心的空间新发现。人们发现了辐射带、太阳风、太阳风中存在激波、高速流、阿尔文波和各种磁流体间断面的存在。通过星际监视探测人造卫星和国际日地探险者卫星系列科学卫星，基本弄清了地球轨道附近的行星际空间环境，发现了地球弓形激波、粒子的激波加速和磁场重联等基本物理现象的存在。针对日地系统不同的空间层次，人们开始进行目的性很强的专门探测，发射了一系列专项研究卫星，空间物理学向广度和深度发展。这些专项研究卫星既有监测和研究太阳活动的卫星，也有探测太阳风的卫星，还有研究地球空间的卫星。目前仍有 70 年代末发射的飞船还在向宇宙深空疾驶，2007 年 8 月 30 日，"旅行者 2 号"飞船在离地球 85AU 处对终止激波进行了直接观测，这是人类历史上第一次传回太阳边缘的信息。

2）第二阶段：20 世纪 90 年代，将日地系统作为一个整体来研究。由于人类社会发展的诸多领域如航天、通信、导航等高科技领域和国家安全的强烈需求，空间物理和空间天气正迅速发展成国际科技活动的热点之一。人们逐渐认识到把日地系统整体作为一个有机因果链进行研究的重要性。90 年代中期美国开始制定国家空间天气计划，在物理和数值模拟方面建立从太阳到地面的空间天气预报模式，实现常规及可靠的空间天气预报。日本与欧洲也相继制定了各自的空间天气计划。国家空间机构协调组织——国际空间局协调组开始整合各国发射的空间探测卫星，形成新的国际日地物理的全球联测，在美国提出的与太阳共存计划基础上，提出了国际与太阳共存计划，集中国际上各种空间探测卫星，重点监测日地联系，以确保航天环境安全（郭建广和张效信，2011）。

3）第三阶段：21 世纪开始，将太阳－太阳系作为一个有机整体来研究，并强调空间物理探测和研究为空间探索保障和技术社会服务。美国出台了一系列的规划，都以探索日地系统为途径去了解太阳及其对地球、太阳系和载人探险之旅所必经的空间环境条件的影响，试验演示可以完善未来运行系统的技术，为主要探索目标。2012 年 8 月美国发布了最新的太阳和空间物理十年战略规划——《太阳和空间物理学：一门技术领域的科学》，该报告旨在提升对太阳活动爆发机制和近地空间等离子体动力学的基本物理过程的科学认识，确定在日地耦合系统背景下的地球大气各个圈层的相互作用，以及大幅提高开展符合实际和定制的地球空间环境预报的能力，更好地满足社会的需求（NASA，2012）。2016 年 10 月 17 日，奥巴马发布总统令，授权有关部门，应对恶劣的空间天气。欧洲、日本等主要空间国家和地区也纷纷制定了未来空间物理和空间天气的探测发展规划。

第三节　发 展 现 状

21 世纪开始，开始将太阳-太阳系作为一个有机整体，并强调太阳和空间物理探测和研究为空间探索保障服务。

一、国际战略

（一）美国

美国国家航空航天局为落实前布什总统的空间探索新计划制定了实施策略和指导原则，继 2004 年 2 月发表了《空间探测的愿景》后，于 2005 年 2 月发布了《探索新纪元：美国国家航空航天局 2005 和未来的发展方向》，其中有关太阳和空间物理探测的战略目标是："探索日地系统以了解太阳及其对地球、太阳系和载人探险之旅所必经的空间环境条件的影响，试验演示可以完善未来运行系统的技术"。2006 年 4 月，美国国家航空航天局首发联系了世界上 14 个主要的航天机构，讨论"全球探索战略"，协商在月球、火星探测中的互相配合和合作。2012 年 8 月美国发布了最新的太阳和空间物理十年战略规划，总结了过去十年太阳和空间物理所取得科学进展，并提出了美国未来十年（2013～2022 年）研究与应用项目发展建议（表 3-1，表 3-2），并对其进行了优先级排序。同时，美国政府已经高度重视空间天气事件的潜在危害，并开始将国家应对空间天气事件的战略目标与可实施的行动计划有机结合。显而易见，美国已经踏上了空间探索的新征程，空间物理探测被赋予了新的历史使命。

表 3-1　未来十年（2013～2022 年）发展规划顶层研究建议总结

优先级	建议	美国国家航空航天局	美国国家自然科学基金会	其他
0.0	完成当前项目	√	√	
1.0	实施 DRIVE 计划 小卫星；中型美国国家自然科学基金会项目；充满生机的先进技术太阳望远镜和面上项目支持；科学中心和基金项目；仪器研制	√	√	√
2.0	加快和扩展日球物理探索者计划 重启中型探索者系列和提供机会任务	√		
3.0	调整日地探测计划为中等规模，首席研究员负责系列计划	√		
3.1	开展类似星际测绘和加速度探头的空间计划	√		
3.2	开展类似从磁层到低层大气的空间计划	√		
3.3	开展类似从地球大气层到磁层的空间计划	√		
4.0	开展大型的类似"与星共存"计划、地球空间动力学星座任务的空间化计划	√		

表 3-2　未来十年（2013～2022 年）发展规划顶层应用建议总结

优先级	建议	美国国家航空航天局	美国国家自然科学基金会	其他
1.0	重新制定国家空间天气计划	√	√	√
2.0	太阳和太阳风观测的多部门合作工作	√	√	√
2.1	连续的 L1 点太阳风观测	√		√
2.2	连续的天基日冕仪和太阳磁场测量	√		√
2.3	评估新的观测手段、平台和位置	√	√	√
2.4	在美国国家海洋和大气管理局设立西南气体分析评估计划以有效推进从研究到业务的转化	√		√
2.5	发展和完善独特的空间物理和空间天气规范和预报的特定计划	√	√	√

（二）欧洲

2011 年 12 月，欧洲航天局公布的《宇宙憧憬（2015—2025）》计划主要发布了主要的近期项目、空间活动计划主题、活动计划路线及有效载荷发展的技术路线等。欧洲航天局《宇宙憧憬（2015—2025）》框架下的大型任务（L级）已经确定了一项（L1）——"木星冰卫星探测器"，其是欧洲《宇宙憧憬（2015—2025）》计划中首个大型任务，已于2023年7月1日发射。2011年10月，欧洲航天局科学计划委员会选定了两个中型任务"太阳轨道飞行器"和"欧几里得"，其中"太阳轨道飞行器"于2020年2月9日发射升空。小型任务（S级）和"机会任务"目前已确定的有系外行星特征卫星（S1级）。国际合作方面参与了于2021年12月25日发射的美国国家航空航天局的詹姆斯·韦布空间望远镜项目。

（三）俄罗斯

2012年10月，俄罗斯联邦航天局局长发表了2020年后太阳系行星探测计划。报告称俄罗斯准备在2020~2025年实施若干个探索太阳系重要行星的项目，向金星、火星和木星等地球周边的行星发射探测器。

（四）日本

早在2005年3月，日本宇航探索局就发布了《JAXA长期愿景2025》，明确了在航空航天领域的态势、方向性方面至2025年的发展路线图。其中在太阳和空间物理领域，注重创造、扩大活动领域——行星的首次探测、黑洞的首次探测、引力波探测任务、太阳系之外类地行星探测、类木行星探测、小行星探测；在月球探测应用领域，按照国际计划，承担应尽的责任，做出应有的贡献，为实现人类长期滞留开发必要的技术。

（五）印度

近年来，印度在空间领域将注意力集中到载人航天飞行、月球探测和行星探测器上。在火星和月球探测的规划方面都有一定的进展。印度空间研究组织已于2013年11月发射了火星轨道探测器，以研究火星的大气。月球探测方面，印度于2019年7月22日成功发射"月船二号"，2023年8月23日"月船三号"于月球南极软着陆。

二、探测计划

截至2022年，国际主要太阳和空间物理探测卫星任务如表3-3所示。

表 3-3　国际太阳物理和空间物理探测卫星任务一览表

探测区域	计划名称	发射国家（机构），年份
太阳－行星际探测	日出卫星	日本、美国、英国，2006
	日地关系观测台	美国，2006
	太阳动力学天文台	美国，2010
	界面区成像光谱仪	美国，2013
	太阳轨道飞行器	欧洲航天局和美国，2020
	帕克太阳能探头	美国，2018
	"普罗巴3号"（星上自主项目）	欧洲航天局，2022
	日冕和日球层综合偏振计	美国，2024
	极紫外高通量光谱望远镜	美国，2026
地球空间探测	西弥斯计划	美国，2007
	广角中性原子成像双星	美国，2006、2008
	中性成分与带电粒子耦合探测卫星	美国，2008
	辐射带风暴探测器	美国，2012
	相对论电子损耗的气球阵列	美国，2013、2014
	磁层多尺度任务	美国，2014
	地球空间探测器	日本，2016
	等离子体中尺度耦合探测计划	日本，2017
	跨尺度任务	欧洲航天局，待定
	太阳风－磁层相互作用全景成像卫星	中国、欧洲航天局，2025
	共振计划	俄罗斯，待定
	SWARM卫星	欧洲航天局，2013
	全球电离层热层气辉成像仪	美国，2018
	电离层大气波动耦合探测卫星	美国，2019
	第2代电离层和气象掩星星座	美国，2019

（一）太阳—行星际探测

1. 日出卫星

日出卫星由日本、美国和英国联合研制，于2006年9月22日发射升空，旨在探索太阳磁场的精细结构，以研究太阳耀斑等剧烈的爆发活动、日冕物质抛射的三维特征与性质等为主要科学目标。日出卫星上搭载主要仪器有太阳光学望远镜、X 射线望远镜、极紫外成像摄谱仪。图 3-1 展示了日出卫星计划 2017 年 8 月 21 日拍摄的日全食景象。

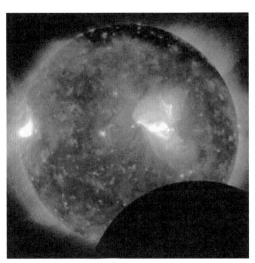

图 3-1　日出计划卫星捕获 2017 年 8 月 21 日的日全食景象

资料来源：Molly Porter. Hinode Satellite Captures Powerful Aug. 21 Eclipse Images, Video. https://www.nasa. gov/mission_pages/hinode/hinode-satellite-captures-powerful-aug-21-eclipse-images-video.html[2023-04-05]

2. 日地关系观测台

日地关系观测台由美国国家航空航天局研制，于 2006 年 10 月 25 日发射，包括有两颗子卫星，其主要科学目标包括研究日冕抛射事件从太阳到地球的传播与演化、研究能量粒子的加速区域和物理机制、观测太阳风的结构与性质等。其主要科学载荷包括日地联系日冕与日球探测包、波动探测仪、原位粒子与磁场探测仪，以及等离子体和超热离子构件。

3. 太阳动力学天文台

太阳动力学天文台于 2010 年 2 月 23 日发射，是美国国家航空航天局的"与日共存"计划的第一个步骤，其主要科学目标是利用多个谱段同时观测太阳大气的小时空尺度，了解太阳对地球和近地空间的影响。与以往的观测相比，太阳动力学天文台将能更详细地观测太阳，打破长期以来阻碍太阳物理学发展的时间、尺度和清晰度方面的障碍。主要载荷包括日震磁场成像仪、大气成像包（包括 4 个望远镜，10 个滤光器），以及极紫外线变化实验仪。

4. 界面区成像光谱仪

界面区成像光谱仪由美国国家航空航天局于 2013 年 6 月 27 日发射，主要科学目标是获得色球层和太阳过渡区高时空分辨率的紫外观测图像，将提供开创性的色球动力学观测，以确定色球层和太阳过渡区在流向日冕和太阳风的热能和物质的起源中的作用。其主要科学载荷包括粒子和热等离子体探测仪、电磁场探测仪、电场和波动探测仪、辐射带探测器离子成分探测仪、相对论质子能谱仪。

5. 太阳轨道飞行器

太阳轨道飞行器于 2020 年 2 月 9 日由欧洲航天局和美国合作发射，探测器最接近太阳时的距离不到 4200 万千米，近距离对太阳大气进行高空间分辨率的观测；此任务第一次在距太阳最近的区域进行粒子和场的原位探测；帮助人类了解太阳表面活动与日冕演化及内日球空间的联系；可以从高纬探测太阳极区和赤道区日冕。太阳轨道飞行器携带 10 个载荷仪器，包括 4 台原位探测仪器（太阳风分析仪、能量粒子探测仪、磁强计，以及无线电和等离子体波动探测仪器）和 6 台遥感探测仪器（极化和日震成像仪、极紫外成像仪、日冕光谱成像、X 射线光谱望远镜、日冕仪、日球层成像仪）。

6. 帕克太阳能探头

帕克太阳能探头于 2018 年 8 月 12 日由美国发射，主要科学目标是第一次飞往日冕，直接对太阳日冕进行观测，科学目标为确定太阳日冕的加热机制和太阳风的加速机制，以及理解太阳风在内日球的演化过程。其主要的载荷包括遥感仪、原位测量仪和侧视成像仪。

7. "普罗巴 3 号"

"普罗巴 3 号"是欧洲航天局发起的第一个精确编队飞行的卫星计划，计划于 2024 年发射。该计划由 2 颗卫星组成，将在太空科学实验中验证编队飞行技术，可比以前的卫星任务更近地来研究太阳系边缘的稀薄日冕结构。除了实现其科学目标之外，该计划将会检验两个卫星编队定位的精准度。

8. 日冕和日球层综合偏振计

日冕和日球层综合偏振计是美国国家航空航天局于 2019 年 6 月遴选的

"小型探测器"任务，已于 2020 年 4 月通过美国国家航空航天局"关键系统需求评审 / 任务定义评审"，预计将于 2025 年 4 月发射进入地球极轨。日冕和日球层综合偏振计星座由 4 个手提箱大小的微卫星组成，其中一颗卫星携带窄视场成像日冕仪，其余 3 颗卫星携带宽视场成像日球仪。该四台望远镜的协同观测组成以太阳为中心的广角成像视场。日冕和日球层综合偏振计拟从黄道面的视角，测量来自日冕和日球层的白光辐射偏振度，对初发太阳风进行成像和跟踪，进而重建日冕结构和日冕物质抛射扰动的三维空间分布。

9. 极紫外高通量光谱望远镜

继日出卫星之后，日本宇航探索局正在推进下一个太阳探测计划——极紫外高通量光谱望远镜，计划于 2026 年发射。现在有两个方案：方案 A 是在黄道面外对极区进行日震 / 磁场观测，来研究太阳的固有旋转速率、经向流和极区的磁场特性；方案 B 是太阳同步极轨或者地球同步轨道对光球层到日冕进行高空间分辨率、高通量、高性能光谱观测，来研究太阳的磁场特性，以及太阳磁场对太阳色球层和日冕加热和动力学中的作用。

（二）地球空间探测

1. 西弥斯计划

西弥斯计划由美国国家航空航天局与美国两所大学于 2007 年 2 月 17 日联合发射，包括 5 颗卫星。其主要科学目标为利用分布在不同空间区域的 5 个相同飞船确定磁层亚暴的起始和宏观演化，解决亚暴的时空发展过程。其主要科学载荷包括电场探测仪、磁力仪、静电分析仪、固态望远镜。

2. 广角中性原子成像双星

广角中性原子成像双星分别由美国于 2006 年、2008 年发射，其主要科学目标为利用两个能量中性原子成像卫星对地球磁层进行立体成像观测，建立磁层不同区域的全球对流图像及其相互关系。其主要科学载荷是中性原子成像仪。

3. 中性成分与带电粒子耦合探测卫星

中性成分与带电粒子耦合探测卫星由美国国家航空航天局于 2008 年 4 月

16 日发射，主要科学目标为了解中性成分和带电粒子相互作用对电离层 – 热层行为的控制作用。其主要科学载荷包括中性风探测仪和离子速度探测仪。

4. 辐射带风暴探测器

辐射带风暴探测器由美国国家航空航天局于 2012 年 8 月发射，其主要科学目标是了解辐射带粒子加速的物理机制，以便更好地理解太阳对地球以及近地空间的影响。

5. 相对论电子损耗的气球阵列

相对论电子损耗的气球阵列是由多个气球组成的探测地球辐射带的计划，主要科学目标是支持辐射带风暴探测器进行辐射带波动和能量粒子探测。其主要科学载荷是碘化钠闪烁器和直流磁强计。

6. 地球空间探测器

地球空间探测器由日本宇航探索局于 2016 年发射，科学目标是研究辐射带中随着地球空间暴反复出现和消失的高能带电电子是如何产生的？地球空间暴是如何发生和发展的？

7. 等离子体中尺度耦合探测计划

等离子体中尺度耦合探测计划包含 5 颗卫星，即一对母子卫星以及围绕这对母子星的 3 颗子卫星。旨在研究磁流体之外的电子和离子作为粒子的无碰撞相互作用，主要可以解决的问题包括各种边界条件下的磁场重联、空间等离子体中的激波、边界处无碰撞等离子体融合、复杂磁卫星中的电流片等。其主要科学载荷包括快速电子探测器、中等能量电子探测器、自旋轴天线、波形捕获器、三分量直流电场仪。

8. 跨尺度任务

跨尺度任务欧洲航天局发起的地球空间探测任务，包含 7 颗卫星，探测磁尾、磁层顶、磁鞘、弓激波和太阳风。再加上日本宇航探索局的等离子体中尺度耦合探测计划，可以构成三个四面体。跨尺度任务可以同时探测和研究等离子体的电子尺度、离子尺度和流体尺度的物理现象，并研究微观机制对宏观现象的作用和影响。

9. 共振计划

共振计划俄罗斯推进的内磁层探测任务，发射时间待定。该计划由 2 对卫星构成，旨在研究地球磁层等离子体低频电磁波传播特性，主要任务包括：

1）对特定强度的磁通量管进行长期观察，具体包括磁层回旋微波激射动力学和模式、环电流的形成和衰减、地磁扰动后等离子体层的填充、全球等离子体动态变化过程中的小尺度现象；

2）人为因素对磁层微波激射模式的影响，具体包括人为刺激和 / 或波的刺激、改变喷射的粒子流、改变微波激射的置信区间。

10. SWARM 卫星

SWARM 卫星由欧洲航天局 2013 年发射升空，该卫星星座由 3 颗小卫星组成，轨道位于 460～530 千米高度范围内，主要载荷包括磁力仪、全球导航卫星系统、电场仪、加速度计等，可提供轨道高度上等离子体、电场、磁场、中性大气密度等信息。

11. 全球电离层热层气辉成像仪

全球电离层热层气辉成像仪是由美国国家航空航天局发射的首个基于商业卫星平台的电离层探测器，卫星定轨于西半球地球同步轨道，携带双通道远紫外线成像仪每半小时提供一幅电离层和中高层大气全景变化图像，以研究电离层 – 热层天气学特征和赤道电离层不规则体的形成和演化等前沿科学问题。

12. 电离层大气波动耦合探测卫星

电离层大气波动耦合探测卫星是由美国国家航空航天局发射的电离层科学探测卫星，携带迈克尔逊干涉仪、离子漂移仪、极紫外和远紫外成像仪，可探测电离层和中高层大气的密度、速度和成分等信息，研究地球天气系统与太阳共同驱动的中高层大气与电离层耦合物理过程。

13. 第 2 代电离层和气象掩星星座

第 2 代电离层和气象掩星星座由 6 颗卫星组成，轨道倾角 24°，高度 550千米。其携带了无线电掩星接收机接收全球导航卫星系统信号，还携带离子漂移仪。其每天产生近 4000 个掩星剖面，可获得低层大气温度、压力、水蒸气含量、电离层电子密度和离子漂移信息，用于数值天气预报和电离层天气变化研究。

（三）地基观测

国际上在着力发展空间探测的同时，也十分注重地基观测。由于具有连续、方便、可控、可信和便宜的优越性，地基观测成为空间环境监测的基础，是天地一体化空间环境综合监测体系不可或缺的部分。大型国际合作计划和日地系统空间气候和天气计划中，地基观测是非常重要的组成部分。出于对空间环境进行全天时和整体性监测的需求，世界空间环境地面监测正沿着多台站、网络式综合监测的方向迅速发展。

1. 欧洲

欧洲已经启动建设下一代超大型相控阵非相干散射雷达阵列系统。该系统由位于芬兰、挪威和瑞典的五个相控阵天线阵组成了"一发四收"的阵列系统，共 50 000 个天线单元，采用先进雷达信号处理和参量反演技术，具备波束瞬时自适应控制、多波束探测、合成孔径成像、电离层参数全剖面矢量探测五大能力。该系统代表了当前地基空间环境探测雷达的最新发展方向和水平，将用于空间天气监测、基础等离子体物理、太空碎片探测在内的诸多领域，并为太阳系和射电天文学提供支持，有望在 21 世纪上半叶成为监测地球高层大气和空间环境的核心设备，助力高空大气物理与全球变化研究。

2. 美国

美国本土建有完备的电离层和中高层大气探测设备，包括密集的全球导航卫星系统、测高仪和地磁台网以及多台法布罗干涉仪和全天空成像仪。北极地区建设有 3 台大型的先进式模块化相控阵非相干散射雷达和超级双重极光雷达网络，用以研究地球空间物理过程。

3. 加拿大

在加拿大全国范围内建设无线电观测设备、磁场观测设备和光学观测设备，并利用国际超级双重极光雷达网络的 3～4 台高频电离层雷达设备观测系统，对空间环境进行地基综合监测、协调观测、数据同化和模式研究。

4. 日本

日本除在本土建有较为完备的电离层和中高层大气探测设备外，还大力拓展海外探测。在与全球多个国家合作的同时，建设有全球中间层电离层气辉观测网，在东南亚地区建立了电离层综合观测网和赤道大气雷达，中纬极区超级双重极光雷达网络，沿两条环绕地球的监测链（赤道监测链、子午线监测链）部署了由 50 多台地磁仪组成磁监测网络。

俄罗斯、欧洲、澳大利亚和巴西等国家和地区也拥有着自己的地基观测系统。国际上在着力发展空间探测的同时，也十分注重地基观测。由于具有连续、方便、可控、可信和便宜的优越性，地基观测成为空间环境监测的基础，是天地一体化空间环境综合监测体系不可或缺的部分。国际与日共存计划（刘振兴，2005）与日地系统空间气候和天气计划中，地基观测是非常重要的组成部分。出于对空间环境进行全天时和整体性监测的需求，世界空间环境地面监测正沿着多台站、网络式综合监测的方向迅速发展。

三、发展趋势

卫星协同地面观测构建了从太阳源头、行星际空间、磁层、电离层和热层的日地空间环境的地基监测网和日地空间因果链卫星观测，使太阳和空间物理探测和研究正在朝着整体性、系统性、和精细化探测方向发展，主要表现在如下方面。

1）进一步开展日地系统整体联系过程的研究，并延拓为太阳–太阳系整体联系，天基与地基相结合的观测体系将日趋完善。天基探测是空间物理探测最主要的手段，它可直接探测空间环境的各种就地数据，利用有利位置获得地面所不能获得的空间环境遥感数据。地基探测是空间环境探测的重要的补充。只有天基和地基监测系统有机地结合，才能形成从太阳到近地空间的无缝隙的综合监测体系，为空间物理研究和应用提供观测基础（王水，1996）。

2）探测区域向空间天气的源头——太阳不断逼近这样有利于认识太阳活动物理过程和影响，进而形成从太阳源头、行星际传播到地球空间响应的整体观测。在未来 10 年的太阳和行星际的探测中，太阳轨道器和太阳探测，以及内日球探针都向空间天气的源头——太阳不断逼近（方成，2003）。一系列空间探测计划向太阳系的火星、金星、水星、土星、木星和小行星等深空进军，空间物理的探测也成为重要的组成部分。

3）注重对太阳小尺度的精细结构进行高时间、空间分辨率的观测和研究，以及对太阳大尺度活动和长周期结构及演化进行观测和研究，厘清对太阳小尺度现象和大尺度活动之间的相互关系。

4）多颗卫星的联合立体探测、时空区分、多空间尺度探测，注重不同尺度的耦合研究，太阳风－磁层－地球空间内部的耦合机制和耦合关系研究越来越重要。一方面，实现把驱动空间天气事件发生的大尺度扰动能量的形成、释放，经由行星际空间的传输，注入地球空间并触发地球磁层、电离层和中高层大气天气变化的能量沉积、传输、转换和耗散等过程，集成为连锁变化的全球行为；另一方面，厘清关键区域、关键点处扰动能量的形成、释放、转换和分配的基本物理过程，如磁重联过程、粒子加速和传输过程、等离子体和中性大气的耦合过程、光化－动力过程、湍动、波动过程和磁场的产生与易变性的发电机过程等，揭示基本物理过程的本质，实现微观与宏观物理过程的"融"合。

5）重视太阳和空间天气过程对航天活动和人类生存环境影响的研究。空间天气对人类活动的影响日益受到人们的重视。这些影响绝不仅仅限于空间活动，而是涉及从天基、地基各类现代高技术系统直至人类健康和人类生活的本身。据统计，在轨卫星的所有故障中，空间天气效应诱发的事故约占 40%，表现在航天器轨道、寿命、姿态控制直至航天器材料、电子器件以及软硬件的正常工作和通信测控。对于地面技术系统，1989 年 3 月 13 日，空间天气事件（磁暴）引发加拿大魁北克电网大停电事故后，空间天气影响问题引起人们广泛关注，并开展了大量的研究，确认除电网以外，石油输送管道、铁路通信网络都会有类似影响。当太阳、空间 X 射线、地磁、电离层发生骚扰时，会使电波信号的折射条件改变、反射能力减弱、吸收加大，进而使信号发生闪烁、误码率增加等。低频、甚低频信号产生相位异常、广播电视系统受到干扰甚至中断。对电波传播的影响不仅限于通信领域，卫星精密定位系统、导航系统、雷达特别是远程超视距雷达系统都会受到空间电磁环境扰动的强烈影响，如它可使雷达测速测距系统产生误差、使卫星信号发生闪烁、导航定位侦察系统产生误差。空间高能粒子辐射不仅对航天员的生命有直接威胁，而且对民航飞机空乘人员，特别是经常在高纬地区和跨极区飞行航班人员同样有影响；空间电磁环境扰动、空间天气事件导致的人类日常活动、健康条件和疾病发生的关系也已引起人们的关注并正在深入研究中。

四、发展现状

过去的十年是我国太阳和空间物理各领域蓬勃发展期，在国家有关部门的大力支持下，本领域研究力量逐步发展壮大，学科体系得到进一步加强和完善，基础设施建设实现了跨越发展，探测和研究水平不断提高，国际地位和影响不断提升。同时，基于物理模型的数值模拟研究在此期间迅速发展，为各种现象的理解提供了一种重要途径，从而帮助我们对这一领域的基本原理有了更加深入的了解，并获得初步的预测能力（史建魁等，2015）。

（一）天基观测与实验步入轨道

在太阳物理方向，已经启动的空间探测卫星计划"先进天基太阳天文台"是我国第一个太阳专用空间望远镜，将实现我国太阳卫星探测零的突破。先进天基太阳天文台将以第 25 太阳活动周峰年为契机，首次在一颗卫星上同时观测太阳全日面矢量磁场、太阳耀斑高能辐射成像和日冕物质抛射的近日面的初发和传播。

在空间物理方向，我国第一个空间科学探测计划"双星计划"的成功实施，开创了我国空间科学探测的先河。"双星计划"与欧洲航天局的星群计划形成了对地球空间的六点联合探测，取得了一系列创新性结果。这是航天领域的国际大奖，诸如哈勃空间望远镜、航天飞机、国际空间站等位列其中。"双星计划"也获得了 2010 年度国家科学技术进步奖一等奖。同时，在应用卫星（如资源卫星、风云卫星等）上搭载了空间环境探测仪器。2018 年发射的"张衡一号"电磁监测试验卫星（图 3-2）是中国全新研制的国家民用航天科研试验卫星，也是中国地球物理场探测卫星计划的首发星。该星利用覆盖范围广、电磁环境好、动态信息强、无地域限制等优势，开展全球空间电磁场、电离层等离子体、高能粒子沉降等物理现象的监测，为地震机理研究、空间环境监测和地球系统科学研究提供新的技术手段。计划发射的"微笑计划"是一颗可以独立观测太阳风－磁层耦合的创新性的卫星计划，其将明确地球向阳侧太阳风－磁层相互作用的基本模式，解释亚暴活动周期，确定日冕物质抛射驱动的磁暴的发展。

图 3-2　2018 年 2 月 2 日电磁监测试验卫星"张衡一号"发射升空

资料来源："张衡一号"卫星成功发射 . www.cnsa.gov.cn/n6759533/c6799772/content.html[2023-04-05]

（二）地基平台建设迈上新台阶

在太阳物理方向，我国太阳物理研究领域已运行多台具有世界先进水平的太阳专用太阳望远镜，如位于内蒙古正镶白旗的中国新一代厘米－分米波射电日像仪、北京怀柔的太阳磁场速度场望远镜和三通道望远镜、云南抚仙湖一米新真空望远镜、云南太阳射电频谱仪等，这些设备的观测指标具有世界先进水平，已经获得多个创新性成果，并在国际知名期刊发表。同时受到国际同行的高度关注，有多位国际科研人员利用我国太阳设备的观测数据进行科学研究，发表论文和专著。这些设备的观测数据与世界其他同类设备数据进行联网共享，进行数据的联合分析和对太阳的 24 小时不间断监测。随着美国大熊湖天文台 1.6 米古德太阳望远镜、中国抚仙湖的一米新真空太阳望远镜（图 3-3）、界面区成像光谱仪等仪器先后投入使用，太阳物理学进入高分辨率的时代，推动了我们对低层大气精细结构和动力学的认知。我国正在建设中的明安图射电频谱日像仪具有在超宽频带上同时以高时间、空间和频率分辨率观测太阳大气的能力，为耀斑和日冕物质抛射等太阳活动研究提供了新的观测手段。同时，太阳物理研究的发展对高质量数据的要求也越来越高，对探测设备的性能指标的要求也越来越高。我国太阳物理拥有多个方向的技术研究力量，在光谱技术、光电技术、无线电技术、机械自动化等方面具备雄厚的研发实力，授权获得多个方向的专利，并承担了自然科学基金委重大科学仪器专项，如用于太阳磁场精确测量的中红外观测系统、光纤阵列太阳光学望远镜。这些专项都是为新一代太阳望远镜进行关键的技术研究，正在建设中的用于太阳磁场精确测量的中红外观测系统将以 10 高斯量级的精度开展太阳矢量磁场的测量，将横场测量水平提高一个量级。我国太阳物理已经具备进行下一代太阳望远镜的研发和运行的实力。

图 3-3　抚仙湖太阳观测站（左）及一米新真空太阳望远镜（右）

资料来源：一米新真空太阳望远镜顺利通过成果鉴定 .http://www.ynao.cas.cn/xwzx/zhxw/201505/
t20150518_4357073.html[2023-04-05]

在空间物理方向，中国科学院的日地空间环境探测网络、工业和信息化部的电离层监测网络、中国地震局的地磁监测网络、自然资源部的极地空间物理监测，以及高校、气象局等的地面探测手段，已经基本覆盖我国全境和南北两极。子午工程 2008 年正式开始建设，2012 年已经顺利通过国家验收，对我国空间环境地基监测网络的完善起到了关键性作用。"子午工程建设成果"获得 2014 年度中国地球物理学会科学技术进步一等奖，2016 年获得中国科学院重大科技基础设施综合运行一等奖。科学界高度评价中国的子午工程，"无论是对中国的科学还是国际的科学都将是很重要的"，"毫无疑问子午工程将激励中国科学家进入这个重要领域的前沿"，它"雄心勃勃""影响深远""令人震撼"。子午工程二期已于 2019 年开工建设，在总体上采用"一链、三网、四聚焦"的监测架构：采用地磁、无线电、光学等手段，对我国上空的电离层、中高层大气、地磁形成网络化的监测能力（"三网"）；在极区高纬、北方中纬、海南（南方）低纬、青藏高原 4 个重点区域建设国际先进的大型监测设备，开展对空间环境的精细"显微"探测（"四聚焦"）；建设一系列先进的太阳－行星际监测设备，形成对日地空间全链条的监测能力（"一链"）。子午工程二期将与子午工程一期配合，形成由 31 个综合性台站、近 300 台（套）监测设备组成基本覆盖全国及两极区域的空间环境地基监测网络，首次从地面实现对日地空间环境全圈层、多要素综合的立体式探测。

（三）研究建模与预报能力进步

在太阳物理方向，基于已有的观测设备和研究基础，我国太阳研究人员长期进行数据分析和处理的工作，积累了丰富的经验，在太阳磁场测量与研究、太阳磁螺度研究、太阳爆发活动多波段观测研究以及太阳射频谱和观测研究、太阳磁场性质、太阳活动大气的光谱诊断、太阳活动中的高能辐射、太阳大气中的微观等离子体机制、太阳低层大气精细结构和动力学、太阳风理论和模型、太阳磁场的理论外推、太阳活动磁流体理论与数值模拟、太阳活动中长期变化、日冕中的振荡和波动、太阳爆发活动、太阳高能粒子的起源和加速等方向开展了一系列原创性研究，在国际学术界已占有一席之地并取得了世界一流水平的科研成果，逐渐形成了中国太阳物理研究的优势研究方向。这些成果大体集中在三个研究方面：太阳磁场、太阳耀斑、日冕物质抛射。通俗地说，就是"一磁二暴"。这是我国太阳物理发展长期形成的格局，我国太阳物理的研究力量也大都集中在这三个研究范畴。根据国际学术杂志进行的近期论文数和引用数统计，中国太阳物理界发表的论文数及引用数在国际同类研究机构排名中双双进入前五，太阳物理学是中国天文学领域七大研究方向中排名最靠前的学科。基于太阳卫星观测资料的多项成果被收入国际出版的教科书中，表明我国学者在部分研究方向上已经进入了国际前沿。

　　在空间物理基础研究方面，我国科学家也取得了一批引起国际同行关注的成果。我国空间物理研究者在太阳大气磁天气过程、太阳风的起源及其加热和加速、行星际扰动传播、磁暴和亚暴的产生机制、磁重联过程、太阳风与磁层的相互作用、电离层的变化性以及区域异常、中高层大气动力学过程的探测与研究、地磁及电离层的建模与预报方法、极区光学观测研究，以及空间等离子体基本过程（如磁重联、等离子体波的激发、粒子加速等）等领域都产生了一批有国际重要影响的工作：首次揭示太阳风形成高度在太阳表面之上的 20 万千米处，是"具有里程碑意义的成果"；太阳风暴的日冕－行星际数值模式被认为是当今"国际上最好的三个模式之一"；磁重联研究为国际瞩目，如磁"零点"研究于 2009 年和 2010 年连续两年被评为欧洲航天局星群计划的五大成果之一；我国北京大学地球与空间科学学院教授宗秋刚研究小组揭示严重威胁地球同步通信卫星安全的"杀手"电子快速加速的机理，宗秋刚教授入选欧洲航天局颁发的星群计划的 5 位"杰出科学家奖"之列；在太阳风暴与地球磁层相互作用的模拟研究方面，中国成为具有这种能力的少数几个国家之一；电离层的地域特色与中高层大气的流星雷达和激光雷达观测研究为国际学术界瞩目；太阳活动研究与预报水平名列国际前茅，已为我国的航天安全保障做出重要贡献等。这些研究连续多次获国家自然科学奖二等奖、陈嘉庚科学奖、何梁何利基金科学与技术进步奖等国家级或部委级奖励，以及多项国际重要奖励。此外，我国学者在国际一流学术刊物，如《地球物理学研究杂志》等发表的论文数和影响也增长迅速。据统计，我国学者在《地球物理研究杂志（空间物理）》上发表文章已经超过占该领域该期刊的 20%。所有这些从一个侧面反映出，我国空间天气、空间物理基础研究已具一定规模和影响。

　　空间天气建模与预报也有了长足的进步，一方面，中国气象局依托风云卫星，发展了一系列空间天气载荷，目前在轨运行的"风云三号"极轨卫星上有高能粒子探测器、广角极光成像仪、电离层光度计、全球导航卫星系统掩星、辐射剂量仪、表面电位探测器等，在轨运行的地球静止轨道卫星上有"风云二号"上的太阳 X 射线探测器、高能粒子探测器，"风云四号"上的高能粒子探测器、磁强计、辐射剂量仪、充电电位探测器（表面绝对电位、表面差异电位、深层充电）等载荷，为空间天气预报提供了必要观测基础。另一方面，互联网和高性能计算的广泛应用为开展大规模的空间天气数值预报建模和预报研究提供了有利条件。2012 年我国"地球空间天气数值预报建模研究"获得科技部的国家基础研究重点发展计划（973 计划）的支持，为建立有自主知识产权的我国空间天气数值预报模式奠定了坚实的基础。空间天气预报已经在我国"神舟"飞船系列、"嫦娥一号"等的空间天气保障方面做出了突出贡献。

（四）业务预报体系有一定规模

空间天气业务和其他气象业务的配合可以实现从太阳到地球表面气象环境的无缝隙业务体系。2002 年 6 月 1 日国务院批准中国气象局成立国家空间天气监测预警中心，标志着我国国家级空间天气业务的开始。十几年来，国家空间天气监测预警中心的业务已经形成规模，在基于风云系列卫星的天基监测能力建设、基于气象台站的网络化地基监测台站建设、参考气象业务规范的预报预警系统建设，以及面向用户的应用服务探索与实践等方面取得良好成绩，在国际和国内赢得了广泛的认同和支持。目前国家空间天气监测预警中心是世界气象组织计划间空间天气协调组联合主席单位。同时，军方也成立了专门的空间天气业务机构。此外，中国科学院和中国电子科技集团有限公司等部门在空间天气方面的应用也在快速发展中。

（五）国际合作的全球格局形成

我国太阳物理学者也在国际学术会议、学术机构以及国外研究机构中担任重要的职位，在国际太阳物理界具有相当的显示度并在国际上具有重要影响力。作为学术委员会联合主席，我国太阳物理学者近年来成功主办了多个大型国际学术会议。同时，我国太阳物理高水平的探测设备和研究成果也吸引了众多国外研究生、博士后、研究人员到我国学习和合作研究，已经取得了优秀的研究成果。可见，中国太阳物理已经具备成熟的国际学术交流与合作的渠道，并在努力不断发展新的合作伙伴和合作途径，中国太阳物理在国际上具有非常重要的影响力和号召力。

通过"双星计划"、中俄火星联合探测计划、"夸父"计划、"微笑计划"、国际空间天气子午圈计划（简称国际子午圈计划）的实施和推动，国际合作开始进入围绕重大国家任务开展实质性、战略性合作的发展新阶段。"双星计划"为空间物理领域的国际合作模式开辟了先河。正在进行中的由中国科学院空间科学与应用研究中心和英国伦敦大学共同提出的"微笑计划"遴选成为中欧联合空间科学卫星任务，是中欧双方又一次的大型空间探测国际合作项目。地基探测方面，国际子午圈计划获得了科技部重大国际合作计划的支持，被2012年美国《太阳与空间物理十年发展规划》列为重要国际合作项目。这些由中国科学家牵头的地基、天基计划已在组织推动中，必将对科学发展产生重要引领作用。

第四节　发 展 布 局

一、发展目标和科学问题

太阳和空间物理研究的主要核心科学问题如下。

1）太阳活动—磁两暴问题：包括太阳磁场的起源和演化、日冕磁场的产生与测量、太阳耀斑的触发与效应、日冕物质抛射的机制与效应、太阳黑子的形成机制与生命周期、暗条的爆发时间和爆发机制、太阳风的起源和演化、冕洞的形成原因与生命周期、日冕的加热机理等。这些问题是破解太阳活动的密钥，是日地能量链条的源头，同时是了解其他恒星活动的重要依据。

2）日地空间基本等离子体物理过程：包括磁场重联、波粒相互作用、波波相互作用、湍流、无碰撞激波、等离子体间断面、等离子体波、等离子体不稳定性、高能粒子加速和传输、能量转换和耗散、库仑碰撞、电离与复合等。这些过程是理解日地空间各种爆发性现象和能量传递过程的密钥，是空间天气预报和空间环境建模的基础，同时还是人类拓展等离子体物理知识和应用等离子体的载体。

3）日地能量传输与耦合过程：包括太阳内部结构及其动力学，太阳活动周期律，太阳爆发活动在行星际的传播、演化及对地球空间的作用，能量在磁层中的储存与释放过程，暴时磁层空间中场与粒子的响应特征，磁层、电离层与中高层大气的相互作用及其引起的近地空间环境剧烈扰动。这些过程是理解日地空间环境的核心，也是掌握太阳活动对人类影响的重要环节（魏奉思，1989；Lester et al.，1993）。

4）空间天气效应及空间天气预报：包括极端空间天气对载人航天的影响、对卫星定位导航的影响、对现代无线电通信的影响、对高压输电和地面电网的影响、对输油管道和能源安全的影响、对空间材料和电子元器件的影响、对航天精密仪器的影响、对卫星轨道和卫星组网的影响、对人体健康的影响，以及包括极端空间天气事件的链锁式预报（从太阳爆发活动开始，经由行星际传播与演化，以及地球空间非线性响应）。

太阳物理领域发展总目标是利用多波段、高分辨率、全方位、全时域的空间太阳物理探测，研究太阳的基本物理规律，探索太阳结构与演化，了解太阳活动作为扰动源对日地空间，进而对人类生存环境的影响，为相关学科发展提供理论和实验支撑，为我国经济建设、国家安全和社会可持续发展做出重要贡献。结合我国现有的太阳物理发展概况，可以总结为三个主要的研究方向：对太阳活动微观现象和规律的探索；对太阳活动宏观现象和规律的探索；太阳活动对日地和人类环境影响的探索。基于这些研究方向，未来要完成的研究目标如下。

1）实现大视场、高分辨率、快速、长期连续的太阳磁场与速度场、多波段太阳辐射的综合观测，进一步奠定我国在国际太阳物理地基探测方面的先进地位，并实现空间太阳望远镜观测零的突破。

2）实行超低噪声、高精度的行星际太阳风、磁场和高能粒子的原位探测，获得太阳风和高能粒子的精细特征，并对太阳低日冕和高日冕大气的多波段高精度成像，获得太阳风和太阳高能粒子的加速源区的动态演化。

3）系统地理解太阳磁场的起源和演化过程，建立太阳耀斑和日冕物质抛射等剧烈爆发活动的触发与传播过程的理论模型，探究太阳大气等离子体中的高能粒子的加速机制和传播特征、相关的辐射过程，为物理上预报太阳剧烈活动奠定理论基础，并对其他恒星上的类太阳爆发过程研究提供借鉴和参考。

4）建立太阳活动的长、中、短期预报模式，建立基于太阳活动物理机理和人工智能技术的太阳活动中短期预报系统，使得我国太阳活动预报研究进入国际先进行列，有效保障我国空间环境安全，避免或降低灾害性空间天气对人类生存环境的影响；挖掘太阳活动与日地和人类环境演化之间的联系，理解地球环境演化的诱因，为改善人类生存环境提供必要的参考依据。

空间物理领域发展总目标是提升对太阳活动爆发机制和近地空间等离子体动力学的基本物理过程的科学认识，了解日地耦合系统地球空间各个圈层相互作用的变化规律，大幅提升空间天气应用服务的能力，更好地满足国家和社会的需求（国家自然科学基金委员会和中国科学院，2012）。

1）探测方面。发展空间物理监测卫星系列，针对太阳活动、太阳风、磁层、电离层、中高层大气、空间环境效应等重要内容，发射空间天气监测小卫星，争取"十四五"期间完成1～2颗太阳和空间物理/空间天气卫星的工程立项和实施，并充分利用现有各种应用卫星搭载，实现对从太阳到近地空间主要区域的空间环境天基监测；在我国自主火星探测任务中提出有鲜明创新特色的空间物理探测项目。地基监测以子午工程为骨干网向南北、东西扩展，2035年前完成我国境内空间环境地基网络化监测系统的建设。

2）研究方面。首先在地球空间不同层次之间的耦合和空间天气事件的传播过程的研究方面取得突破进展。2035年前在行星际太阳风的三维传播和加速加热机制方面取得突破进展，建立起日地系统空间天气整体变化过程的理论体系，为拓展人类在非连续介质新的知识空间做出中国科研贡献。

3）建模方面。首先建立基于物理的从太阳到地球的空间天气数值预报模式，空间天气事件的精确预报能力达到国际先进水平；2035年前建立比较完善的自主的辐射带、电离层、中高层大气等动态空间环境模型，满足我国航天、通信、导航和空间安全活动的需求。着力开展数据同化技术在空间环境预报中的应用研究。

4）应用方面。掌握空间天气对国家重大基础设施的影响机制，获得对空间天气致灾机理的系统认识；2035年前突破空间天气灾害的减缓与规避关键技术难题，为我国经济社会和空间攻防的空间天气保障提供科学支撑（魏奉思，2011）。

二、计划布局和优先领域

基于以上基础，建议优先发展方向如下。

（一）空间天气

对由太阳物理和空间物理基础研究与应用需求相结合产生的新兴学科——空间天气的研究国际上方兴未艾，已呈现蓬勃发展之势。在进入太空时代的国际大背景下，通过十年的发展，我国在该领域的工作已取得了长足的进步和一系列重要的进展，在国际的竞争中崭露头角。在未来10~15年，日地空间环境与空间天气领域仍然是本学科领域的优先领域（国家自然科学基金委员会，2004）。该领域的科学目标如下：以日地系统不同空间层次的空间天气过程研究为基础，形成空间天气连锁过程的整体性理论框架，取得有重大影响的原创性进展；构建空间天气因果链综合模式框架，建立起基于物理规律的空间天气集成模式，初步实现太阳爆发事件在日地复杂系统的传播、演化以及耗散的整体变化过程的定量化描述，并进行系统化的空间天气数值预报试验，为了解行星际扰动对地球空间环境的影响和空间天气预报提供科学基础和技术支撑；为航天安全等领域做贡献；实现与数理、天文、地学、信息、材料和生命科学等的多学科交叉，开拓空间天气对人类活动影响的机理研究，为应用和管理部门的决策提供科学依据；发展空间天气探测新概念和新方法，提出空间天气系列卫星的新概念方案，开拓空间天气研究新局面。鼓励与国家重大科学计划相关的空间天气基础研究，鼓励利用国内外最新天基、地基观测数据进行的相关的数据分析、理论与数值模拟研究。

重点攻关方向如下。

（1）太阳剧烈活动的产生机理及太阳扰动在行星际空间中的传播与演化

关键课题包括：日冕物质抛射、耀斑及其对太阳高能粒子加速的过程；太阳风的起源与形成机理和过程；太阳源表面结构及太阳风的三维结构，以及各种间断面对行星际扰动传播的影响；太阳高能粒子事件、磁云及行星际磁场南向分量、行星际激波及高速流共转作用区的形成与演化等。

（2）地球空间暴的多时空尺度物理过程

关键课题包括：不同行星际扰动与磁层的相互作用及地球空间不同的响

应特征；太阳风－磁层－电离层耦合；岩石圈－大气层－电离层耦合；磁暴、磁层亚暴、磁层粒子暴、电离层暴、热层暴的机理与模型；中高层大气对太阳扰动的响应的辐射、光化学和动力学过程；日地空间灾害环境和空间天气链锁变化的各层次及集合性预报模型等。

（3）日地链锁变化中的基本等离子体物理过程

关键课题包括：无碰撞磁重联；带电粒子加速；无碰撞激波及空间等离子体不稳定性与反常输运；波粒子相互作用过程；等离子体湍流串级耗散；电离成分与中性成分的相互作用等。

（4）空间天气对人类活动的影响

关键课题包括：空间灾变天气对信息、材料、微电子器件的损伤，以及对空间生命和人体健康影响的机理；空间环境对通信、导航、定位的影响；太阳活动对气候与生态环境的影响及人为活动对空间环境的影响；国防安全与航天活动的保障研究。

（5）空间天气建模

关键课题包括区域耦合和关键区域建模、集成建模等。

区域耦合和关键区域建模又引申出太阳耀斑／日冕物质抛射／行星际扰动传播、太阳风／磁层相互作用、磁层／电离层／中高层大气以及中高层大气／地球对流层四个耦合区域的建模以及辐射带、极区、电离层闪烁高发区、太阳风源区等关键区域的建模、日地系统各空间区域的预报指标等问题。

集成建模要求构建空间天气因果链综合模式的理论框架，发展有物理联系的成组（成套）模型，发展基于物理规律的第一代空间天气集成模式；以天基和地基观测资料为驱动，建立关键空间天气要素的预报和警报模式，建立为航天活动、地面技术系统和人类活动安全提供实时预报的空间天气预报应用集成模式，并开展预报试验。

（6）空间天气探测新方法、新原理、新手段

关键课题包括：太阳多波段测量方法和技术；行星际扰动、磁层、电离层和中高层大气的成像和遥感技术；小卫星星座技术以及空间探测的新技术、新方法。

（二）自主探测计划

太阳物理和空间物理探测包括天基和地基探测，天基探测是主导，地基探测是基础。以卫星、飞船、空间站等航天器为观测平台的天基监测系统是空间物理和空间环境探测的最主要手段。天基空间物理和空间环境监测具有机会少、研制周期长、工程技术复杂等特点，需要及早规划。目前我国除了"双星计划"对地球磁层进行过探测以外，在太阳、行星际和地球电离层、中高层大气的专门卫星探测方面还是空白。

根据空间物理领域总体发展战略目标，建议针对日地整体联系中的关键耦合环境的大型星座探测计划——"链锁计划"和针对空间天气关键要素和区域的空间天气小卫星与应用卫星搭载为主的"微星计划"，以及针对我国上空空间环境精细结构和变化过程地基探测为主的"观天计划"开展自主探测。"链锁计划"预计的新任务周期是 10 年，"微星计划"预计的新任务周期是5 年。

1. 天基卫星

天基卫星由太阳活动、行星际、地球磁层、辐射带和电离层、中高层大气卫星组成，用于研究太阳和空间物理基本物理过程和空间天气建模与预报中的关键区域、关键过程、关键效应需要解决的关键科学问题（吴季，2008）。

（1）"夸父"计划

继"双星计划"取得成功之后，中国科学家提出全面探测太阳风暴和极光的"夸父"计划。"夸父"计划是由"L1+ 极轨"的 3 颗卫星组成的一个空间观测系统：位于地球与太阳连线引力平衡处第一拉格朗日点（即 L1 点）上的夸父 A 星和在地球极轨上共轭飞行的夸父 B1、B2 星。3 颗卫星的联测将完成从太阳大气到近地空间完整的扰动因果链探测，包括太阳耀斑、日冕物质抛射、行星际磁云、行星际激波以及它们的地球效应，如磁层亚暴、磁暴以及极光活动。"夸父"计划将实现对日地关系连锁变化过程的连续观测，揭示日地系统物质和能量的传输与耦合过程。在"夸父计划"里，我国主要承担三大任务，即推动"夸父计划"立项，建设"夸父计划"应用体系，承担"夸父计划"地面应用系统。

（2）磁层‒电离层‒热层耦合小卫星星座探测计划

磁层‒电离层‒热层耦合小卫星星座探测计划的科学目标是：利用小卫星星座系统的探测和研究，解决磁层‒电离层‒热层耦合系统中能量耦合、电动力学和动力学耦合以及质量耦合等方面尚未解决的若干重大科学问题；重点是探测电离层上行粒子流发生和演化对太阳风直接驱动的响应过程，研究来自电离层和热层近地尾向流在磁层空间暴触发过程中的重要作用，了解磁层空间暴引起的电离层和热层全球尺度扰动特征，揭示磁层‒电离层‒热层系统相互作用的关键途径和变化规律。

该计划将围绕地球空间暴的起源与演化以及行星大气逃逸这两个重大科学领域，聚焦于电离层氧离子上行，探测关键区域粒子的分布特征及背景等离子体和电磁场的状态，深刻理解上行离子加速机制与传输规律；揭示磁层电离层 / 热层耦合过程及在空间暴触发过程中的重要作用；为大幅提升对空间暴的认知水平和预报能力提供支持；同时开展地球粒子外流和逃逸过程研究，深化对行星演化的理解。

磁层‒电离层‒热层耦合小卫星星座探测计划的星座由两颗电离层 / 热层卫星和两颗磁层卫星组成。电离层星是三轴稳定卫星，运行在近地点高度 500 千米、远地点高度 1500 千米、倾角 90° 的轨道上，两颗卫星轨道参数相同，初始时刻真近点角相差约 32°。磁层星是自旋稳定卫星，运行在近地点高度 6378.14 千米（$1R_E$，R_E 表示地球半径）、远地点高度 $7R_E$、倾角 90° 的轨道上。两颗磁层星共面，初始时两颗星的近地点和远地点对称分布在南北极。星座构型可以最大限度地满足在南北极区不同高度进行联合探测的需求。磁层‒电离层‒热层耦合小卫星星座探测计划卫星搭载的有效载荷由三个探测系统组成：粒子探测系统、电磁场探测系统和成像遥感探测系统。这些有效载荷相互配合，探测磁层、电离层和热层的粒子流和电磁场，揭示这些关键区域质量耦合的物理过程及其发生机制。

目前，磁层‒电离层‒热层耦合小卫星星座探测计划已完成了背景型号研究，进入先导专项二期卫星工程任务的综合论证阶段。磁层‒电离层‒热层耦合小卫星星座探测计划星座是国际上首个把磁层‒电离层‒热层作为一个整体来研究的专项卫星探测计划。

（3）太阳极轨射电成像望远镜计划

太阳极轨射电成像望远镜计划的主要科学目标为：利用运行在太阳极轨轨道上的行星际日冕物质抛射射电成像仪，居高临下连续跟踪监测日冕物质抛射事件从太阳表面到地球轨道处的传播和演化；揭示太阳风暴在日地行星际空间的传播规律，建立行星际空间天气物理模型和预报模型，研究太阳风的加热、加速和在高纬区的超径向膨胀，确定太阳角动量的分布和总输出；获得米波段宇宙射电背景图。太阳极轨射电成像望远镜计划将首次在太阳极轨上，以遥感成像及原位探测相结合的方式，对太阳高纬地区的太阳活动及行星际空间的环境变化进行连续的观测，其对太阳和空间物理研究及空间天气预报具有重要意义。目前，空间科学背景型号项目与预先研究项目完成遴选评审，完成了有效载荷关键技术攻关和原理样机/样件的研制。

（4）星际快车——"神梭"探测计划

"神梭"探测计划旨在设计一种能在 15 年内穿过日球层边界到达 200 AU 以外星际空间的飞船方案，并通过对等离子体、中性成分、尘埃、磁场、高能粒子、宇宙线和太阳系外红外辐射的首次综合性原位与遥感探测，了解日球层内外的物质分布特性、临近太阳系星际介质的性质、动力学特征及演化规律，揭示日球层与星际介质的相互作用过程及相互影响机制，从而促进对外日球层、临近星际空间以及二者之间耦合过程的深入认识。该计划已在空间科学先导专项第三批预先研究中启动了初步方案的研究。

（5）环日全景探测计划

在国际上首次提出从地球上游 30° 起，每隔 120° 部署一个航天器，对太阳和行星际空间开展 360° 实时全景观测的三星联测创新探测方案。科学目标是为了深刻认识和理解太阳活动周起源、太阳爆发活动起源、极端空间天气事件起源。环日全景探测计划的卫星设计寿命为 5 年，主要的仪器包括全日面速度场和矢量磁场成像仪、太阳极紫外成像仪、耀斑高能辐射监测仪、全日面积分极紫外光谱仪、大视场白光日冕仪、低频射电频谱仪、磁强计、太阳风等离子体探测器、中能粒子探测器、高能粒子探测器。

（6）太阳系边际探测计划

围绕太阳系及行星的起源与演化、太阳系边际及临近星际空间特性、行星天体物理等空间科学重大问题，以建立我国太阳系全域到达并具备恒星际空间探索能力为目标，遵循由易到难、由近及远的发展规律，循序开展太阳系边际探测，争取重大科学发现和基本理论研究的突破。结合我国国情，实施至建国 100 周年、飞至距太阳 100 AU 以远的太阳系边际探测任务，将在科学上揭示太阳系边际结构、星际介质的特性以及二者的相互作用规律，探索太阳系天体的起源和演化；在工程技术上推动空间核动力、超远距离深空测控通信、深空自主技术等尖端技术的跨越式发展，构建我国太阳系全域乃至临近恒星际空间的到达能力，为 2050 年建成世界航天强国的迈出重要一步。该计划的近期目标（100 AU 左右）：2049 年前后，实现日球层大尺度三维结构特性及临近恒星际空间的物质特性探测，认知太阳风暴在行星际空间的传播和演化；探测外太阳系典型天体，研究太阳系起源与演化。该计划的远期目标（挑战 1000 AU 级）：到 21 世纪末，突破 1000 AU 飞行技术，飞抵太阳引力透镜焦点区域附近，开展引力透镜效应观测等探索工作。最终，该计划的目标：突破万个天文单位飞行技术，对 5 万～10 万 AU 的太阳系引力边际，开展恒星际探测并取得重大科学发现。

（7）先进天基太阳天文台

先进天基太阳天文台的科学目标是：首次实现在一颗卫星上同时观测对地球空间环境具有重要影响的太阳上两类最剧烈的爆发现象——耀斑和日冕物质抛射；研究耀斑和日冕物质抛射的相互关系和形成规律；观测全日面太阳矢量磁场，研究太阳耀斑爆发和日冕物质抛射与太阳磁场之间的因果关系；观测太阳大气不同层次对太阳爆发的响应，研究太阳爆发能量的传输机制及动力学特征；探测太阳爆发，预报空间天气，为我国空间环境的安全提供保障。

先进天基太阳天文台运行于太阳同步轨道，初定轨道高度 700～750 千米，倾角为 97°。其载荷质量为 220 千克，寿命不少于 4 年。先进天基太阳天文台将包含三个主要载荷：全日面太阳矢量磁像仪、太阳硬 X 射线成像仪、莱曼阿尔法太阳望远镜。

目前，先进天基太阳天文台被列为"十三五"空间科学先导专项，已先期启动实施。对日卫星观测是我国的一项空白，也是国际上的研究热点。先进天基太阳天文台将是我国首颗太阳探测卫星，将结束一直使用国外观测资料的局面，提升我国在国际上的地位。

（8）L5/L4 点空间天气监测小卫星计划——日地环境监测台

日地环境监测致力于空间天气亟待解决的重大科学问题和创新性探测研究，包括日冕磁场活动如何驱动太阳爆发、日冕物质抛射在日地空间传播以及高能粒子加速。它位于空间天气探测得天独厚的日地引力平衡 L5/L4 点，拟搭载日冕磁像仪、日球偏振成像仪、高能粒子探测器、磁强计和太阳风等离子体分析仪，将在国际上首次实现太空中日冕磁场测量和行星际日冕物质抛射偏振成像。目前属于背景型号研究阶段。

（9）"微笑计划"

"微笑计划"是可以独立观测太阳风－磁层耦合的创新性的卫星计划（图3-4），拟发射一颗 300 千克卫星到远地点为 $20\,R_E$ 的大椭圆极轨（莫尼亚类型椭圆轨道，远地点 $20\,R_E$，倾角 63.4°），实现对磁层和极光的全景成像。科学目标包括：明确向阳侧太阳风－磁层相互作用的基本模式，确定瞬态和稳态磁层顶磁场重联于何时、何地占主导；解释亚暴活动周期，包括时序和通量传输幅度；确定日冕物质抛射驱动的磁暴的发展，包括它们是否是由一系列亚暴组成的。"微笑计划"项目是经过第 11 届中欧空间科学双边会议遴选出的中欧空间科学联合卫星任务，计划近期发射，是继 2003 年"双星计划"后中欧联合开展的又一大型空间科学探测国际合作项目。"微笑计划"卫星设计寿命 3 年，主要仪器包括 X-射线成像仪、等离子体包、磁强计、极紫外极光成像仪。

图 3-4　"微笑计划"卫星标识

资料来源：邱晨辉.中欧"微笑计划"再迎进展 卫星或 2023 年发射.
https://shareapp.cyol.com/cmsfile/News/201903/22/198008.html[2023-04-05]

在搭载方面，我们建议进行太阳物理和空间物理探测搭载应该遵循以下原则：充分利用应用卫星的轨道覆盖进行空间环境探测的数据积累；优先搭载对空间探测技术有推动作用的，对太阳物理和空间物理研究和空间天气预报业务有重要意义的仪器。可以考虑的平台包括实践卫星系列、风云卫星系列、资源卫星系列、海洋卫星系列、减灾卫星系列、"神舟"飞船系列、其他应用卫星（系列）。

2. 地基探测

地基监测系统是要利用多种观测手段，在子午工程为骨干网的地基监测的基础上向经、纬向延拓，形成棋盘式（或"井"字形）的地面空间环境监测网（子午工程二期），从根本上改善我国对太阳、太阳风、磁层、电离层和中高层大气的空间环境的监测能力，形成覆盖我国主要航天和装备试验基地、重要城市和观测站点的地基监测网，具备中、小尺度分辨的监测能力，揭示我国上空空间环境的区域性特征及其与全球整体变化的关系。

1）建设空间环境地基综合监测网即子午工程二期，建设完善包括子午工程的 120°E 和 30°N 链路，同时新增 100°E、40°N 链路和低纬沿海电离层监测台站，覆盖我国大区域的地基综合监测，通过布局地磁（电）、光学、无线电等监测手段，共同组成空间环境地基综合监测网。子午工程二期已经于 2019 年开工建设。

2）国际子午圈计划能与正在实施的国际与日共存计划、日地系统气候和天气计划、国际日球物理年计划等一系列国际计划有机衔接，并使我国成为其中的核心贡献国家。该计划对于实现子午工程的科学、工程和应用目标具有倍增效应。国际子午圈计划引起国际关注，2012 年 8 月发布的美国《太阳与空间物理十年发展规划》将国际子午圈计划列为两个重要的国际合作项目之一。

第五节　保障措施

我国太阳和空间物理前瞻性科学研究、探测技术、预报服务保障、基础能力建设、人才队伍建设等各个方面都取得了快速发展，为未来几年实现跨越进入国际先进水平的战略目标打下了坚实的基础。空间物理领域近年已经有了"双星计划"和子午工程等国家重大任务，太阳物理领域承担了列入空间科学先导专项的先进天基太阳天文台、国家重大科研仪器研制项目"用于太阳磁场精确测量的中红外观测系统"、光纤阵列太阳光学望远镜等任务，说明空间物理和太阳物理近年来发展迅速，但是太阳和空间物理领域的整体水平与世界先进水平仍有相当的差距，存在的主要问题有如下。

一、完善协同创新机制

多部门齐抓分管、多头推进；计划与投入相互之间缺乏有机衔接；整体布局不够全面，还有许多关键环节尚未能及时部署；各研究单元之间合作不够密切，缺乏凝练大项目的凝聚力。由于历史原因，空间物理和空间环境监测、研究与预报，涉及中国科学院、国家国防科技工业局、中国航天科技集团有限公司、科技部、教育部、自然科学基金委、工业和信息化部、中国地震局、中国气象局、自然资源部等多个部门。至今还没有一个国家层面的发展战略和实施计划去组织、协调各部门的努力，实现天基、地基观测系统的合理配置和协调发展，以及实现数据、研究成果和预报的共享，从而更好、更快、更有效地为我国航天、通信、导航以及国家空间安全等领域的国家利益服务。

二、增加整体经费投入

我国空间物理 / 环境领域在"十一五"期间投入约为 15 亿元，仅为美国同期同类投入（不少于 26 亿美元）的 8%，且远不能满足我国空间环境自主保障能力的建设需求。而相对天文其他领域，太阳物理领域的投入相对较少，很难促成大型太阳望远镜项目和计划的立项和实施。时至今日，作为空间技术大国，我国尚没有发射过一颗太阳探测专用卫星，在空间太阳天文台的运行和管理方面基本上是空白。我国急需空间太阳望远镜的项目和计划，来填补中国空间太阳观测的空白。目前先进天基太阳天文台成功立项并开展已然有个好的开端，后期运行和维护需要的资金也必须有保障，才能充分发挥空间太阳望远镜的作用，推动中国太阳物理研究水平不断提高。

三、建设自主保障能力

天基数据绝大部分来源于西方国家，我国尚没有太阳和行星际探测卫星，地基监测数据尚不完备；我国应对空间灾害性天气的能力有限。除了"双星计划"之外，我国还没有太阳活动、行星际太阳风暴、地球电离层和中高层大气的监测卫星，至今尚无类似美国和欧洲实施的专门的空间物理和空间环境系列卫星计划。子午工程虽然迈出了我国地基空间环境监测的第一步，但还没有形成完全覆盖我国国土广大区域的地基监测网。更谈不上形成监测日地系统整体变化的天、地一体化的综合监测体系。

四、提高自主创新水平

由于缺乏稳定支持和系统部署（探测计划缺乏、有效载荷水平不高等），影响了我国太阳和空间物理领域早日跻身国际先进行列和主导地位的确立；科学研究实力，尤其是理论研究实力较低，对于解决科学前沿问题的能力不足，需要较长时间的积累和不断促进；整体创新能力与国家对空间环境保障服务的需求还有较大的差距。

本章参考文献

方成 . 2003. 太阳活动研究的现状和未来 . 云南天文台台刊，（1）：61-66.

方成 . 2006. 走进我们生活的新学科——空间天气学 . 自然杂志，28（4）：194-198.

郭建广，张效信 . 2011. 国际上的空间天气计划与活动 . 气象科技进展，01（4）：20-27.

国家自然科学基金委员会 . 2004. 中国空间天气战略计划建议 . 北京：中国科学技术出版社 .

国家自然科学基金委员会，中国科学院 . 2012. 未来 10 年中国学科发展战略·空间科学 . 北京：科学出版社 .

刘睿，陈耀，邓元勇，等 . 2019. 中国太阳物理学研究进展 . 科学通报，64（19）：2011-2024.

刘振兴 . 1998. 中国空间物理学发展的回顾和展望 . 寸丹集——庆贺刘光鼎院士工作 50 周年学术论文集 . 北京：科学出版社 .

刘振兴 . 2005. 中国空间风暴探测计划和国际与日共存计划 . 地球物理学报，48（3）：724-730.

史建魁 . 叶永烜，刘振兴 . 2015. 空间物理学进展（第五卷）. 北京：科学出版社 .

王赤 . 2008. 空间物理和空间天气探测与研究 . 中国工程科学，10（6）：41-45.

王水 . 1996. 日地系统研究的现状和趋势 . 地球物理学报，39（4）：568-575.

王水 . 2001. 空间物理学的回顾和展望 . 地球科学进展，16（5）：664-668.

魏奉思 . 1989. 国际日地能量计划是本世纪 90 年代人类科学发展史上的一件大事 . 中国科学基金，4: 13-16.

魏奉思 . 1999. 空间天气学 . 地球物理学进展，14（S1）：1-7.

魏奉思 . 2011. 关于我国空间天气保障能力发展战略的一些思考 . 气象科技进展，1（4）：53-56.

吴季 . 2008. 中国的空间探测及其科学内涵 . 中国工程科学，10（6）：23-27.

吴季 . 2016. 2016—2030 年空间科学规划研究报告 . 北京：科学出版社 .

颜毅华，谭宝林 . 2012. 太阳物理研究与发展 . 中国科学院院刊，27（1）：59-66.

中华人民共和国国务院新闻办公室 . 2016. 2016 中国的航天白皮书 . 北京：人民出版社 .

Lester M, Coates A J, Harrison R A, et al. 1993. International solar terrestrial energy programme and the UK participation. Surveys in Geophysics, 14(6): 555-583.

NASA. 2012. Solar and Space Physics: A Science for a Technological Society. https://ntrs.nasa.gov/citations/20120014461 [2022-08-05] .

第四章

行星空间环境学

第一节 战 略 地 位

　　研究行星空间环境对于合理利用空间资源，以及探索行星演化规律都是至关重要的，主要体现在以下三个方面。

一、影响星球宜居性和生命演化

　　行星空间环境是指行星磁场、大气与外部太阳风、行星风相互作用形成的空间等离子体环境。一方面，行星空间环境中的磁场能有效屏蔽外界太阳风和银河宇宙线高能粒子对行星的直接轰击；另一方面，行星大气离子又能有效地被空间环境中的磁场束缚，而不易被外部太阳风携带逃逸掉。增强的太阳风和宇宙高能粒子的轰击，会恶化行星圈层的辐射环境，并会显著增强行星空间中的电流，向行星大气中沉降大量的离子能量，为行星表面空间带来显著的电磁干扰。行星大气离子则能通过行星空间环境向宇宙中逃逸。在长时间尺度上，行星大气离子的逃逸能影响行星大气的成分、含量、化学过程及行星气候的演化。此外，行星空间环境中发生的各种复杂的离子化学过程，在某些太阳系天体上可以有效形成分子量高达上千的大有机分子离子，而它们沉降至低层大气或天体表面，可以为生命起源提供种子物质。对于行星大气圈、生物圈、星球的宜居性和生命演化，行星空间环境是起着关键作用的。

二、提供天然的等离子体实验室

复杂多样的行星空间环境提供了天然的等离子体实验室，为深入理解认知空间等离子体中多尺度或跨尺度的物质交换与能量转化基本问题创造了绝佳场所。

磁场重联作为等离子体物理学和空间物理学领域中的经典课题，是空间等离子体中普遍存在的基本物理过程，对空间中的能量转化和离子加速都起着关键的作用。在不同的行星空间环境中，其产生条件、过程和效应都和地球空间有很多不同。例如，土星和木星等行星的共转驱动力可能导致其发生区域和效率与地球有显著不同；金星和火星等行星的诱导磁层或火星和月球等行星的微型磁层中的重联过程也显著区别于地球空间。此外，水星和土星等行星空间中存在与地球上丰度不同的重离子或中性成分，它们会影响重联激发的条件和效率。因此，在如此多样化的行星空间环境中研究磁场重联问题，可以极大地拓展我们对这一等离子体基本物理过程的认知维度。

等离子体湍流和激波作为著名的非线性现象，也是行星空间环境的重要组成部分。当超声速的行星际太阳风撞击行星及其空间的介质时，会在前端产生大尺度的弓激波及其弓激波下游的鞘区强湍流。无碰撞等离子体激波和湍流的形成与耗散，事关超声速等离子体流的减速和加热能化等重要的能量转换过程。无碰撞等离子体激波要在厚度很薄（只有离子乃至亚离子尺度）的斜坡层中完成对高速来流的快速减速刹车，并实现熵密度的快速增加。空间等离子体激波的时空变化（如激波斜坡的重构和激波面的涟漪结构等）更新并丰富了人们对激波物理过程的认知。湍流的能量注入、能量串级和能量耗散代表湍流全过程的三个关键阶段。湍流串级的不均匀性会产生间歇性的拟序结构，串级的各向异性会影响湍流最终的耗散机制。湍流耗散决定了能量在不同种类粒子之间的分配过程，以及能量在平行和垂直方向是如何分配的。行星空间环境的激波和鞘区湍流是可以被多次穿越探测的，这为揭秘自然界乃至实验室等离子体激波和湍流的奥秘提供了有利条件。此外，行星空间环境包含众多等离子体波动模式，它们特性复杂，频率不一，涵盖从毫赫兹乃至兆赫兹的广泛频段。行星空间波动的激发与传播不仅与背景环境（包括太阳风、磁场和等离子体等）的变化紧密联系，而且与能量粒子组成、通量分布及其扰动特性密切相关。行星空间波动是影响行星空间环境粒子分布的关键因素，通过波粒相互作用基本物理过程，导致能量粒子的输运、加速、损失和逃逸等重要效应，从而显著影响行星空间的粒子辐射环境。行星空间环境中的波动和粒子构成了一个双向耦合系统，波动在其中发挥着能量传递媒介的重要作用。这个耦合系统包含不同时间和空间尺度的物理过程与耦合行为，而这些现象、过程、行为与机制同样存在于地球空间环境和实验室等离子体环境中。因此，开展行星空间环境中的粒子与波动及其相互作用的研究，不仅有利于深入回答太阳系行星系统中关于粒子与波动的起源、变化及异同性的核心问题，也将有助于探究并揭示自然与实验条件下等离子体空间中物质交换及能量传递的本质现象与规律，驱动有关研究领域技术发展。

　　未来的行星探索目标除了将人类和机器人送到低地球轨道之外，还要建立对月球、小行星、类地行星和巨行星系统等目的地的持续访问。这一过程包含了飞行器设计和制造、有效载荷设计和制造、飞行器设计和制造、火箭发射和飞行器的轨道设计以及深空测控和数据分析研究几部分。就目前而言，行星和太空探索已为日常生活的各个方面做出了贡献，从太阳能电池板到植入式心脏监测器，从癌症治疗到轻质材料，从水净化系统到改进的计算系统，再到全球搜索和救援系统。实现上述雄心勃勃的未来勘探目标将进一步扩大行星空间探测与经济的相关性。行星探索将继续成为开辟科学和技术新领域的重要推动力，引发其他部门与空间探测部门合作进行新科技的联合研究和开发。研究的成果可应用在地面上的材料、发电和能源储存、回收和废物管理、先进机器人、健康和医学、运输、工程、计算和软件等领域。此外，行星探索所需的创新，如与仪器设备小型化有关的创新，将推动其他空间系统和服务的改进，从而带来更优的性能、更高的可靠性和更低的成本。这些将反过来为地面的经济社会提供更好的服务，并在机构和商业空间活动中获得更好的投资回报。此外，行星探索产生的兴奋吸引了年轻人从事科学、技术、工程和数学的职业，这有助于重塑全球的科技创新能力。

第二节 发 展 规 律

　　行星空间环境学注重星球的空间环境，是对行星的空间环境进行探索和认知的学科。人类对行星空间环境学的观测记录最早也可追溯到数千年前的裸眼观测时代。长沙马王堆三号汉墓帛书中包含画着各种形态的彗星图29幅，这些彗星的彗尾有宽有窄、有长有短、有直有弯，条数也不等。彗星的尾巴就是一类典型的空间环境辐射。这些古彗星图表明中国古人早在2000多年前就开始关注彗星的空间环境。此外，中国数千年古籍关于极光的记录也很丰富，譬如《天问》一书中就将极光描绘成在天空燃烧的蜡烛状的龙。

　　在伽利略改进天文望远镜之后，人类对行星空间环境的观测有了本质的提升。尤其是在光谱探测出现之后，可以直接利用地面望远镜观测来认识行星大气。随着科技的发展，火箭和卫星的产生让我们能够从遥感探测手段扩展到原位探测，甚至采样分析。至此，对行星空间环境的探测由全局认知进入局部分析，其带来的认知突破也是巨大的。以我们对月球的观测为例，人类在裸眼观测时代，将月球描述成"银盘"，想象上面有月宫。而伽利略用望远镜观测之后告诉我们上面有很多的陨石坑，说明月球没有活跃的地质过程。阿波罗登月计划和我国的"嫦娥五号"采样返回任务可以揭示月球上土壤和岩石形成的年代以及月球可能的形成历史。

　　现代空间环境的研究，已经大量依赖卫星探测，并且在部分行星（譬如火星）已经实现了多星联测，帮助我们将局部探测和全局演化结合起来分析。我们对行星空间环境的探测对象则是由近及远的探测规律：从月球到火星，再到外太阳系行星，甚至太阳系边界。这一探测特征主要是由工程发展由易到难的规律所决定的。此外，环绕地球轨道以及地面的诸多望远镜也进入常规监测行星空间环境的状态，并且有效地配合前往行星探测的太空飞船进行联合探测，是认识和理解行星空间环境的重要手段。当前，人类探测器已经遍历了太阳系的所有行星和数百个天体，并对其中的部分天体（行星、彗星、小行星等）进行了系统的探测。当前国际学界正在酝酿针对太阳系最远的两颗行星天王星和海王星发起的探测任务，预计10～20年后能够对冰巨星进行系统研究。下面对太阳系不同天体空间环境的探测与研究发展规律进行逐一阐述。

一、月球

　　月球（图4-1）是人类飞行器探测的第一个地外天体，也是迄今探测次数最多的地外天体。随着深空探测的发展，月球将有望成为人类走向太空的一个重要基地，对月球的开发利用将持续开展。人类对月球空间环境的认知有重要的两个阶段。

图 4-1　月球

　　第一阶段是通过飞船飞掠月球发现月球没有全球性的内禀磁场，也几乎没有大气。第二阶段是绕月飞船发现月球存在较强的剩余磁场或岩石磁场。这些磁场和太阳风相互作用会形成非常丰富的结构和现象。

　　目前，人类对月球的整体空间环境已经有了比较深入的了解，建立了非常成熟的理论和模型。但是，月球上不同地区的局部空间环境可能显著不同。

未来，月球空间环境研究的发展方向将是天地一体，组网观测，服务导向。

1）随着越来越多的国家参与月球工作站的布局和建造，对月球空间环境的天地一体观测将成为核心的研究方向和空间环境保障。从月球空间环境角度看，磁异常区显得非常独特，较强的磁场能有效屏蔽太阳风等离子体，甚至屏蔽部分高能粒子；晨昏线附近的月尘密度可能更多，或将给航天员和仪器带来更严重的损伤。月表的原位观测结合绕月飞船观测将能大大推动月球空间环境研究的发展。

2）由于月球几乎没有大气，月球轨道的卫星寿命通常可以很长，并且卫星的研制和发射成本正在逐步下降，可期待未来月球探测卫星的数量会越来越多。这些卫星在轨道上组成一张探测网络，同时月球表面多个观测台站亦可组成地面观测网络，从而使我们对月球整体以及各局部的空间环境实时全面掌握。

3）随着人类社会技术和经济等的进步，月球探测活动甚至经济活动会越来越多，将催生月球空间环境保障和空间天气预报的要求。未来人类将日常发布月球空间天气预报，内容将包括高能粒子通量、月尘的浓度，以及太阳风强度等。

总而言之，越来越多的月球探测和经济活动势必将月球空间环境研究带入良性循环发展轨道，对月球空间环境的全面了解和掌握为提供月球空间环境/天气预报奠定坚实的基础，而月球空间环境/天气预报需求反过来也会促进我们对月球空间环境了解和认识。

二、类地行星

与地球空间环境探测不同，由于其他行星表面难以实施地基观测，人们主要依赖飞船的原位探测来认识类地行星的空间环境。当前类地行星空间环境的研究体现出了如下发展趋势。

首先，行星探测方式和探测仪器类型逐渐多元。从早期对行星探测的飞掠，到环绕行星的长期探测；从飞船等离子体、磁场等原位探测到通过雷达实现对行星电离层的遥感探测；从飞船搭载科学载荷的绕轨道探测，到释放着陆器在着陆过程中开展高度剖面探测，乃至在火星表面安放探测器或探测车，图 4-2 展示了中国"祝融号"在火星表面的景象；不少未来金星探测计划里，还将释放浮空器在金星大气中作悬空探测。此外，利用地面望远镜，可实现对行星全球尺度的光学监测，并在某些特殊条件下（如水星凌日或金星凌日）实现对行星大气密度或成分的诊断。

图 4-2　"祝融号"（左）与着陆器（右）合影

资料来源：天问一号探测器着陆火星首批科学影像图揭幕 .

https://www.sastind.gov.cn/n112/n117/c6812211/content.html [2023-04-05]

此外，行星飞船绕轨道探测将逐步由单点向多点探测过渡。飞船的单点探测不能区分行星空间探测物理量的时空变化，这极大限制了人们对行星空间环境中真实物理过程的认识。类似于地球空间的多点探测计划，当前欧洲航天局与日本宇航探索局共同实施了两颗探测飞船的贝比科隆博水星探测计划来探测水星空间环境。2024 年美国国家航空航天局还将实施逃逸和等离子加速与动力学探索者的双卫星火星探测任务。而且，随着各国探测飞船的日趋增多，多点飞船联合探测的机会将越来越多，将为理解行星空间环境带来革命性的突破。

对高性能科学载荷仪器的研发需求越来越高。例如，开展水星探测时，需要考虑安装绝热罩来防护太阳高温对仪器的伤害。考虑到水星日夜温差较大，探测仪器的性能和指标也应能满足较大的温差需求。再如，未来金星表面探测时，着陆器和探测仪器都需要考虑这些恶劣环境。火星每年南半球夏天都会有强烈的全球沙尘暴,这会对巡视车和着陆器的安全运行造成极大威胁。迥异的类地行星环境对探测仪器的工程指标和探测性能提出了复杂的需求。

类地行星空间环境研究与多圈层耦合、多行星比较的系统科学更加紧密结合。这表现为类地行星空间环境研究不再简单地局限于研究空间环境中的具体磁层动力学活动现象或空间天气事件,而是通过与其他圈层环境的耦合,以及多行星比较,来理解行星宜居环境的形成和演化。例如,水星磁层电流能影响到内部发电机的演化;再如,金星的空间粒子逃逸极有可能与金星当前失控温室效应的形成紧密相关,火星离子逃逸也与当前火星干冷的气候环境相关。此外,火星的全球沙尘暴也能影响火星磁层离子逃逸。通过地球与金星/火星空间环境的比较,也能有助于我们理解地磁场对于地球宜居环境形成和演化所起的作用。

三、巨行星

巨行星处在距离太阳较远的外太阳系,所以对其空间环境的探测相比类地行星难度更大,需要耗费更多的时间和资源。例如,土星的光环和木星的卫星是伽利略发明望远镜以后对这两颗气态巨行星建立的新认知。人类对巨行星的认知始于裸眼观测,木星和土星在东西方文化中都是重点观测的对象,因此这两颗星也是人类文明重要的元素和符号。巨行星特别是木星的演化对整个太阳系的演化历史非常关键。

除了更大的体积和质量,巨行星相对于类地行星还有更强的磁场。例如,木星(图4-3)的磁矩是地球的约2万倍。巨大的磁矩也让巨行星拥有比地球大很多的巨型磁层空间,如木星磁层可以延伸数个天文单位到土星轨道之外。随着与太阳距离的增加,太阳风对巨行星磁层的影响逐渐减弱,巨行星磁层的动力学过程更多由内部旋转驱动。巨行星通常拥有多颗卫星,并且卫星的大小、轨道和物理特性都丰富多样,因而产生了复杂的巨行星空间环境。伽利略号对木星的探测以及"卡西尼号"土星探测器对土星的探测分别确认了行星与卫星的相互作用及其引起的卫星地质活动对巨行星磁层的影响。虽然尺寸巨大,但巨行星具有比地球快的自转,离心力驱动的交换不稳定性使巨行星磁层表现出与地球不同的能量物质循环。冰态巨行星的自转轴与磁轴之间有很大的夹角，使整个磁层随着行星自转持续地翻转。由于原位探测数据非常有限，对巨行星磁层的研究需要遥感和数值模拟的辅助。地基或天基光学遥感和无线电遥感可以帮助我们捕捉巨行星磁层物质/能量输运过程的全貌，将空间等离子体动态变化的时间和空间信息进行分离，进而促进对行星空间全局耦合特性的研究。数值模拟对卫星原位探测以及对巨行星等离子体环和极光的光学遥感提供重要的参照和理论解释。

图 4-3　韦布太空望远镜拍摄的木星影像

资料来源：Alise Fisher. Webb's Jupiter Images Showcase Auroras, Hazes.

https://blogs.nasa.gov/webb/2022/08/22/webbs-jupiter-images-showcase-auroras-hazes/[2023-04-05]

等离子体在巨行星的磁层空间中受到强大的电磁力而产生复杂物理过程，持续产生空间能量物质扰动。巨行星的卫星和环则既可以作为等离子体的内部源，也可以通过吸收带电粒子，导致带电粒子的损失。木星拥有太阳系内最强的辐射带，其高能电子产生的同步辐射最早是由地基射电天文观测发现。伽利略号木星探测器对木星系统的观测揭示了木星系统的高能粒子特征，包括与地球类似的粒子注入事件。超强的木星辐射带高能离子对飞船仪器的危害限制了探测器的轨道，如"朱诺号"木星探测器选择高倾角轨道避开木星辐射带最强的区域。土星（图 4-4）辐射带的存在就被"旅行者 1 号""旅行者 2 号""先驱者 11 号"飞掠土星时的观测证实。随后，基于"卡西尼号"土星探测器长达 13 年的原位观测，人们对土星辐射带的认识得以全面深化。

对于巨行星系统的探测，随着卫星探测揭示行星的基本过程的丰富，探

图 4-4　哈勃空间望远镜拍摄的土星图像

资料来源：Hubble Captures the Start of a New Spoke Season at Saturn. https://www.nasa.gov/feature/
goddard/2023/hubble-captures-the-start-of-a-new-spoke-season-at-saturn[2023-04-05]

测方向也逐渐转向它们的天然卫星系统。哈勃空间望远镜的观测和伽利略号的原位观测显示表面可能存在喷泉结构，这表明木卫二存在内部海洋。"卡西尼号"土星探测器发现了土卫二南极有一个高达数百千米的喷泉，这也表明土卫二存在海洋和冰火山活动。另外，"卡西尼号"土星探测器和"惠更斯号"探测器发现土卫六表面也存在干涸的河床结构和碳氢化合物的湖泊。这些巨行星卫星独特的环境很可能会孕育太阳系内的地外生命，也是行星宜居性研究的主要目标。目前，美欧下一步的巨行星探测任务将聚焦巨行星的卫星系统，针对这些特殊环境的宜居性开展研究。计划实施中的任务包括欧洲航天局的木星冰卫星探测器、美国国家航空航天局的欧罗巴快船、"蜻蜓"土卫六探测器、土卫二内部下潜式探测器。

巨行星探测的目标往往伴随人类探测器的技术的极限突破，距离地球最远的两颗行星（冰巨星）天王星、海王星直到最近 200 年才被天文学家发现。目前，仅有"旅行者 1 号""旅行者 2 号"对这两颗行星进行过飞掠探测。针对天王星和海王星的环绕探测还处在酝酿阶段，其技术难度和距离将要求国际甚至几代科技工作者之间的密切合作才能实现。

四、小天体

太阳系小天体包括大部分小行星、大部分海王星轨道以外的天体、

行星际尘埃和所有彗星（Shoemaker，1983）。图 4-5 展示了伦纳德彗星
（C/2021 A1 Leonard）的图像。小天体被认为在长期的太阳系演化中极大限度
地保留了在原始太阳系星云中的形态，包含了行星和生命形成的剩余物质。太
阳系小天体的空间分布较广并且经历了各不相同的演化过程。一部分小天体记
录了早期太阳系星盘中的热变质、熔融和分化过程。一部分小天体可能包含了
原始行星碰撞后的残骸，它们记录了行星形成和演化的过程。因此，小天体研
究对于了解从原始太阳系星云到目前太阳系的演化过程是至关重要的。

图 4-5　伦纳德彗星图像

资料来源：伦纳德彗星 . https://www.nasachina.cn/apod/17626.html[2023-04-05]

　　成本较低的研究依赖于地面和空间的光学观测。这些观测可确定小天体
的挥发物状况和小天体的轨道参数，通过轨道模拟确定小天体的来源。随着
火箭和航天测控技术的发展，人们能够原位探测的小天体越来越远。近地小
天体的来源被认为来源于小行星带，它们的轨道发生散射到达地球轨道附近。
对于这些天体，我们可以使用较短时间周期、较少的经费进行原位探测。对
于小行星带内的天体，我们也可以发射探测器直接进行原位探测并采样返回
地球。目前的采样返回任务相对较少，主要有美国国家航空航天局的“星尘
号”太空探测飞行器和“源光谱释义资源安全风化层辨认探测器”等。火星
附近小天体和火星特洛伊小天体也可以由探测器直接到达。更远的小天体，

如木星族彗星和近日点在 1 AU 以内的彗星被认为分别来自柯伊伯带和奥托星云。世界上的主要航天部门（美国国家航空航天局、欧洲航天局）均有成功到达并探测的历史。

对小天体的探测从早期的光学观测逐渐发展为对小天体表面和内部成分，以及小天体与行星际等离子体环境相互作用过程的研究。因此，目前的小天体研究是包含天文学、空间物理学、地质学和生命科学的交叉学科。对于特定的小天体进行探测能帮助我们拼凑出太阳系演化的整体图像。然而，即使分布在太阳系中相近区域的小天体，它们的性质和组成成分也可能有很大的不同。未来的小天体原位探测任务目标的选择将是可探测性和探测对象代表性之间权衡的结果。

五、行星际

行星际空间环境是指太阳系内围绕着太阳和各个行星的行星际介质构成的广阔空间的整体和局部的物理状态。行星际空间环境主要受到来自太阳的连续电磁辐射、太阳风等离子体流、行星际磁场以及太阳爆发活动如耀斑、日冕物质抛射和太阳高能质子事件等的影响，也受到来自太阳系外的银河宇宙线等的影响。行星际环境研究的发展规律主要取决于三个方面：行星际观测能力的发展、行星际物理理论的发展，以及行星际环境建模的发展。行星际环境的观测、理论和建模研究是相互促进、相互影响的，我们需要不断推进这三个方面的研究从而更有效地促进行星际环境科学的发展。

随着空间探测技术的提高和设备的增加，可观测的空间范围越来越大，数据的时空分辨率也越来越高。例如，行星际环境的研究范围从地球附近延伸到金星、火星附近再延伸到巨行星附近，从黄道面向内延伸到日球层中高纬度等。不同时空分辨率的观测数据可用于研究不同时空尺度的现象，因此行星际环境的研究对象也随之不断地丰富。例如，太阳风的研究从大尺度的共转相互作用区到小尺度的太阳风湍流和磁洞结构，行星际扰动的研究从大尺度的行星际日冕物质抛射到小尺度的磁云边界层。

行星际物理理论随着空间探测能力的提高和观测数据的积累而不断深化。从预言行星际存在超声速太阳风，到发现太阳风高低速流和共转相互作用区，再到发现日冕物质抛射引起剧烈的行星际扰动，行星际物理的发展不断促进我们对行星际环境的认识。行星际物理过程的研究从简单到复杂，从研究单一对象的演化发展到研究多个对象的相互作用和相互耦合。行星际物理规律的发现也从单个或少量事件的观测分析发展到多个或大量事件的统计分析，结论也变得越来越可靠。

　　行星际环境建模与行星际观测能力及相关物理理论的发展均密切相关。日益丰富的观测数据一方面可以提供更多真实数据来驱动模型，另一方面可以用来对模型进行不断的验证和优化。行星际环境的建模是一个物理、数学和计算技术等多学科交叉的研究方向，因此其发展还包括更多物理约束带来模型可靠性的进步，数值格式的创新带来模拟精度的提高，先进计算技术的引进带来模型计算效率的提升等方面。随着行星际环境模型向着更真实、更全面、更高效的方向发展，它还可以反过来用于拓展行星际物理的模拟研究，以及提高行星际环境的预报能力，从而保障空间观测设备的安全运行。

第三节　发展现状

一、月球探测

　　月球是人类利用飞行器探测最多的天体，也是唯一一个人类登陆过的天体。全球多个国家成功实现了自己的探月梦想，获得了丰富的成果。其中最令人津津乐道的是美国国家航空航天局的阿波罗登月计划实现了"人类的一大步"。我国的"嫦娥"工程也取得了重要成就，尤其是"嫦娥四号"，它实现了人类首次在月球背面着陆，意义重大，影响深远。

　　通过大量的绕月飞船观测，我们对月球空间环境已经有了相当的认识。月球向阳面因阳光的照射发生光电效应而带正电，背阳面因单位时间内接收到的电子更多而带负电（戎昭金等，2019；惠鹤九和秦礼萍，2019）。月壤中的微小颗粒因月表的静电排斥悬浮起来，形成月尘。然而，月尘的溅射现象主要是由微流星撞击月壤引起的。月球的等离子体环境因其所在的背景环境不同而不同，位于地球磁层时相对比较宁静。位于太阳风中时，会和太阳风发生相互作用。大多数太阳风粒子会被无剩余磁场的月表吸收，很少部分会被月表反射并被太阳风重新拾起，导致月球背阳面形成一个等离子体稀薄、导电率极低的月球尾迹结构。太阳风与月球剩余磁场的相互作用可能会形成局部的"微小磁层"，包括激波、鞘区等典型的磁层结构。微小磁层能阻止太阳风粒子的进入，降低其中月壤的风化程度，形成非常独特的漩涡亮斑结构。微小磁层也能增加太阳风粒子的反射率，使得上空的太阳风磁场因质量装载效应增强。当剩余磁场位于日下点时，剩余磁场被太阳风压到很低的高度，很难直接被观测到。当剩余磁场在晨昏线附近时，存在明显的磁场压缩现象，被称为临边压缩。但是尚未发现典型的激波结构。

随着国内外对月球探测的重视，如我国"嫦娥"工程的持续推进，以及美国提出重返月球以及私人航天企业拟建立月球村等计划，月球空间环境研究又重新回到了大众的视野。尤其是对月尘、微小磁层和高能粒子的研究，吸引了大量的科学关注。微小磁层能提供相对安全的空间环境，有利于月球基地选址，月尘对探月人员和设备来说存在潜在的巨大危害，而高能粒子更会对月球表面的探测设备和人员产生直接损伤。

近些年来，我国学者在月球空间环境领域取得了显著的进步，培养了一支优秀的研究队伍。在月尘研究方面，提出了月尘的密度要比阿波罗时期估计的低两个数量级，建立了由反射光谱获得月尘分布的模型以及局部电场导致月尘输运的模型。在空间等离子体环境研究方面，利用观测数据重构了月球尾迹的三维结构，研究了月球尾迹与地球弓激波和太阳风小尺度等离子体结构的相互作用，发现磁异常区反射粒子能增强其上空的磁场以及在月球夜侧形成等离子体云，还提出了亚声速等离子体中产生月球尾迹的理论。此外，系统性地研究了月球高能粒子环境，发现除了太阳高能粒子和银河宇宙射线之外，来自地球弓激波的高能粒子也能频繁到达月球轨道，并开创性地发现月球正面和背面的高能粒子环境显著不同。依托"嫦娥"工程，我国学者将会在月球空间环境研究领域做出更多更重要的贡献。

二、类地行星探测

类地行星的空间探测对研究行星宜居性、地质结构和内部演化有着至关重要的作用。类地行星中除了地球，只有水星有偶极磁场。对水星空间环境的探测是通过比较行星学研究地球和水星磁层物理过程所必不可少的。金星和火星没有像地球一样的偶极磁场，也没有地球那样巨大的偶极磁层。有研究表明，金星和火星的水丢失可能与它们没有偶极磁层的保护有关。探测金星和火星空间环境对研究行星水丢失、宜居性和内部演化有着重要意义。目前，一批已发射的人造卫星对类地行星空间环境进行了大量的探测。这些卫星提供了大量的空间环境观测数据，覆盖各类等离子体和电磁场的关键参数。这为研究行星空间环境对行星水环境、高能粒子辐射等宜居性条件、太阳风与行星相互作用等提供了研究基础。

（一）水星

类地行星中只有水星具有和地球一样的偶极磁场，水星空间环境探测对理解地球空间、认知电离层和磁层尺度对空间环境的影响、了解行星磁场的产生原理等都具有重要意义。相比其他行星，水星的探测难度较大。由于太靠近太阳，卫星较难实现轨道绕飞。20 世纪 70 年代，"水手 10 号"探测器两次近距离飞掠水星，首次探测了水星空间环境，发现水星没有大气层，但有弱内禀偶极磁场。美国"信使号"是首次也是迄今唯一实现轨道绕飞的水星探测器，其于 2011~2015 年探测了水星的地表、内核、外逸层、磁场和空间环境，并研究了太阳风与水星的相互作用、水星起源和演化等问题，同时也遗留了很多未解决的问题。欧洲和日本的联合双星计划——"贝比科隆博号"水星探测器于 2018 年发射，预计 2025 年实现绕水星轨观测。其水星行星轨道器主要探测水星表面和内部结构，水星磁层轨道器主要探测水星磁场及其与太阳风的相互作用，它们将为研究水星内部和表层耦合、空间多圈层耦合提供高质量、多仪器和多卫星的联合探测。

（二）金星

金星是人类最早进行探测的行星（1962 年美国"水手 2 号"探测器），也是迄今被探测次数较多的行星。1967 年，苏联的"金星 4 号"探测器首次进入金星大气。同年，美国"水手 5 号"探测器飞掠金星。它们都发现金星没有地球那样的明显偶极磁场。1969 年，苏联的"金星 5 号"和"金星 6 号"探测器探测了金星大气剖面。1970 年和 1972 年，苏联的"金星 7 号"和"金星 8 号"探测器分别成功着陆金星表面，探测了金星的表面土壤、光照和云层，发现了金星表面的高温高压环境。1975 年，苏联的"金星 9 号"和"金星 10 号"探测器轨道绕飞金星，探测了太阳风与金星的相互作用，并基于此构建了金星空间磁场和等离子体大尺度结构。苏联后续的金星探测任务中，"金星 11 号"～"金星 16 号"为着陆器，"织女星 1 号"和"织女星 2 号"为气球探测器，主要探测了金星大气和地质结构。1978～1992 年，美国"先驱者 - 金星 1 号"探测器对金星空间环境开展了大量的细致探测，确定了金星的大气和电离层结构，研究了金星空间大尺度磁场结构和"小尺度磁通量绳"等现象。1989～1994 年，美国"麦哲伦号"金星探测器绘制了金星地形图。2006～2015 年，欧洲的"金星快车"探测了太阳风与金星的相互作用、金星的大气环流和温室效应等，研究了金星大气逃逸和金星磁场环境。2015年，日本"拂晓号"金星探测器入轨绕飞金星，开始探测金星大气和云层。与早期金星热闹的探测历史不同，现今金星上的探测异常冷清。除"拂晓号"金星探测器外，金星上没有其他探测卫星，也没有立项的未来探测计划，这与金星恶劣的着陆环境有关。

（三）火星

火星是除地球外探测最多的行星之一，从 1961 年至今已有 45 次探测活动，其中 22 次成功和部分成功，8 次成功登陆火星。1965 年，美国"水手 4号"探测器首次飞掠火星，探测了火星地貌。苏联在 1960～1973 年发射了系列火星计划。在遭遇多次失败后的 1971 年，苏联"火星 2 号"探测器首次登陆火星（硬着陆），之后几天"火星 3 号"探测器首次成功登陆火星（软着陆）。"火星 2 号""火星 3 号""火星 5 号"探测器和 1988 年苏联最后一颗火星探测卫星"弗波斯 2 号"，对火星磁场和空间进行了探测，发现了火星没有明显的偶极磁场，并研究了火星弓激波、等离子体片和感应磁层等空间大尺度结构。1975 年，美国"海盗 1 号"探测器探测了火星电离层和大气的物质成分等。

20 世纪 90 年代美国开展了新一波火星探测计划。1996～2006 年，美国"火星全球勘探者号"绘制了火星岩石剩磁分布图和地形图。2001 年至今，美国火星"奥德赛号"探测了火星水和火山活动迹象，发现了大量地下水冰。2003 年，欧洲发射了其首个行星探测计划卫星——"火星快车"，其主要用于探测火星矿物分布、地下水、大气循环和电离层结构，以及火星空间等离子体分布和逃逸等。2013 年至今，美国火星大气和挥发性演化探测器以研究火星空间对火星大气逃逸和水丢失的影响为科学目标，探测了太阳风与火星高层大气和电离层的相互作用（Ma，2015）。

2013 年，印度发射其首个行星计划火星轨道探测器，主要探测火星大气和地表特征，并将于未来发射其第二次火星探测计划。欧洲和俄罗斯的联合计划——火星太空生物计划，该计划以寻找火星生命迹象为科学目标。2016 年发射的火星太空生物计划第一部分火星微量气体轨道器探测了甲烷等微量气体，研究了火星水汽的分布。原本预计 2022 年还将发射第二部分火星车，但由于资金等多方因素影响，探测器的发射遥遥无期。阿联酋 2020 年 7 月也发射探测火星大气和环境的希望号火星探测器。中国"天问一号"火星探测器探测火星的空间、大气和地表环境。火星现有多颗用于研究火星大气和空间环境的环绕探测器。未来，欧洲和俄罗斯还会继续开展着陆火星的探测计划，美国还计划开展火星采样返回计划。由此看来，现在和未来火星上的空间探测器、地表着陆器和火星巡航车都较多。

随着对类地行星的研究不断深入和探测水平的不断提高，国际上对类地行星的空间探测越来越展现出几个方面的特征。

1）几乎每一个类地行星空间探测计划都有明确具体的科学问题和科学目标，而不再是探测初期的普遍巡查和发现。探测卫星的轨道、载荷和着陆器等的设计，都以实现探测计划的科学目标为导向。

2）类地行星空间探测计划越来越多地采用多点卫星联合探测的方式，而不是无法区分时空变化的传统单点卫星探测。

中国对类地行星的探测仍在起步阶段。中国行星探测任务被命名为"天问系列"，首次火星探测任务被命名为"天问一号"。"天问一号"由一个轨道飞行器和一辆火星车构成，一次性实现绕落巡三大任务。"天问一号"将对火星空间、大气和地表开展全球性和综合性的探测。我国学者已利用国际卫星观测数据和自主开发的数值模式，开展了大量火星、金星和水星空间环境方面的研究工作，取得了一些重要的研究成果，对类地行星空间环境的研究和人才培养也已取得了阶段性成果。

三、巨行星及其卫星探测

不同于类地行星往往没有或者只有很少的天然卫星，巨行星通常拥有多颗卫星，并且卫星的大小、轨道和物理特性都丰富多样。巨行星的空间环境主要包括磁场所控制的最大区域磁层空间、靠近行星表面附近的电离层空间和中高层大气以及其卫星系统。这些空间圈层相互耦合，形成了复杂多变的能量和物质传递与交换耦合系统，其中绚丽的极光就是这些耦合作用的一个结果。巨行星的卫星们通常被包裹在其磁层空间内，距离行星较远的卫星则可能在部分时间进入太阳风控制的行星际空间，直接受到太阳风的轰击。

人类飞行器已经多次造访过太阳系的四大巨行星及其主要的天然卫星。例如，美国的"旅行者2号"就一次性拜访了全部四颗巨行星及多颗卫星。与"旅行者2号"类似的"飞掠"造访巨行星系统的还有"先驱者10号""先驱者11号"飞船以及"旅行者1号"。这些"飞掠"造访为我们提供了关于巨行星系统的第一手资料，为后续部署针对巨行星系统科学目标的探测计划提供了关键的参考。随后的"卡西尼-惠更斯号"土星探测器、"伽利略号"木星探测飞船以及"朱诺号"木星探测器都是基于这些"飞掠"探测结果而部署的针对土星或者木星单一系统的详细探测计划。迄今为止，人类还从未实施过针对天王星和海王星这两颗冰巨星系统的探测计划，不过欧美国家目前正在积极研讨和布局这类探测项目。另外，在成功地实施了针对土星和木星系统的飞船探测项目之后，人类对于这两个行星系统的认知获得了进一步突破。例如，确认了多颗卫星存在液态水，可能存在宜居环境甚至地外生命等。因此，探测的科学问题进一步被聚焦在土星和木星的卫星系统上。在欧洲航天局和美国国家航空航天局未来十年的行星探测计划中，有三次探测任务被安排针对土星和木星的卫星系统。土卫二的南极喷泉是"卡西尼-惠更斯号"土星探测器计划最重大的发现之一。"卡西尼-惠更斯号"土星探测器在喷泉物质中发现了有机化合物，这让土卫二冰层下面的全球海洋成为极有可能存在生命的地方，未来可能的水下探测正在积极讨论中。

除了飞船"飞掠"探测和针对某个行星系统的系统探测，地球轨道的遥感探测是另一类极为关键的探测方式。自伽利略 1610 年用天文望远镜发现木星的前四颗天然卫星以来，遥感技术就一直是行星研究的核心手段之一。并且随着技术的成熟，行星遥感能够提供的信息越来越丰富多样，揭示出诸多重要的空间环境特征。比较而言，卫星原位探测器的建造周期长，太空飞行时间长，而且造价高。地球轨道或者地面望远镜遥感观测则可以较好地规避这些约束，并提供不同类型的观测信息，与原位探测器相互配合可以完成行星探测的全方位、立体式布局。地球轨道的哈勃空间望远镜为土星和木星的极光起源问题提供了关键的观测证据，其结果揭示了巨行星磁层－电离层－大气层耦合的多时空尺度过程。而同为地球轨道的钱德拉 X 射线天文台和牛顿多镜片 X 射线空间望远镜，通过对巨行星的 X- 射线遥感观测，揭示出空间中的超高能量粒子过程及其天然卫星的表面成分等关键信息。此外，地面望远镜台站也对解释木卫一火山喷发物质在木星空间环境中如何演化的问题起到了关键作用。地面红外观测望远镜还被用于揭示巨行星的大气动力学过程，为研究大气和空间圈层的耦合提供了关键支持。国外多年来通过地面天线阵列对巨行星磁层射频辐射进行了观测，对巨行星辐射带高能粒子的分布以及巨行星－卫星耦合过程进行了研究。

国内在巨行星研究领域仍然处于起步阶段。近几年，我国学者巨行星空间研究在磁层粒子动力学、极光物理、辐射带物理和空间波粒相互作用等方向都利用国际卫星探测数据与自主数值模拟方法与手段取得了一些重要的研究进展，在团队培养上也取得了阶段性的成果。与此同时，我国的科研人员也开始筹划巨行星的观测任务。目前正在积极部署地面望远镜观测设备，同时木星的探测卫星也在进行论证中。

关于巨行星系统的研究，目前的一个焦点问题依然是其天然卫星系统的宜居环境和寻找潜在的生命。在未来十年的时间内，国际上将实施土卫六登陆器、木卫二和木卫三探测器。其中土卫六和木卫二的探测都与宜居环境的研究密切相关，其液态海洋是探测的亮点目标。我国目前在部署的行星望远镜观测平台也是瞄准卫星与行星空间环境的耦合过程（Hartogh et al.，2011）。

四、小天体探测

过去，发现小天体主要依靠地面光学望远镜。现在，突破地面光污染和地球大气层干扰的太空望远镜贡献日益显著。目前，已发现的小行星超过95万个而彗星超过3600个。它们多为直径在100米以上的近地小天体。而据估计，直径100米以下近地天体的发现率不足1%。考虑到导致俄罗斯1147人受伤[①]的车里雅宾斯克陨石直径只有约20米，在地球安全防御层面上，小天体巡天任务还远未达标。

对于已知的小天体，地面射电观测能确定它们的轨道参数、光度并以此推测它们的大小、形状、表面粗糙度和化学成分。知名的射电望远镜有位于美国的阿雷西博射电望远镜、戈尔德斯敦射电望远镜、麦克斯韦亚毫米波望远镜，位于西班牙的毫米波射电望远镜，位于智利的毫米波/亚毫米波阵列以及中国的"天眼"等。然而由于小天体能被观测到的时间相对短暂，且往往亮度过低，目前每年能通过地面观测定性的小天体约400个，远小于已知小天体的数目。

要得到进一步的信息，如小天体的质量、孔隙率、强度、内部结构、碰撞历史、空间风化历史以及小天体活跃性的物质释放等，就需要对特定的小天体进行飞越、绕飞和采样返回等就地探测。目前成功完成该项任务的飞船有美国的"会合－舒梅克号"探测器、"深度撞击号"彗星探测器、源光谱释义资源安全风化层辨认探测器等，日本的"隼鸟"小行星探测器、"隼鸟2号"小行星探测器、欧洲航天局的"罗塞塔号"彗星探测器和我国的"嫦娥二号"等。它们获得的巨大成果充分显示出就地探测的重要性。

近几年国内外在小天体研究方面取得了长足进步。但是由于小天体数目庞大，受限于目前的观测手段，我们对小天体的化学成分、物理性质和动力学演化过程仍缺乏足够了解。而这些信息能够为我们探索太阳系的形成和演化历史及地球上水和生命的起源等科学问题提供关键线索。其中小天体轨道参数的精确测定和准确预报，也直接关系到地球的安全防御。

要验证地球上水起源于彗星撞击的假说，关键是要寻找与地球上水具有

---

① 俄卫生部：陨石事件致1147人受伤含259名儿童. http://news.cntv.cn/2013/02/16/ARTI1361003386686286.shtml[2023-07-06].

相同同位素元素比的彗星。木星族彗星"哈特雷二号"彗星的观测数据显示出与地球上水非常接近的 D/H 比（氢的同位素元素比，D 代表相对原子质量为 2 的同位素氘，H 代表相对原子质量为 1 的同位素氕）。67P 彗星曾经作为热门的候选彗星类别，但是经过"罗塞塔号"彗星探测器的绕飞和落地探测，发现其 D/H 比要高于地球的 D/H 比，所以需要探测寻找其他可能的彗星。133P 彗星作为早期发现的主带彗星，成为国际学术界拟定空间探测计划的主要的小天体对象之一，也是我国未来小天体探测任务的主要探测对象之一。针对 133P 彗星及其空间环境探测的研究，将有助于认识彗星和小行星之间的转变过程，也有助于进一步遴选出与地球水同位素相近的小天体。

五、行星际探测

行星际空间为所有行星以及人造深空探测器飞行提供了背景环境，因此需要通过理论、观测和模拟手段探索行星际空间环境及其影响因素的时空演化规律，发展能够预测行星和探测器所处行星际空间环境的模型，为研究行星的磁层、电离层和大气的演化过程以及合理地制定行星探测计划和载荷设计提供可靠的环境信息（Bougher et al.，2008）。

行星际空间环境是人类航天器迈出地球空间环境的下一个征途，也是人类探测行星空间环境的必然通道。由于行星引力对航天器有助推的效果，所以无论是飞出日球层外的"旅行者 1 号""旅行者 2 号"（Richardson et al.，2008），还是飞向太阳大气的"帕克"太阳探测器，都把行星际空间环境与行星空间环境的探测这两者有机地结合在一起："旅行者 1 号"飞船先后飞越木星和土星，"旅行者 2 号"飞船先后飞越木星、土星、天王星和海王星，"帕克"太阳探测器也将先后 7 次飞越金星（Fox et al.，2016）。虽然这些行星的飞越探测是遵循已经设计好的轨道，是可以预期的，但是有些行星空间是人类探测器的首次到访，这些飞越探测仍然给人们带来了很多新的认识。另外，与新发现的太阳系小天体（如小行星或者彗星）在预期之外的交会穿越，也是行星际空间环境探测任务的意外收获。例如，"尤利西斯号"太阳探测器三次穿越彗星，而较近的意外收获事件则是 2020 年 6 月初太阳轨道飞行器穿越阿特拉斯彗星，探测器捕捉到了该彗星的许多信息。

太阳爆发活动及其在行星际空间造成的扰动，是宜居带行星空间环境的关键外部参数，由此导致的行星空间环境扰动将进一步影响行星的宜居性。利用日球层成像仪的观测数据，人们发展了多种方法，用以获取日冕物质抛射等太阳爆发活动在行星际空间传输的图像（Shen et al.，2017）。结合多个探测卫星对行星附近空间等离子体、磁场的原位探测，人们对太阳爆发活动的动力学、等离子体和磁场特性等参数等有了初步了解。据此建立的响应模型，为研究太阳风状态对行星宜居性的影响提供了关键的外部参数。同时，这些探测任务积累的火星附近太阳风及高能带电粒子的大量原位观测资料，可用于验证和改进木星轨道内太阳风环境的全空间数值模型。目前国际上的三维数值模型主要有美国集成空间天气建模中心开发的日冕－日球层模型及美国空间环境建模中心开发的空间天气模型架构中的日冕和内日球模型。我国空间天气学国家重点实验室自主研发的太阳行星际守恒元解元模型和三维模型可以模拟从太阳表面直至地球轨道附近的三维太阳风全球分布，并以每天或每 6 小时更新的太阳光球磁图驱动模型，获得时变的、更接近真实情况的日冕和行星际太阳风结构。这些成果虽然为获得准实时的日冕－行星际太阳风条件奠定了基础，但目前人类对于行星际空间及其对类地行星空间环境响应过程的认识仍然有限，期待建立从太阳表面到木星轨道以内的更为精准的数值模型（Feng，2020）。

行星宜居环境还受粒子辐射环境的调制。这些高能粒子主要包括系外宇宙射线粒子和太阳高能粒子。前者是长期存在、流量稳定、能量极高但难以屏蔽的带电粒子；后者为短期的、突发的、高强度的，且极难预测的质子和其他离子（Parker，1965）。在火星上，美国国家航空航天局发射的"好奇号"火星车上加载的辐射测量器，首次完成了人类在另一个行星表面的辐射测量，并采集了连续 7 年的火星表面辐射计量和高能粒子能谱的数据。此外，月球侦查绕月卫星从 2009 年起连续测量环绕月球轨道上的高能粒子辐射。

2019 年 1 月，我国"嫦娥四号"搭载的月球中子和辐射探测器首次实现了月表高能粒子的测量。为保证我国未来深空探测任务的顺利实施，迫切需要对类地行星际空间高能粒子的种类、能量、传播以及其对行星环境的作用过程做进一步探索。此外，粒子传输模型结合可靠的行星磁场、大气和土壤环境，也可用来模拟行星表面的辐射量以及辐射可能对有机生命造成的影响。

总之，通过观测和模拟，对类地行星高能粒子的辐射环境进行研究，我们有望揭开生命在类地行星上的存活之谜。

第四节　发展布局

一、发展目标和科学问题

（一）不同空间圈层耦合

行星空间环境包含多个不同的圈层，其分层结构对不同类型的星体存在显著差异。

1）具有全球磁场和大气层的行星，包括木星、土星、海王星、天王星等。其圈层的垂直结构与地球类似，丰富多样，包括中性高层大气、电离层以及行星磁场控制的磁层等，其中磁层又往往包含等离子体层、辐射带、环电流和等离子体片等子圈层。

2）只有大气而无全球磁场的天体，如金星、火星及彗星等，其圈层分为高层大气、电离层、电离层之外的诱导磁层及局地磁场外的微型磁层（如火星）。

3）无大气但有全局磁场的星体只存在磁层，如水星等，太阳风可通过磁层到达星体表面。

4）既无大气又无全球磁场的星体，如月球、小行星及矮行星冥王星等，太阳风或行星风（即行星空间粒子流）可以直达星体表面。

行星空间环境圈层耦合，既包括行星空间各内部圈层之间无时无刻不在进行的能量/物质交换，也包含它们与行星际空间（太阳风）、底层大气/星体表面乃至星体内核等圈层的相互作用（Wei et al.，2018）。这些丰富的耦合过程既涉及众多难以在实验室重现的基本等离子体物理过程，也包含着太阳系和行星系统的演化等信息。同时，对比太阳系其他星体与地球各圈层及其耦合过程的诸多不同，有助于我们理解由此导致的不同星体物质循环及辐射环境等的差异。此外，圈层之间不同的耦合过程导致了行星空间天气的复杂和多变性。认识这些过程对于我们进行各类行星探测和登陆任务中的空间天气预报也极具参考价值。

圈层之间的耦合过程既受到行星的物理特征及化学成分在不同程度上的控制，也因太阳风、行星的天然卫星及行星内部等驱动因素而受影响。针对这些圈层耦合的关键科学问题建议如下。

1）金星、火星及彗星等的诱导磁层和电离层及中高层大气之间如何耦合？

2）自转等行星特征如何控制磁层－电离层－中高层大气的耦合？

3）电离层区域的中性－等离子体作用过程如何影响行星空间不同圈层的耦合？

4）物质的种类和电离状态如何影响行星空间不同圈层之间的耦合？

（二）物质能量交换过程

太阳风和行星空间的物质能量交换既控制着行星空间本身的环境，也深远地影响着整个星球的演化过程。此耦合过程既包含太阳风与磁层（或微型磁层）的物质能量输运，也包含了太阳风与电离层－高层大气的相互作用。这些过程会因不同星体的尺度和自转的不同而不同。其中的关键科学问题建议包括：

1）太阳风物质能量进入行星空间有哪些路径？

2）太阳风物质能量进入行星空间后有何种效应（如粒子加速、极光、粒子上行等）？

3）行星空间的物质逃逸过程有哪些？

（三）星体相互作用过程

对于没有大气的星体，其空间环境内的粒子主要来自太阳风及其表面的外逸层，同时在其星体表面还可能存在（带电的）尘埃。这种情况下，太阳风／行星风可以直接到达并轰击星体表面（如月球、小行星和冥王星等）或者通过磁层间接到达星体表面（如水星等），对固体物质产生风化作用，影响着星体表面物质成分和长期的演化。对于有全球磁场无大气的行星如水星来说，其固体内核圈层也在一定程度上参与了行星空间圈层的耦合过程。对这类行星圈层耦合的关键科学问题建议包括：

1）太阳风对系内星体（包括行星、卫星和小行星等）表面的风化作用过程有哪些？

2）行星全球磁场和局地磁场及行星内核如何影响星体表面风化过程？

3）外逸层粒子/尘埃与行星际电磁场及太阳风如何相互作用？

（四）高能粒子辐射环境

高能粒子辐射是行星空间环境的重要组成部分，是空间天气的重点监测对象。在太阳风和行星磁场及其相互作用的共同影响下，行星空间环境中的高能粒子分布呈现复杂多变、时空尺度不一的动态响应特征，包括粒子注入、加速、损失、输运、耗散和逃逸等众多过程。这些现象体现了背后多种物理机制的共同作用与相互竞争。基于观测数据和理论数值模型对行星空间高能粒子辐射环境的现象学认知和物理理解已取得了明显进展，但是仍有一些关键的科学与技术问题有待深入研究。

研究行星空间环境中能量粒子的时空动态分布规律，一方面能加深对空间等离子体基本物理过程的理解，另一方面也有助于服务深空与行星探测计划，为航天器/宇航员/载荷提供空间环境的安全性预测。因此，在对数据、物理与数值模型不断加深认知的基础上，仍需建立不同行星空间环境下高能粒子的能谱、辐射剂量及其在不同太阳风、不同行星磁层、不同行星大气和表面环境条件下的经验预测模型。进行相应的行星空间环境高能粒子辐射效应的全局及动态量化分析，实现行星空间环境粒子辐射强度的优化评估；在此基础上，探索行星磁层辐射带和大气中的高能粒子的调控技术。考虑到太阳系行星的不同类型，关于行星高能辐射环境的关键科学问题可分为以下三个方面。

1. 类地行星

类地行星可分为两类：有内禀磁场（水星、地球）和无内禀磁场（火星、金星）两类。对于前者，太阳风与磁层的相互作用以及波粒相互作用起着关键作用；而对于后者，太阳风与行星电离层/大气层的相互作用、辐射电离过程以及感应磁场、岩石剩余磁场等的影响非常重要。关键科学问题建议包括：

1) 类地行星磁场环境与太阳风条件是如何控制行星辐射环境的?

2) 类地行星辐射环境的不同时空动态变化的主要约束条件是什么?

3) 建立定量化模型的主要控制参数是什么?

4) 类地行星磁层物质的能量输运和传导等过程是由哪些具体物理过程控制的?

2. 气态巨行星

气态巨行星的内禀磁场的存在使其周围有着一个类似于地球磁层的结构。巨行星磁层高能粒子的辐射环境较之地球更加严苛,粒子能量也远大于地球辐射带。在其辐射带中存在丰富的射电以及等离子体波动,以及复杂物理过程。例如,波粒相互作用过程在巨行星磁层(尤其辐射带)物质与能量的输运和传导过程中发挥着至关重要的作用。巨行星空间波动与地球空间波动既有相似性,也有明显的差异性。在不同的太阳活动条件下,巨行星磁层中的波动不仅影响其中高能粒子的时空动态变化,也会影响巨行星磁层粒子沉降,并导致行星(包括其卫星,如木卫三)大气层的极光展现出不同的特征。在此基础上,开展具有内禀磁场的行星之间的比较学研究,对深入揭示磁场和等离子体环境对太阳风 – 巨行星相互作用的影响及巨行星空间能量粒子辐射环境的演化规律与长期趋势具有重要意义。其中的关键科学问题包括:

1) 巨行星高能粒子源自何处,经历了哪些加速过程,为何表现出不同的通量能谱与投掷角分布特征?

2) 巨行星的空间电磁波动与地球有何异同,这些波动对巨行星高能辐射环境的关键影响有哪些?

3. 冰巨星

冰巨星的磁场有多个极,而且磁偏角很大。关于这些异常的行星磁场结构如何产生冰巨星粒子辐射环境,以及这些粒子辐射环境的现象学特征与动理学机制,至今仍是未解之谜。因此,有必要深入理解这种不同的磁层拓扑结构,以及冰巨星不同的大气和表面成分组成如何控制粒子物质与能量的传输路径和强度,进而探究冰巨星磁层对太阳风的响应特性及其基本物理过程。其关键科学问题包括:

1) 冰巨星的高能辐射环境现象与机理有哪些?

2）特殊的行星磁场结构是如何影响太阳风与冰巨星行星磁层相互作用的，这对冰巨星的辐射环境有怎样的关键影响？

（五）行星的天然卫星

类地行星通常没有或只有较少的天然卫星，而巨行星则具有丰富的卫星系统。行星的天然卫星具有丰富多样的轨道和物理属性，与行星空间环境的相互作用也呈现不同类型。研究行星空间环境与卫星的相互作用，对于理解基本空间等离子体物理过程，描绘行星空间物质和能量输运的全景图像，认识行星的宜居环境等都至关重要。基于不同类型的行星空间环境与卫星之间的相互作用，这里大致可以将这一作用的关键科学技术问题分为以下两个方向。

1. 行星对卫星的影响

大多数行星的天然卫星是没有自身磁场，因此行星风可以直接进入卫星的大气层或者表面，甚至浅表层。木卫三是太阳系中唯一存在全球磁场的天然卫星。在木星风的作用下，会形成一个卫星磁层，其与行星磁层通过磁力线的重联过程形成磁通道，从而在行星与卫星之间构成一个允许物质交换的磁通道管。这与地－月系统形成之初的情况可能类似。因此，这一环境可以为我们理解古地－月系统的能量物质交换提供天然的实验平台。此外，行星磁层也是避免太阳风对天然卫星表面直接轰击的一个空间环境因素，因而可被看作是对天然卫星宜居环境的一种空间保护。行星风对天然卫星环境影响的关键科学问题包括以下方面。

1）行星风是否对天然卫星表面物质的形成有贡献，如果有，贡献有多显著？

2）行星风对天然卫星表层地质特征的影响有多大，与太阳风影响的区别在哪？

3）对于存在大气的天然卫星，行星风如何影响其大气的动力学过程？

4）如何利用行星风在其天然卫星表面的物质沉积反演行星系统的演化历史？

5）行星磁层与有全球磁场的卫星如何相互作用，如何改变卫星空间物质和能量的输运过程。

6）行星潮汐力如何影响其天然卫星的地质活动，进而对空间环境有何种关键影响？

2. 卫星对行星的影响

类地行星的天然卫星通常较少，且无活跃的地质活动，因而对行星空间环境影响的主要在卫星附近区域。而巨行星都有多颗天然卫星，并且其中一些卫星上存在丰富的地质活动。这些地质活动会导致卫星的物质逃逸到行星空间环境中，甚至成为行星空间环境的主要物质来源，驱动着核心的行星空间天气过程。卫星对行星空间环境影响的关键科学问题包括以下方面：

1）天然卫星背景空间环境物质能量对其行星空间环境，乃至行星大气成分有多大贡献？

2）天然卫星轨道运动的潮汐力对其行星空间环境的影响主要在哪些方面？

3）天然卫星地质活动（如火山活动和水喷发等）向行星空间环境注入的物质如何演化，如何驱动行星的空间天气效应，不同的逃逸物质成分是否会引起不同的空间扰动效应？

（六）行星遥感探测

行星空间环境作为行星大气圈与星际空间的过渡区，其环境变化的驱动力既包括行星本身的控制引力和磁场，也包括太阳活动控制的太阳风压力和行星际磁场等，甚至包括其卫星地质活动的影响（如木卫一火山喷发和土卫二水喷发会将物质注入行星空间环境）。内外驱动力的共同作用决定了行星磁层空间的延伸范围，并且该空间区域始终是动态变化的。在行星空间内，分布着不同成分的行星大气，以及不同密度和能量的空间等离子体。它们在变化的太阳风条件或行星内部驱动力的影响下发生多时空尺度的物质输运、能量沉积/耗散等过程。这些过程密切影响着行星物质的收支平衡，如行星物质的逃逸和吸积。传统的场和粒子的原位观测很难捕捉到物质/能量输运过程的全貌，也难以将空间等离子体动态变化的时间和空间信息进行分离，进而限制了人们对行星空间全局耦合特性的研究。包括光学遥感和无线电遥感在内的遥感探测手段是解决这一难题的重要途径。

在过去的十年，我国自主研发的地球空间环境遥感探测技术已经取得长足进步。2014年，"嫦娥三号"着陆器搭载的月基极紫外相机首次从月球获取了地球等离子体层的完整侧视图。2018年，"风云三号"气象卫星搭载的远紫外广角极光成像仪获取了低轨卫星上分辨率最高、视场范围最大的极光图像。同年，"中国科学院A类战略性先导科技专项"布局了球载行星光学望远镜。未来，该设备有望在国际上首次实现基于平流层气球平台的行星空间环境多波段光学遥感。行星空间环境的遥感探测在未来发展中的关键科学技术问题包括以下方面。

1. 地基光学遥感

国际行星科学的发展始于地基望远镜的遥感探测。它可以提供常态化、可持续的观测数据。相比于天基探测任务的长周期而短寿命而言，地基光学遥感技术能为行星空间环境研究提供长期、可靠的自主数据源。此外，地基望远镜也是目前开展系外行星观测研究的主力。目前我国已具备4米级的单镜体望远镜的研制技术，更大口径拼接镜体技术正逐渐发展成熟，自适应主动光学技术也有很好的技术基础。未来，我国行星科学界应联合国内相关光学仪器研究单位，积极推动建立我国的地基大口径行星光学望远镜，在可见光、近红外和红外波段，合作开展行星空间环境（包括行星大气和行星空间等离子体）的高分辨率成像遥感和高分辨率光谱成像遥感，为行星空间环境研究提供全局视角。

2. 天基光学遥感

地球轨道和行星轨道上接近真空的状态使得光学遥感不再受波段限制，而是扩展到全波段，特别是紫外－X射线波段。这将研究目标扩展到能量更高的行星空间等离子体。例如，金星大气和电离层的紫外－远紫外－极紫外气辉、火星极光的紫外－近紫外辐射、火星大气和电离层的近紫外－远紫外辐射、木星等离子体环的极紫外辐射、木星极光的X射线－极紫外－远紫外辐射等。这些波段的光学遥感为理解不同行星空间环境的全局变化、物质和能量输运图景提供了关键的时空信息。目前，这些波段的探测技术在我国已有较好基础,但可靠性和精度仍需要提高,某些关键部件仍存在"卡脖子"情况,如高精度光栅、高精度微通道板、探测芯片等,由于关键技术的缺失,这些部件只能依靠进口提供,国内生产的精度不足以满足要求。

未来,我国行星科学界应从两方面促进天基遥感技术的发展。

1)根据行星科学的长远发展目标和科学需求,提早布局,联合工程研发单位开展"卡脖子"技术和前瞻性技术的自主研发。例如,轻小型高精度紫外 – 远紫外 – 极紫外光谱成像技术、高分辨率 X 射线成像技术等。

2)在我国深空探测战略任务中积极谋划,将行星光学遥感技术纳入深空探测任务的主要框架中,如月球科研站、后续火星探测任务、木星探测任务和金星探测任务等。

3. 行星光学遥感

地基或天基光学遥感器的设计和研发离不开对观测目标的先验认识,对观测图像的处理和解读决定了科学应用的水平。在发展行星光学遥感技术的同时,正演和反演技术也应同步发展。基于可靠的行星空间环境模型的正演模拟对遥感器设计至关重要,我国行星科学界应投入力量发展自主、可靠的行星空间环境模型。这不仅有利于行星空间环境的理论模拟研究,也为光学遥感探测技术的发展奠定重要基础。另外,基于现有观测数据和正演模拟数据开展行星空间环境参数的反演算法的研究也需要投入大量力量,这将为后续光学遥感任务的实施及广泛的科学应用打下坚实基础(何飞,2020)。

(七)行星原位探测

行星探测获取的第一手观测资料是行星科学研究的基础。未来中国深空探测领域的发展路线既要结合国际的发展趋势,也要符合中国的发展需求和现状。应围绕太阳系的起源与演化、小行星和太阳活动对地球的影响以及地外生命信息探寻等空间科学重大前沿问题,统筹开展类地行星、巨行星、小行星和太阳的探测。为完成特定的科学目标探测,需要研制各种科学探测仪器设备。深空探测目标众多,所经历的环境特点各不相同,其科学载荷具有种类多样的特点。

行星环境与物质的探测和研究是认知太阳系星体演化、探索行星资源和分析行星宜居性的基础。其中,行星磁场、行星大气成分、行星物质成分、行星内部结构是行星探测的主要任务之一。在卫星原位探测中，光学仪器和微波遥感对于获取行星的全貌提供了独特的视角。此外，这类仪器也是生命探测和星球宜居环境研究的关键手段。

国际深空原位探测已经积累了半个多世纪的资料，目前已经具备了关于太阳系行星的各类基本参数。这使得当前的行星探测可以做到有的放矢，设计的探测仪器也更具有针对特定科学目标的特点。基于目前已掌握的行星空间环境的复杂性与多样性，我们对原位探测载荷的研制也需要有更强的目标性。在行星探测中，关键的载荷至少包括磁场探测、行星大气成分探测、行星物质成分探测、行星内部结构探测、空间粒子探测和行星高能粒子辐射环境探测等平台。由于行星环境的多样性和极端性，我们需要重点突破高性能传感器、特种材料、弱信号提取与重建等核心技术，研发行星探测装备技术系列，实现关键载荷的工程化和国产化，打破行星探测技术的国外垄断，为未来的行星科学研究与行星宜居性探索提供数据资料支撑。主要集中在以下两个方面。

1. 粒子探测

首先，粒子探测包括中性和带电粒子，它们参与各类化学反应，在高能粒子辐射和太阳射电辐射条件下被认为与生命有机物氨基酸的形成有关；其次，行星物质在太阳射电辐射情况下电离，在行星空间电磁环境下发生逃逸而影响行星宜居性；再者，中性和带电粒子的化学反应使各粒子的能量重新分布。除太阳风等外部能量注入之外，粒子能获得额外的能量而逃逸；最后，研究行星空间等离子体之间的相互作用有助于让我们理解行星大气与太阳风之间的能量耦合关系，从而进一步揭示行星磁场与行星大气损失之间的关系。行星空间环境研究主要包含对离子和中性粒子的成分、能量以及对电子能量等参数的测量。探测不同能量的带电粒子和中性成分，是研究行星资源分布、分析行星宜居性的重要手段之一。

在带电粒子探测方面，主要测量的参数有行星空间环境中电子和离子的能量、空间和时间分布。我国在行星带电粒子原位探测方面具备一定的技术储备，并在多颗探测卫星上搭载了相关的仪器。例如，双星探测器上的太阳风离子探测器、重离子探测器、高能质子探测器和高能电子探测器。这些探测器主要分为用于测量低能的静电分析仪和高能的固态探测器（可分辨离子种类）。静电分析仪加上飞行时间测量装置也可分辨离子种类。未来，这类探测器在行星科学界的发展目标在于提高时间、空间、能量和质量分辨率，以满足进一步开展各项针对行星大气成分、行星物质成分等科学研究的需求。

目前，中性粒子探测的主要研究方向在粒子的质谱方面。其主要的方法是将中性成分电离形成离子，再使用探测离子的方法进行探测。由于行星大气中可能含有大分子，因此要求探测器有较大的质量测量范围。由于同位素的质量差别较小，因此要求探测器有很高的质量分辨率。除了用飞行时间测量的方法分辨质量，多个国外飞行器上使用了四极杆质谱分析的方法以达到更高的质量分辨率。

中性粒子探测的发展方向主要表现在两个方面。

1）以四极杆质谱仪为代表的质谱仪在地面上具有较成熟的技术，但是将其小型化，并使它具有低能耗、抗行星空间辐射和高可靠性的特点是一项挑战。这将是未来我国在这方面的发展方向。

2）目前的质谱仪无法直接探测中性粒子的能谱。我们不能直接从观测上分析中性和带电粒子的能量交换。因此，我们需要研究一种可以同时测量中性粒子能量和质量的新技术。

2. 磁场探测

行星空间环境中的磁场来源，主要由变化缓慢但高强度的行星内禀磁场/地壳磁场、变化较快但强度较弱的行星际磁场，以及变化迅速但变幅微小的感应磁场三部分组成。其中前两者提供空间环境的背景磁场，通常用磁通门磁强计予以测量。而第三部分多为背景场与空间中等离子体相互作用的产物，可以被探索线圈磁强计精确地测量。

两种磁强计在测量原理和适用范围方面有很大不同，但是都面临如何排除卫星自身电磁干扰以及如何精确定向磁场的三分量这两个重要技术问题。目前国际上采用的解决办法有阿尔芬特性测试法、多磁强计梯度法以及与已知模型（如地磁场）比对的方法。

目前我国已具备磁通门磁强计的制造和定标技术。"天问一号"火星轨道飞行器和探测器上都将搭载磁强计，用于对火星的空间环境和表面磁场进行探测。考虑到未来我国将对木星、金星等更加复杂的行星空间环境开展探测，扩大磁强计的带宽范围、提高精度和可靠性仍然是研究的关键。

二、计划布局与优先领域

瞄准上述关键科学技术问题，我国行星空间环境领域的优先发展领域建议包括以下几个部分。

（一）基本物理过程

从物质与能量的传输角度看，行星空间环境中重要的基本物理过程可以归纳为太阳风 / 磁层 / 电离层 / 大气耦合、行星磁层对流模式、行星空间环境能量耗散三个主要的方面。这些基本的物理过程共同决定着各行星空间环境的状态，因此可成为我国行星空间环境领域的优先发展方向。由于行星特性的迥异，特别是行星磁场、行星大气和日星距离等方面的巨大差异，各行星空间环境中的这些基本物理过程既有类比性，又呈现出多样性。在太阳风 / 磁层 / 电离层 / 大气耦合的过程中，太阳风是外部驱动力，是外边界条件。电离层 / 中性大气通常为内边界条件，受太阳辐射控制强烈。这两者共同决定着磁层的动力学过程，包括能量由外向内或由上向下的传输，以及物质由内向外或由下向上的输运。这些耦合过程甚至可改变行星大气的成分和含量，是影响行星空间环境的重要基本物理过程。行星磁层对流模式勾画出行星磁层中物质、能量和磁通的循环过程。

由于行星电离层、磁场强度和大小、行星自转以及太阳风特性的不同，行星磁层对流模式可与地球的非常不同，甚至可导致行星上灾害性能量突发事件。例如，磁暴、亚暴等具有极大差异，从而在较短时间尺度内剧烈影响行星空间环境。行星空间环境的能量耗散主要包括弓激波、湍流、波动和磁场重联等物理过程。它们决定着行星空间环境中能量的转换方向和转换效率，是行星空间环境各圈层耦合的微观驱动力，也是行星空间环境中能量和物质输运的总开关。这些能量耗散过程的激发机制和发展规律，一直是空间物理的研究热点，也必将成为我国行星空间环境领域的优先发展方向。

（二）时空尺度演化

在空间环境研究中，能量和物质演化的空间尺度也可以从千米尺度的德拜半径尺度，到数亿千米的星球间尺度。在多时空尺度的不同维度上理解行星空间环境演化与能量物质输运是至关重要的。行星是一个具有从内部地核一直到空间磁层的多圈层系统，不同圈层之间的耦合过程十分复杂。很多基本的时空演化都是由空间和时间小尺度的物理过程所驱动甚至决定的。因此，小尺度的基本能量转化和物质输运是研究的核心内容。小时空尺度的物理过程可通过圈层耦合最终导致大尺度的行星空间环境变化。同时，行星大尺度环境的长时间演化也会决定小尺度上的物理特征。

针对行星磁场在行星空间环境演化中的关键作用，需要我们开展行星电离层、磁层区域特性等与行星磁场长期变化的关联研究，评估行星磁场长期变以及磁场发电机消失等对行空间环境的影响。对行星跨时空尺度演化的研究手段包括研究古籍历史记录、古地磁采样、通过陨石样品等渠道获取行星磁场信息，以反演手段获取地球与其他行星空间环境在不同时间尺度上的演化过程。行星跨时空尺度演化研究可以在我国的探测计划中得到重要体现。例如，我国"嫦娥六号"探月计划将采样分析月球背面月壤，着眼于研究挥发性物质的逃逸过程，揭示地磁场长期变化对行星系统物质交换与输运的影响，进而寻找决定行星空间环境演化方向的关键因素。

（三）宜居性的影响

行星空间环境对宜居性影响多年来一直都是行星科学研究的一个重要主题。这一研究主题涉及行星磁层、电离层、大气层、生物圈、表层空间等多圈层间的相互耦合作用，包括行星磁场、粒子、电磁波动等多个探测对象，对科研人员的综合知识和学科交叉能力提出了较高的要求。除飞船探测数据分析外，还需建设空间环境模拟实验室、生物环境模拟实验室等分析平台来开展相关研究。

我国行星科学尚处起步阶段，行星空间环境对行星宜居性的影响也将是今后若干年我国行星科学和深空探测的重要科学主题，而当前我国在这一方面的研究几乎为空白。因此，这也是未来我国急需培育和加强建设的重要研究领域，并有可能在该领域实现"从 0 到 1"的原创突破。

（四）探测技术要求

过硬的行星空间环境探测技术是我国独立开展行星空间探测研究的首要保障。按照探测手段，空间环境探测技术可以分为场的探测、粒子探测和光子探测；按照探测器位置，空间环境探测技术又可以分为遥感和原位探测。对于地球空间探测而言，我国当前基本具备了研发多个关键科学探测仪器的技术能力，如磁强计，等离子体分析仪，中、高能粒子探测器，电离层朗缪尔探针，激光雷达，电离层测高仪，天基光学成像仪等。然而对于行星空间环境而言，由于各行星物理环境迥异，飞船搭载的探测仪器往往需要经受各种极端条件的考验。因此，成功地开展行星空间环境探测难度不小。目前，我国除已成功开展的"嫦娥"月球探测计划和火星探测外，对于其他行星还没有任何探测经验，因此发展行星空间环境探测技术仍面临巨大的困难。面对未来我国深空探测国家战略的急迫需求，对行星空间环境探测技术的优先发展方向如下。

1. 月球探测

以往的月球探测活动，除美国早期对月球进行了登陆探测，其余的往往偏重于卫星环绕探测，利用原位的或者遥感的设备，对月球周遭空间环境或者月面的物理、化学和地质特性进行分析。实际上，在对近月表（低高度）的空间物理过程或者月面的特性开展广泛的原位探测方面，目前还很缺乏，这可成为中国月球探测的新方向。结合最新研究动向和探测技术的可行性，下列月球空间物理探测目标可成为未来中国实施月球探测计划的备选任务。

1）月面微磁层物理学。目前，我们对月球剩余磁场的形成，分布及其和太阳风之间的相互作用还知之甚少。一般认为，月面剩磁和太阳风的相互作用与地球等行星尺度磁场和太阳风的相互作用类似，可以形成所谓的磁层结构。距离月面 30 千米的范围可能是这些相似性证据的关键收集地。然而，目前缺乏针对这一区域的观测资料，尚未得到靠近月表的剩余磁场分布。剩磁与太阳风相互作用会极大地改变月面附近的空间物理环境，可能对人类月面活动造成影响。因此，通过低高度轨道磁场的多卫星探测获得月球剩余磁场的准确分布，将是月球空间物理探测的一个重点，可为月球建立科研基地提供重要的参考意义，并有助于我们认识空间物理的一些基本未知问题，如激

中国空间科学 *2035* 发展战略

波的形成条件等。

2）太阳风/地球风与月球表面化学、物理和地质特性演化的关系。地球上行离子中除了质子，还富含氧离子等重离子。与太阳风一样，这些离子会在月球表面沉积和富集。目前有理论表明地球的氢/氧离子可能与月面水或者羟基的形成有关，但目前缺乏确凿证据。未来可以利用原位科学仪器对月球表面太阳风/地球风成分进行高时间、能量分辨率的实地测量，来检验月球不同区域（正面、背面及磁异常区）的表面成分、磁场、等离子体与能量粒子环境，研究太阳风/地球风与月球的相互作用，促进对月球表层物质包括水起源的理解。对这一科学问题的探索，不仅可以促进对地球起源、月球起源问题和月球物质演化等重大科学问题等的理解，还可能与未来人类月球探测就地获得生存必须资源有关，是重要的探测目标。月面物质的输运，包括太阳风/地球风如何进入月壤、太阳风如何反射、月球表面中性成分或者重离子如何被太阳风溅射、月面电场的分布以及它们与局部地形的关系、月面磁场的分布及其对物质输运的影响等，都是月球空间物理的微观问题，也是严重影响月面空间环境的大问题。这些问题的解决，依赖月面或者附近低高度轨道上的原位探测，这也是未来月球探索的重要方向。

3）月尘的探测。月尘可能是人类登月活动最直接的危害，它们的存在会危及设备的机械部件、防护设备、光学设备的正常运行。月尘扬尘的起因、空间分布和时间变化目前都不清楚。事实上，目前我们还缺乏月尘存在的直接证据。对这一科学目标的探索具有重大的理论和应用价值。

4）月面辐射广泛调研。月面辐射是影响人类月球活动的重要因素。目前尚没有形成月面辐射的全面认识，特别是月面辐射剂量的大小、分布规律和变化规律，月壤对辐射的屏蔽（月壤下辐射的衰减规律），月壤物质受辐射的影响效应等关键科学问题。将来人类在月表活动的时间日益增长、活动范围日益扩大，但月球缺乏大气和磁场的保护。因此，了解、预报和防护高能粒子显得尤为重要。为此，需要在近月轨道以及月表设置高能粒子探测器，研究银河宇宙射线、太阳高能粒子和弓激波高能粒子，以及各种不同来源的中子辐射在不同月球轨道到达月球表面的情况。这些研究结果对于将来载人登月和建立与运行月球基站都有着深远的意义。

5）月球也是对地球或者对其他行星的良好遥感平台。利用此平台，可

172

以实施以下任务：探测和研究月球轨道空间环境的耦合变化过程（月球空间环境受太阳风和地球风的影响），从而分析月球灾害空间环境分布规律和因果时序问题；日－地－月相互作用和物质能量传输时序、机制和效率，将太阳、地球和月球作为一个整体，来系统地理解地球和月球自身空间物理的共性和特性；月基地球空间环境全球成像问题以及月基行星空间环境全球成像，充分利用月球基地观测平台的透明性和稳定性。

2. 类地行星探测

水星是距离太阳最近的行星，密度最大，有较弱的内禀偶极磁场，没有大气。由于飞船探测难度大，至今仅有"水手 10 号"及"信使号"两次飞船探测计划。针对"水手 10 号"及"信使号"目前对水星空间探测所取得的科学认识，以及于 2018 年开展的"贝比科隆博号"水星探测计划，建议我国未来水星空间探测可以关注以下方面。

1）通过多卫星大尺度联合观测，研究外部磁层电流体系对水星内核的感应作用，探究外部磁层与水星内核的相互耦合过程，并进而确定水星内核的电导率，磁化率等物理特性。

2）采用联合星座多点立体观测，研究强太阳风与弱磁层的相互作用，包括水星空间电流体系形态，水星磁层空间的各类瞬态动力学过程和各类边界层活动，如亚暴、偶极化、重联、等离子体团，不稳定性和波动等。

3）采用飞船大椭圆轨道探测水星磁层顶的整体三维特征及磁层顶边界层的物理行为。

金星失控的温室效应与目前金星缺乏全球磁场，或者缺乏内部发电机有很大关系。所以对金星内部结构的探测是认识金星气候演化的关键。对此，我们提出可开展两方面的空间科学探测。

1）考虑到金星表层大气的高密度特性，金星地震可能能够更有效地激发大气层内的大气声重波，并进而影响金星高层大气/电离层。因为地球的中低层大气和高层大气/电离层中经常能够观测到地震信号，并已经应用于地震研究中，所以通过观测金星大气和电离层进行金星地震研究具有极为现实的可行性。这种探测方式是现阶段最可行，也是较经济的一种探测方式。因此，我们建议通过探测金星大气和电离层扰动来反演探测金星地震，并进而反演金星的内部结构。

2）采用气球低空飞行并携带高性能磁强计，探测金星表面是否存在剩余岩石磁场的可能证据，澄清金星历史上是否存在发电机过程的重大科学谜题。

火星曾经有水和生命的存在，因而火星是寻找地外生命的理想场所，也是未来深空探测的热点星球。火星缺乏全球磁场，太阳风能直接剥蚀火星大气，并挟带其逃逸掉。所以火星空间环境是火星大气逃逸的关键通道，也是揭示火星大气和气候演变的关键区域。随着 2020 年中国"天问一号"火星探测飞船的发射，未来我国火星探测必将对火星空间环境开展大规模的探测研究。对此，我们提出可开展以下几个方面的探测研究。

1）实施多点立体星座探测，区分火星感应磁层空间中物理量的时空变化，揭示火星磁层空间中多种重要磁结构的物理特征，揭示火星三维磁层/电离层电流体系。

2）探测火卫一和火卫二与火星磁层的相互作用；在火星表面布置地磁台站，监测并反演火星电离层电流；同时布置火震仪以监测火星地震，并进而反演火星内部结构；利用遥测雷达，或者发展新的掩星技术手段，来探测火星电离层、大气的剖面特征。

地基探测作为重要探测手段，建议我国应加快和加强地面光学探测设施的建设，利用地基行星光学望远镜或射电观测，对类地行星的光学特征、大气物质成分等开展长时间的可持续观测。

3. 巨行星及其卫星探测

土星和木星探测，考虑到目前国际上已经开展的和已经部署的探测项目，这里有针对性地提出以下几类面向未来国际前沿且适合我国国情的探测建议。

作为内禀磁场最强的气态行星，木星具有太阳系中最严苛的粒子辐射环境。木星磁层带电粒子的能量最高可以达到百 MeV 以上，远高于地球磁层中经常观测到的高能粒子能量。虽然已有众多卫星飞掠或者抵近观测木星，但迄今为止还未有专门用于开展对木星高能粒子聚集区——木星辐射带原位探测的卫星。有针对性的科学目标包括：木星辐射带粒子分布特性与时空演化；木星磁层能量粒子的加速、损失、逃逸过程与机制；木星及木卫星的粒子输运与能量传递系统的耦合途径。主要的科学仪器应包括粒子探测器、波动探测器和电磁场仪器。

中国目前正在论证的木星探测项目，应充分考虑国际上目前还未实施过的探测仪器，如抵近 X 射线探测，将 X 射线探测器抵近到木星轨道。这样可以充分提高探测效率，实现良好的时间空间分辨率，极大解决地球轨道观测到光子数过少的难题，为理解木星空间环境的高能粒子过程与了解木卫表面特征提供关键的观测资料。

"卡西尼号"土星探测器在土星轨道的 13 年探测带来诸多重大发现，同时也留下诸多未解之谜，如土星北极的六边形成因、土卫二地下海洋是否有生命、土星的自转周期、土卫六（泰坦）上为什么没有闪电等。土卫六是太阳系内唯一拥有大气的卫星，其表面有液态的甲烷湖泊，同时拥有太阳系内最接近地球的环境并有可能支持生命的存在。土卫二南极的羽流喷泉是"卡西尼号"土星探测器最重要的科学发现之一。目前已在喷射出的物质中发现有机成分，这表明土卫二的地下海洋很有可能孕育生命。土卫二喷出的中性水是土星磁层等离子体的主要来源，由喷泉挟带而出的水冰也是土星 E 环的来源。这些等离子体的产生，输运及损失过程是研究巨行星磁层动力学的重要课题。因此土星系统的宜居环境将是未来的重点研究内容。考虑到美国已经部署了探测计划研究土卫六的宜居环境，建议将土卫二宜居环境作为未来土星系统探测重点考虑。对应的探测计划应该考虑一枚土星轨道环绕器以及土卫二水下探测器。

不同于欧美国家已经多次将飞行器送到巨行星轨道，我国目前尚处于起步阶段。地球轨道处的遥感探测是卫星原位探测的重要配合探测手段。并且由于其具有成本相对低，建造周期较短等优点，非常适合我国巨行星探测的现状和需求。针对巨行星遥感，光学遥感可以基于地面观测站、临近空间飞行设备和地球轨道卫星来实现。针对不同的科学问题，采用不同的波段和轨道来解决。可见光和红外观测可以从地面来实施，用于观测土星和木星的大气辐射和由于卫星地质活动造成的空间物质分布与演化等关键信息。紫外波段和 X 射线波段则只能从空间轨道上实施，这一波段光学应用甚广，尤其对于理解土星和木星的极光过程极为有效。

除土星和木星之外，太阳系还有两颗巨行星，分别为天王星和海王星。由于它们温度低，其表面呈现出冰的物理特征，我们通常称这两颗行星为冰巨星。迄今为止，关于这些特殊的行星磁场结构的成因以及引起的冰巨星粒子辐射环境仍是未解之谜。由于天王星和海王星距离地球太过遥远，从准备飞船到飞船行进入这两颗行星的轨道上需要超过 15 年的时间，因此，短期暂时不考虑天王星和海王星的飞船原位探测。需要指出的是，欧美国家在积累了丰富的巨行星探测经验之后，目前正积极开展论证针对天王星和海王星的探测计划，希望下一代科学家来实现相关的探测计划。

4. 小天体探测

小天体被认为是太阳系形成初期行星演化的剩余物质，具有太阳系早期生命氨基酸形成所需的空间等离子体和宇宙射线辐射的环境条件。小天体上的水也可能是地球上水的来源之一。探测小天体将为我们研究地球生命的起源和行星宜居性演化提供重要的线索。我国推动的小天体探测，可以从地基观测和原位探测（或小天体绕飞）两方面实施。

以小天体科学研究（非天文研究）为基础的地基观测主要目标有两个：确定小天体的轨道参数和其自转时的光变曲线，这些参数可被用于确定小天体的大小、形状、表面粗糙度等。这将为小天体的原位探测或小天体绕飞探测提供重要的目标轨道信息。对小天体的背景恒星光谱吸收线进行分析，由此我们可以高精度地确定小天体及其喷发物的化学成分和丰度。

在原位探测方面，除携带常规成像仪器和磁强计，还建议发展高精度、高能量分辨率和时间分辨率的离子和中性粒子测量仪器。这类仪器的探测结果可以推动以下两个科学问题的研究：

1）研究地球水的来源和地球生命蛋白质的起源。

2）探究具有喷发物的小天体与太阳风相互作用的等离子体结构及其形成过程。

第一个科学问题包括：测量中性和离子气体的成分，获得同位素的含量和比例。通过与地球和小天体上的同位素比例进行对比，探索地球和小天体上水的起源，为太阳系物质的转移的研究提供线索。测量和分辨大质量有机分子和离子的含量和种类，结合行星际空间的环境参数研究宇宙有机物和天然蛋白质氨基酸在太阳风、紫外线和宇宙射线环境下的形成和演化。由于长时间暴露在太阳风、紫外和宇宙射线的超低温环境中，彗星上的中性成分和带电粒子相互作用产生有机分子甚至氨基酸的可能性很高。研究表明，星际中一些组成生命要素的氨基酸成分是在低温且中性粒子之间相互作用相对于带电粒子和中性粒子之间相互作用较少的环境中形成的。彗星遭遇到不同的空间环境和能量来源而导致不同的相互作用过程。带电粒子和中性粒子之间的能量重新分配不仅包含了物理反应的过程，还包含了化学反应过程。能量的大小制约了物理化学反应的类型。例如，对 67P 彗星的观测表明，在长时间的演化过程中，67P 彗星上形成了不同的有机物。

第二个科学问题针对具有喷发性质的小天体（如彗星）附近空间分布特性多变的空间等离子体结构。随着小天体距太阳的距离逐渐减小，喷发强度逐渐加强。在这个过程中（直至有稳定的大气结构），小天体附近空间逐渐形成类似于火星和金星附近空间的弓激波和诱导磁层。对小天体附近空间等离子体结构形成过程的研究有助于让我们理解火星和金星等无强内禀磁场天体的大气与太阳风相互作用的过程。建议发展的离子和中性粒子测量仪器可用于测量小天体附近空间的等离子体环境参数，获得中性粒子成分的含量、电子和不同成分的离子能谱、温度和密度。研究等离子体结构在不同气体喷发率、太阳风和太阳辐射条件下等离子体结构的演化过程，为我们探索小天体形态和大气演化提供了重要依据。

5. 太阳系边界探测

太阳系边界探测是指对太阳系等离子体系统外边界（即位于太阳风和恒星际介质交界处，距离太阳 80～150 AU，太阳风控制的最远区域），开展科学探测的深空活动，其探测过程将先后飞越终止激波、日球层鞘、日球层顶，进而进入临近星际空间等。实施太阳系边际探测，达到人类航天器从未涉足的日球层极区、尾部等区域，可实现四维太阳系时空体系构建、太阳系起源和演化等重大科学问题的突破，完成空间探索由系内天体向恒星际空间的重大跨越。然而，由于太阳系边际探测具有探测距离远、飞行时间长、器地时延大、轨道设计难等特点，实施难度大，目前国际上尚未有专门的计划得以实施。

太阳系边界探测理论基础和关键机理研究将从完善空间科学和空间技术的角度，对以下几个主要方面内容进行展开。

1）探讨太阳风与星际介质的作用机理，了解太阳系边界的时空结构和动力学过程。

2）探索复杂引力场多模式探测行星际轨道优化及控制的科学理论和方法。

3）完善超远距离探测器长期在轨自主运行与测控通信技术，解决太阳系边界探测距离远、时延大等突出问题。

4）揭示太阳系的形成过程和演化历史。

6. 近地遥感探测

近地遥感探测主要包括地基遥感探测、临近空间遥感探测和地球轨道遥感探测。下面分别针对这三类情况介绍未来需要推动的相关探测。

地基遥感探测。木星具有太阳系最大的磁层空间，其高能量与高密度的空间环境不但使木星成为行星探测的焦点，同时也让我们能够利用地基望远镜直接观测其辐射光谱。目前世界上大型的光学望远镜几乎都是由天文学家主导建立的，还没有一台专门用于行星科学研究的主流地基望远镜。为了支撑我国正在论证的木星探测计划，中国科学院地质与地球物理研究所将率先建立一个地基行星光学遥感平台。该望远镜计划分为两部分内容：一为 2021 年 10 月建成的行星大气光谱望远镜，其口径为 0.8 米，波段范围为紫外至可见光，用于开展行星观测研究，支撑我国行星科学一级学科建设和科教融合发展；二为正在建设中的木卫一等离子体环与木星内部结构观测望远镜，其口径为 1.8 米接近 2 米，将聚焦木卫一与木星空间环境的相互作用过程，研究木卫一这一太阳系地质活动最剧烈的天体火山活动如何影响木星空间环境中的物质和能量传输。该望远镜计划的建设、运行和使用过程将充分开展国际/国内合作，与国家天文台、紫金山天文台、比利时列日大学等密切沟通，力争在科学目标、望远镜指标和观测运行等方面达到最优化，保证科学产出，支撑我国和国际木星探测计划，让我国的木星科学研究队伍与国际前沿研究小组接轨。

木星还是个超级无线电发射器（射频辐射源），其对应的是木星空间环境和大气环境的各种独特的能量物质过程，在地球轨道对这些无线电信号进行遥感分析可以有效帮助我们理解木星的空间环境过程。木星射频辐射（高于

10 MHz 部分）可以通过地面天线阵列观测，用于研究木星与卫星之间、木星与磁层之间的耦合过程。此外木星的辐射带还存在超高能量电子通过垂直于磁场方向的加速而产生的同步辐射。在地球轨道对同步辐射电磁波遥感观测可以诊断木星辐射带超高能量电子的分布及变化特征。

临近空间遥感探测。作为中国自主的行星空间环境光学遥感的先行者，中国科学院 A 类战略性先导科技专项"临近空间科学实验系统"在 2018 年率先启动了我国首个行星光学遥感任务，由中国科学院地质与地球物理研究所和空天信息创新研究院实施。依托特殊的临近空间浮空器平台，搭载口径接近 1 m 的行星大气光谱望远镜，对太阳系木星轨道内的行星空间环境开展多波段光学成像，比较研究行星大气与等离子体耦合多样性特征。临近空间浮空平台飞行高度为 35～40 千米，不仅避开了 99.9% 的大气，还避开了臭氧层的峰值吸收（机载平台由于高度一般低于 20 千米，无法避开臭氧吸收峰），从而实现 200～400 纳米波段的观测。由于近紫外波段瑞利散射不复存在，大气视宁度大大改善，可以实现衍射极限成像，大大提高分辨率。在地球日侧，基于高空气球平台避开瑞利散射的区域开展观测也意味着可以在任何太阳地方时获取数据，也可以对内行星（水星和金星）开展观测，波段也可扩展至近紫外。此外，气球平台发放灵活、载荷可安全回收，大大降低了观测成本，提高了观测的效费比。望远镜除开展临近空间飞行外，还可安装于固定的台址开展常规观测，提高利用效率。但是，临近空间飞行受空域限制较大，为了实现长航时飞行，最佳的选择是南极。利用南极极涡风场约束，环绕南极长航时飞行，可实现上百天飞行，对目标开展长期连续监测，研究不同时间尺度的空间环境变化特征。2019 年第 666 次香山会议主题即为"基于浮空平台的南极科学实验"，行星观测研究将成为南极飞行的主要科学目标。行星科学团体应积极参与推动建设南极浮空器等基础设施。

地球轨道遥感探测。地球轨道由于受太阳热辐射影响，一般只能开展地球轨道以外的行星观测，如火星和木星。中国空间站运行轨道长期、稳定，仪器可维护，是部署行星遥感观测的最佳选择。在中国空间站长期开展远紫外－极紫外波段的火星空间环境成像和木星极光成像，将打造未来十年国际学界的核心观测平台。通过研制一台大口径的远紫外－极紫外成像光谱仪，利用多波段成像长时间监测，可揭示火星和木星空间环境中关键的高能粒子动力学过程，尤其是多时间尺度耦合过程。这将成为研究火星和木星空间环境变化中最核心的观测资源，从而引领国际火星和木星空间环境研究。此外，这些观测也将为我国未来的火星和木星探测计划提供更清晰的科学目标，服务国家深空探测战略。特别是在哈勃空间望远镜服役结束之后，地球轨道对木星紫外极光的监测将不复存在。而国际上由美国国家航空航天局和欧洲航天局牵头的木星系统探测飞船将在 2026~2033 年开展探测。届时，中国空间站的远紫外观测将和局部原位信息互相补充，并与国际最前沿的木星探测形成完美的全局成像局面。

第五节　保　障　措　施

一、搭建学科发展平台

行星空间环境作为一个新生学科研究方向，目前正处于起步和快速发展的阶段。学科发展平台应从软、硬两方面着手建设，并适应学科发展节奏，形成相辅相成的良性循环。

二、完善教育培养体系

我国深空探测事业迅猛发展，急需人才，行星科学一级学科建设迫在眉睫。行星科学一级学科在国内行星科学界的共同努力下，已于 2019 年 1 月在中国科学院大学正式设立。国内各高校代表按照我国的学科设置模式，对行星科学的学科设置和研究方向达成了一致意见，提出了"高起点、快发展、广交叉、深融合"的科教融合发展模式，加快培养世界一流的人才梯队。为了实现这一理念和目标，行星科学界应积极推动行星科学一级学科获得教育部批准，从而可以在国内高校全面铺开各层次行星科学人才培养。由此带来的主要问题是行星科学教育师资力量的培养和储备、教学科研条件的建设。

1）要通过国际国内合作大力培养现有青年科研人员，加快成长，提高其教学科研水平，使之成为今后行星科学师资队伍的中坚力量。

2）贯彻交叉融合理念，吸纳国内外其他学科优秀科研人员加入行星科学队伍，不断壮大师资力量。

3）加强对行星科学的宣传和科普教育，鼓励学生投身行星科学研究，补充人才梯队，壮大人才队伍。

三、提升学科交流平台

学科发展离不开畅通、广泛的学术交流平台。行星科学一级学科在建立之初就布局了学科交流平台。2016 年 9 月，中国地球物理学会正式批准设立行星物理专业委员会，并于 2017 年 10 月正式成立，致力于开展行星物理和深空探测领域的学术交流活动，促进行星物理多学科交叉以及和多种空间探测技术的紧密结合，构建有利于提升行星空间物理领域自主创新能力和优秀人才成长的环境，为国家发展行星空间探测事业献计献策。2017 年 11 月，我国第一本行星科学的英文学术期刊《地球与行星物理》正式创刊，2018 年 9 月被新兴资源引文索引收录，成为展示和交流国内外行星科学领域前沿科研成果的重要平台。2019 年 7 月，由中国科学院大学发起，联合国内 27 所高校成立了中国高校行星科学联盟，联盟宗旨是围绕深空探测国家战略重大需求，建立健全我国行星科学学科布局，完善我国行星科学人才培养与科学研究体系，促进行星科学与探测技术协同发展，加快我国成为行星科学与深空探测并重的世界科技强国的步伐。这一系列举措逐步构建了行星科学的交流平台，未来应进一步提升专业委员会、期刊和联盟等在学科发展的作用。

1）从政策层面不断创新，营造适合行星科学人才发展和交流的氛围。

2）搭建交流平台，通过学会或联盟定期举办国内 / 国际行星科学与技术交流会议和专题研讨会议，推动师资共享与师生交流。

3）通过联盟建立信息共享渠道，及时发布学科发展信息、研究成果、人才引进等重要信息。

4）共同推动行星科学教育和研究基础设施建设，鼓励共建共享，保障学科发展。

四、推动硬件平台建设

基础设施是行星科学发展的基石。目前我国行星科学研究还主要依赖于国外仪器和数据，缺乏自主研究设施和数据，严重制约了学科发展。为了确保行星科学的高水平、快速发展，未来应加大研究基础设施建设力度，建立天体协同的行星科学探测系统，主要分为两个层次。

1）大力推动地基观测设施建设。地基设备具有建设周期短、投资额度小、效能周期长的优势，国内行星科学研究院所应加强合作，建设一批地基光学、射电望远镜，行星空间物理模拟实验装置等硬件平台，解决目前行星科学研究、教育、科普亟须的数据资源需求。

2）积极参与空间和深空探测任务，加大行星空间探测仪器研发力度，并建设天基行星探测设施。

未来十五年，我国地球和深空探测任务密集，行星探测大有可为，也必须有所作为。行星科学团体应积极与航天部门和工程单位对接，在探测任务科学目标设定、行星空间环境探测载荷搭载方面深入沟通，实现科学引领深空探测。此外，还可通过各种渠道筹集资金，规划和实施探测任务，如微小卫星探测，与国家战略形成良好的互补。

五、部署重大研究专项

各国政界和国际学界也都有明确共识：行星空间环境的研究在保障行星探测任务的方案设计、工程实施、成果产出等方面都具有首要意义。加大对行星空间环境研究的经费支持，以期壮大研究队伍和提高研究水平，对于我国深空探测国家战略和行星科学前沿发展都势在必行。与此同时，部署行星空间环境领域的重大研究专项，则是引导我国行星空间环境研究快速发展的最为有效的措施。

根据国家深空探测战略在不同方面的需求，围绕我国深空探测的重要科学目标，重大研究专项可分以下三个方面同时部署。

　　1）集中攻关若干学科前沿问题，实现从跟跑向并跑的转变。科技部和自然科学基金委加大对学科前沿研究的支持，集思广益，选取若干有望取得快速突破的重大科学问题，以问题带动研究，形成一支以年轻人为主，老中青结合的人才梯队，加入到国际学术制高点的竞争中去。

　　2）针对我国深空探测工程重大需求，完成保障任务。国家航天局等深空探测工程实施单位提出应用需求，部署重大专项组织科研队伍进行集中攻关。研究目标以保障工程实施和／或成果产出为主，确保我国的深空探测事业成为全人类共同梦想重要组成部分。

　　3）建立人才培养机制，保证可持续发展。我国深空探测战略已经规划到2035年，是实现中华民族伟大复兴的重要举措。教育部等部门应部署学科建设专项，支持我国行星科学一级学科建设，尤其是注重师资队伍的建设，源源不断地培养行星科学人才，保障我国深空探测事业的可持续性。

　　重大专项的部署应充分考虑我国当前的国情，调动发挥科研人员的积极性，与国家深空探测战略紧密配合，坚持"有所为，有所不为"，保证前瞻性和可持续性。

六、加强专业人才培养

　　行星空间环境研究是面向国家深空探测战略需求的基础性研究，也是行星科学领域的重要发展方向。我国在该领域的起步较晚，人才匮乏。行星空间环境学科要想实现迈入国际一流学科领域的长远目标，人才培养是重中之重。培养有责任、有担当、有学识、敢创新的青年人才，不仅有助于提高我国深空探测研究成果的科学产出，也将进一步提升我国在行星空间环境领域的国际影响力。

　　美国行星科学领域的人才培养走过了70多年的历程。自20世纪50年代开始开展深空探测任务以来，经过几十年已经建成一支囊括了空间科学和技术各领域、涵盖了从资深学者到青年后备力量各梯队的人才队伍。高校是美国行星科学人才培养的重要基地。以大学空间研究联盟的成立为契机，全美共117所高校先后加盟到相关领域的建设中。大学空间研究联盟聚焦六大领域，着眼于科学、技术和教育三个维度，通过带领学生进入科学技术研究的最前线，培养他们成为学科发展的生力军。这些人才培养举措最终全面推动了相关学科在美国的发展。

欧洲起步稍晚，从 21 世纪初才开始大力发展深空探测领域的相关研究。通过以深空探测的旗舰项目为抓手，不到十年，相关领域的人才队伍迅速发展并壮大起来。到目前为止，法国、英国、德国、瑞典、奥地利、西班牙等多个国家都成立了相关的研究机构，并形成了一套完整的人才培养体系。这里以欧洲航天局的第一个深空探测任务——"乔托号"行星探测器为例，来说明开展深空探测任务与人才培养之间相辅相成的作用。"乔托号"行星探测器在 1980 年立项，1985 年发射升空，1986 年与哈雷彗星交会，是第一颗近距离对哈雷彗星进行飞越拍照的航天器。在"乔托号"行星探测器任务的推动下，欧洲培养了一批深空探测的优秀青年人才。他们在 1992 年"乔托号"行星探测器退役之后，进一步促成了"罗塞塔号"彗星探测器计划的立项。"罗塞塔号"彗星探测器分别于 2004 年和 2015 年发射升空，实现了人类首次对 67P 彗星的环绕伴飞和落地探测。

以上美国和欧洲的发展历程表明，人才队伍的建设对实现行星空间环境学科的可持续发展发挥着重要的影响作用。目前，我国已经成功实现了"嫦娥"探月等重大科学工程，并即将首次开展对火星的探测。这些科学任务的顺利进行离不开伴随行星空间环境学科的发展而积累起来的各项理论发现和技术创新。现阶段，深空探测的发展不仅已经对我国行星空间环境领域的各类人才提出了迫切的需求，而且也已成为学科建设与人才培养的巨大推动力。

我国行星空间环境学科的人才培养工作至少涉及两个方面。

1）我国从事相关领域的研究和教学人才尚未形成梯队，急需充实一批专业型的领军人才。除了直接从海外引进优秀人才，一个有效的途径是充分利用本领域的学科交叉特点，通过与国内外资深学者的深度合作，并以重大任务为牵引，对在传统学科（如空间物理等）具有一定科研基础的青年人才进行培养，让他们适当转型从事行星空间环境的研究。结合自身已经具备的科学素养，这些人才的成功转型也将为行星科学领域人才培养体系的建设注入新的活力。例如，在欧美深空探测领域的发展早期，大量学者都源于地球科学的相关领域。德国马普高空研究所所长大力拓展了该机构的研究方向。他不仅从全世界范围内引进了各类相关人才，还基于"乔托号"行星探测器、"索贺"、"罗塞塔号"彗星探测器等众多深空探测任务的载荷研制和观测分析，完成了多项技术攻关和理论突破。这些跨界的基础性工作最终推动马普高空研究所成功转型为马普太阳系研究所。

2）我国尚无独立的相关学科设置和相应专业人才培养体系。放眼全国，仅有中国科学院大学、中国科学技术大学、北京大学、中山大学、澳门科技大学等屈指可数的高校开设了相关专业的研究生课程。这一人才培养现状显然与国家深空探测的战略需求极不匹配。从整体上来看，我国的高等教育现已建成完整的学科体系，并具备充足的教育生源。其中，在与行星空间环境高度相关的学科，如物理、地球物理、空间物理、天体物理和航天等的专业建设方面，我国已有悠久的发展历史。这为孕育出行星空间环境学科的优秀人才提供了良好的基因与适宜的环境。

通过在原有传统院系的基础上对行星空间环境内容的充分涵盖，欧美国家的大量高校均在过去几十年内逐步建立了相关领域的青年人才培养体系，如美国亚利桑那大学等更是成立了独立的科学研究和人才培养单位（行星科学系）。我国高校也可以借鉴他们的成功经验，更好地助力我国的行星空间环境人才培养体系的建设。

七、深化公众科普宣传

对于扩大行星空间环境研究的公众影响，普及行星空间科学教育，做好相应的科普宣传是必不可少的。对此，给出以下政策建议。

1）各行星空间科学相关研究机构，须设立相应行星空间科学科普展示厅，制作相应虚拟视频，每年设定固定的公众开放日对外开放，并配有专门人员做科普解说。

2）借助中国高校行星科学联盟，组织科普专家团每年不定期到相关中小学作科普巡回讲座。并与中国科普协会、全国读书协会等科普机构合作，开设网络科普会议、讲座等，与行星空间科学爱好者形成互动。

3）借助中国高校行星科学联盟和地方政府，建立科普教育示范基地，并开展中小学生行星空间科学夏令营活动。

4）调动科学家科普积极性，鼓励科学家多开展科普宣传活动。将科学家的科普活动、科普论文，科普采访报道等纳入年度考核指标。

5）设定专门的行星科学科普社交平台，或手机应用公共平台，收集各类相关行星空间科学的科普文章，如行星空间科学方向的国际前沿进展及国内研究进展。发布各种相关科普视频及各类科普教育活动信息等。

八、扩大国际交流合作

空间科学工程极为复杂、耗资巨大且持续周期很长，且探测数据的分析也非常复杂，通常依赖多学科的通力合作。在欧美发达国家实施的行星探测项目中，在科学和工程两方面的国际合作是常态。

没有行星科学，深空探测就只能停留在美苏争霸阶段，美苏两个深空探测大国兴衰的分水岭正是在于行星科学的建立与发展。行星科学在深空探测任务的目标规划、实施保障、成果产出三个方面都起到关键作用，而深空探测又是行星科学信息来源的基础，决定了行星科学的发展速度和水平。苏联在金星、火星、彗星探测上取得了压倒性的优势，实现了十多项"首次"，如1961 年到达金星、1962 年到达火星、1966 年着陆金星、1971 年火星表面成像、1975 年金星表面成像等。但是，取得这么多"首次"的深空探测大国却走向了衰落，而美国行星科学和探测却引领至今且独领风骚。一个重要原因就是美国建立了行星科学，并采取了科学和工程的双负责制，还有立项招标的机制。工程方面有几大公司竞争，科学方面众多高校与研究中心竞争。在航天事业发展的初级阶段，苏联模式占优，随着技术的进步和探测目标的增多，美国机制逐渐显示出优势。例如，"卡西尼－惠更斯号"土星探测器任务选用了欧美多个高校研究所研发的当时世界上最先进的科学实验载荷。这样的合作不仅促进了各国科学家之间的合作交流，也节约了成本，避免了重新开发的浪费。美国和苏联两个深空探测大国，一兴一衰，能够给我国在深空探测和行星科学的发展带来很多启示。

我国行星科学还处于相对初级的阶段，加强国际合作是实现学科快速发展和建设高水平研究团队的重要方式。随着我国综合国力的提升，行星科学的发展势在必行。现今国内很多行星科学领域的研究人员都曾有过海外学习工作的经历，"双星计划"的合作为我国培养了一大批空间物理领域的人才。这为我国未来建立深空探测行星科学方面的国际合作建立了宝贵的桥梁和纽带。当前国际形势复杂多变，我国在行星科学领域的国际合作选择的对象与策略至关重要。与此同时，我们必须提升自己在关键科学技术方面的核心竞争力，力争在未来15年内将国际合作关系上从"为我所用"转向"由我牵引"。

在行星空间环境的国际合作应该是多国家、多学科、长时间的事情。人类文明的进步要归功于分工，过去100年来的全球化和国际分工把人类文明推上了一个新的高度。探索太空这个人类的新边疆离不开广泛深入的国际合作。由于行星科学研究属于前沿交叉学科，首先应该增加国内各单位，或同一单位不同部门之间交流合作。特别是空间物理、实验室等离子体物理、遥感技术、天文学、大气科学等学科之间应该交叉融合。

在国际合作方面，提出以下建议：

1）推进空间科学实验仪器国际联合研发。

2）国际共享卫星平台，国内外科学实验仪器配合搭载。

3）引领/共同提出新型行星探测项目。

4）人才交流/培养合作框架协议，主要包括团队管理者、青年科研人员，以及行星科学研究生。

当前，欧洲和美国在行星探测领域处于绝对领先的地位，因此是我们合作的主要对象。当前，国际行星探测发展迅速，越来越多的国家表现出开展行星探测的兴趣，如日本、印度、加拿大、韩国、阿联酋、以色列等国。未来5～15年与这些国家在行星科学领域的合作也将非常值得期待。中国在行星科学领域的国际合作，不仅对于中国成为深空探测行星科学强国有重大意义，对于世界来说，中国的贡献也是不可或缺的。中国应该具有与这一地位相称的科技创新能力，成为人类向深空继续迈进的引领者。基于行星科学与探测的高度复杂特性，全球合作是这项人类共同的工程能够走到更高高度的关键。与此同时中国的国际合作策略应与时俱进，力争在未来15年的时间内，我们实现引领世界的行星探测计划，在拓展人类知识边界的道路上贡献更多的中国智慧。

本章参考文献

何飞 . 2020. 行星空间环境光学遥感 . 科学通报，65：1305-1319.

惠鹤九，秦礼萍 . 2019. 我国行星化学学科发展现状与展望，中国科学院院刊，34（7）：769-775.

戎昭金，崔峻，何飞，等 . 2019. 我国行星物理学的发展现状与展望，中国科学院院刊，34（7）：760-768.

Bougher S W, Blelly P, Combi M, et al. 2008. Neutral upper atmosphere and ionosphere modeling. Space Science Review, 139: 107-141.

Feng X.2020. Magnetohydrodynamic Modeling of the Solar Corona and Heliosphere. Atmosphere, Earth, Ocean & Space. Singapore: Springer Singapore.

Fox N J, Velli M C, Bale S D, et al.2016. The solar probe plus mission: humanity's first visit to our star. Space Science Reviews, 204(1-4): 7-48.

Hartogh P,Lis D C, Bockelée-Morvan D ,et al. 2011. Ocean-like water in the Jupiter-family comet 103P/Hartley 2. Nature，478: 218-220.

Ma Y J, Russell C T, Fang X, et al. 2015. MHD model results of solar wind interaction with Mars and comparison with MAVEN plasma observations. Geophysical Research Letters, 42: 9113-9120.

Parker E N.1965. The passage of energetic charged particles through interplanetary space. Planetary and Space Science, 13(1):9-49.

Richardson J D, Kasper J C, Wang C, et al. 2008. Cool heliosheath plasma and deceleration of the upstream solar wind at the termination shock. Nature, 454(7200): 63-66.

Shen C L, Chi Y, Wang Y M，et al.2017. Statistical comparison of the ICME's geoeffectiveness of different types and different solar phases from 1995 to 2014. Journal of Geophysical Research: Space Physics, 122(6): 5931-5948.

Shoemaker E M. 1983. Asteroid and comet bombardment of the earth. Annual Review of Earth and Planetary Sciences, 11(1):461-494.

Wei Y, Yao Z, Wan W.2018. China's roadmap for planetary exploration. Nature Astronomy, 2: 346-348.

第五章

空间地球科学

第一节　战略地位

　　人类的活动、生存和人类社会发展进步离不开地球，对地球的深入了解和认识全球变化始终是人类面临的最重大的科学问题之一。空间地球科学是以空间对地球观测为主要信息获取手段，研究地球科学的问题（目标或驱动力）的学科，其涉及地球科学、信息科学、航天、光电、物理、计算机等诸多前沿交叉领域。通过空间手段研究地球系统及其变化，可在大的时空尺度上对地球进行高精度和系统性观测，具备快捷、动态、真实、多参数、全球性等独特优势。空间地球科学通过空间对地观测，把地球作为一个整体的动态系统，包括各种物理、生物和化学过程，又被称为地球系统科学，涉及大量地球系统复杂现象和基础前沿科学问题。空间地球科学不仅要发展科学驱动下的对地观测能力以提高对地球系统关键要素、过程与圈层相互作用和系统性的认识，也要利用这些观测来提高地球系统环境变化预测的能力。新的观测能力的提高，将为科学认知、模拟预测能力和支撑国家重大需求应用的突破提供新的机遇。空间地球科学不仅涉及科学探索，也是面向应用驱动和社会福祉的科学。其主要特点如下。

1）先导性战略价值。研究空间地球科学是通过空间手段推动地球科学中基础性全局性重大基础前沿科学问题突破的最重要的途径。这些地球科学的重大问题正是空间地球科学面对的重大课题和发挥优势的用武之地。国际社会普遍对未来地球环境变化趋势的不确定性高度重视，而减缓措施又涉及各国发展利益、经济增长模式、社会政策和国家安全，成为国际性的政治和外交问题。

2）促进社会经济和高技术发展、保障国家安全。经济发展离不开自然资源，人类健康离不开生存环境。空间地球科学及其应用对于探索和开发地球自然资源，认识环境问题及其变化具有指导性作用。新的国家安全观不仅包括国防、军事等传统安全领域，还涵盖了生态、粮食、水资源和清洁水、海洋、自然灾害等与地球科学直接相关的安全问题。落实"一带一路"倡议，需要充分了解我国及相关地区，乃至全球的状况并进行预测。空间地球科学在减灾防灾、气候变化、可持续发展等方面的研究成果，为经济社会健康、稳定、安全和可持续发展提供保障，也为国家决策提供重要科学依据。

3）对建设科技强国的支撑作用。空间地球科学与《国家中长期科学和技术发展规划纲要（2006—2020 年）》的多项内容紧密相关，包括海洋环境立体监测技术，海洋生态环境保护，全球环境变化监测与对策，城镇区域规划与动态监测，重大自然火害监测与防御，地球系统过程与资源、环境和灾害效应，人类活动与地球系统的影响机制，全球变化与区域响应等，是国家科技发展和学科发展布局中的重要组成部分，反映了其重大科学价值和国家的迫切需求。

4）空间地球科学作为既有重大基础前沿研究内涵，又面向社会聚焦关注的重大现实问题的重要领域，在我国建设社会主义强国的发展目标中具有基础性和战略性地位。加强空间地球科学研究，取得重大科学突破，满足国家重大战略需求，支撑国家长期稳定发展，是将我国建设成为科技强国的重要内容。包括空间地球科学在内的空间科技是国家科学和技术实力的重要标志将有力推动航天技术进步，带动多种高技术发展，对建设科技强国起到强有力的推进作用。

5）地球系统中相互作用的大气、海洋、陆地、生物、冰雪圈、固体地球使其成为一个复杂的、不断变化的系统，影响地球生物的各个方面。地球系统的自然变化会影响人类活动、水资源、食品安全、大气成分、生态系统、人类健康，甚至人类的迁徙。随着人口增长，预测地球系统变化的能力越来越重要，是人类实现可持续发展的重要保障。空间地球科学不仅要观测和认识地球系统，更要服务于预测自然的和人类活动导致的地球系统环境的变化。针对地球科学的基础和前沿科学问题及国家重大应用需求，以空间对地球观测为主要研究手段，通过观测与模型的有机结合，提高对人类活动及地球三大自然循环系统（能量、水、和生物地球化学循环）的关键要素、过程和系统特征这三个层次上，以及不同时空尺度上的分布与变化规律的科学认识和模拟预报能力，来研究地球系统变化的机理和规律，并服务于国家重大应用需求。

6）空间对地观测技术是空间地球科学/全球变化的核心。空间对地观测技术是涉及地学、航天、光电、物理、计算机、信息科学等诸多学科和应用领域的尖端综合性技术。观测平台包括地面遥感车、气球、飞艇、飞机和卫星等，各种平台相互配合使用，实现对地球陆地、大气、海洋的立体、实时的观测和动态监测，提供宏观、准确、综合、连续多样的地球表面及近地空间环境信息和数据。空间对地观测技术改变了人类获取地球系统数据和对地球系统的认知方式，对科学创新起到了基础性支撑作用。在2004年第4期《自然》杂志上发表的文章指出地球空间技术与纳米技术和生物技术一起被誉为21世纪三大前沿科技领域，它因此也成为当前世界高速增长的新兴产业之一。利用空间对地观测新技术，人类不仅可以开展气象预报、资源勘探、环境监测、农作物估产、土地利用分类等工作，还可以预报沙尘暴、旱涝、火山、地震、泥石流等自然灾害、人类活动引起的其他灾害以及研究太阳系的演化等。

7）人类面临严重的能源匮乏、全球变化及重大流行性疾病等挑战，基础和前沿领域的科技进步与创新深刻地影响国家和民族的前途命运。中国作为一个发展中大国如何维护好国家发展权益、赢得发展空间，是我们面临的最重要和紧迫的任务。各空间大国高度重视空间地球科学和全球变化领域的发展。中国的空间地球科学大量依赖国外科学数据，随着科技和经济水平发展，中国要为人类作更多贡献，成为真正的强国。

空间地球科学开拓人类深刻研究地球的新途径和新视野，是对传统地球科学研究方法的革命性变革。它使地球科学的研究从局部拓展到全球和整体，从静态扩大到动态，从陆地、海洋、对流层延伸到平流层以上的空间，为突破以往难以解决的地球科学重要基础科学问题提供了新的可能。

加强我国空间地球科学的顶层设计，针对国家科技进步、经济和社会可持续发展、国家安全、环境灾害监测中的重大理论和关键技术问题，加强空间地球科学研究的创新和集成，对地球科学研究做出基础性、战略性、前瞻性的重大贡献。建设以空间地球科学研究为主的国家级科学研究基地，培养一批站在国际前沿的中青年学术带头人，全面提升我国空间地球科学自主创新能力，为实现我国空间地球科学整体跨越发展奠定基础。

第二节　发展规律

空间地球科学的发展始于空间对地观测技术和探测能力的创新，经过几十年的发展已经部分地实现了对地球陆地、大气、海洋的立体、实时的观测和动态监测。空间地球科学可提供宏观、准确、综合、连续多样的、不同时空分布的地球表面及近地空间环境信息和数据，用于提高对地球系统的认识，更全面地刻画地球系统的现状和未来变化。

当今，空间科学与技术的发展日新月异，人类探索宇宙的步伐越来越紧迫，人类活动向太空的延伸也越来越深远。空间地球科学作为与重大科技突破和人类生存发展密切相关、能够引领密集技术创新的前沿交叉学科，在国家发展中发挥着越来越重要的作用，成为世界强国高度重视和争相支持的重要学科领域。

空间地球科学是新兴的学科，学科交叉是其突出的特点。从学科角度来看，它主要涉及空间科技和地球科学两个领域。其中，地球科学是空间地球科学的本质和灵魂，空间地球科学所关注的重大科学问题莫不是地球科学正在关注的重大科学问题。研究地球科学的重大科学问题又越来越离不开空间地球科学的作用和贡献，同时唯有先进的空间手段才能为地球科学研究提供如此系统、全面、时空连续的观测能力。先进的空间观测手段的出现并不意味着对传统观测手段的全面替代，二者之间是互补和融合的关系。

空间地球科学受益于工程技术进步，如航天技术、工程技术包括光学、精密机械、电子信息、材料科学、工艺学等学科发展和高技术进步。同时，空间地球科学不断深化也对工程技术提出更高要求。空间地球科学的发展通常离不开相应的空间对地观测卫星的支持。其中，美国、欧盟、日本、俄罗斯和中国是空间地球科学和空间对地观测主力军。

地球系统科学实际上就是因人类面临的环境危机而兴起的，空间地球系统科学特别关注全球变化这一关系人类社会发展所面临的共同严峻挑战。空间地球系统科学所采用的空间观测手段是开展地球系统科学研究的主要途径，结合空间探测资料（和历史资料）开展地球系统数值模拟，通过集成研究，从对地球现象的描述向定量化和动态过程深化研究发展，取得全球变化的成因、趋势、后果、预测等科学认识，提出减缓措施及科学依据，是空间地球系统科学面临的重大任务。

空间地球科学是借助航天器在高层大气和大气外层空间区域对地球系统各个要素开展针对性观测，认识地球系统的学科。空间地球科学的观测谱段可以覆盖微波、红外、可见光、紫外到 γ 射线的整个电磁波段。从"遥远"的高处观测地球，空间覆盖范围更为全面；观测频率和时间可依据卫星和传感器设计达到规律、稳定，并随着传感器探测能力的发展，逐渐实现高灵敏度、高空间分辨能力，能够实现密集、连续的观测。

空间地球科学主要依靠空间对地观测技术，对地球大气、海洋、冰雪、生态、岩石和人六大圈层中发生的主要变化及相互作用过程进行全面监测。其深入认识地球六大圈层相互作用的机制和演化规律，同时结合地基和其他观测资料，分析研究并确定全球变化的不同侧面和反应（如温度、降水、冰盖、海平面、初级生产力等），研究全球变化的自然因素（驱动力）和人为活动的影响，全面了解地球系统的演化规律。

空间地球科学的特点要求空间观测技术提供足够的硬件支持，同时掌握将空间观测的电磁波信号转换为地表及近地空间环境关键参数的能力，并以科学的方式融入地球系统自然科学应用,开展地球科学研究。

空间地球科学的发展离不开与之紧密相连的探测技术等关键技术的发展,尤其是那些目前不具备基础但需大力发展的技术和能力。在空间地球科学发展的早期,研究电磁波各个波段、极化方式对地表及近地空间环境关键参数的敏感性,是科学发展的核心基础。空间科学探测综合技术方向包含可支持多个空间科学任务的共性/通用技术、制约空间科学发展的关键瓶颈技术、支撑平台技术和新空间技术等。空间科学卫星计划包含大量新需求、新思路、新设计、新工艺,是原始创新的重要源泉。空间科学卫星与一般应用卫星有所不同。在轨道设计方面,多数也都需要超出常规应用卫星轨道的特殊轨道设计,如大椭圆轨道、低倾角轨道、太阳同步轨道、冻结轨道、编队飞行轨道等。

在地球科学关键参数反演和研究方面,早期反演算法以从观测信号中构建信号因子,与地球关键要素建立回归关系实现反演,并且以单种观测方式或少数频段为主。空间地球科学的发展需要反演技术的物理化、稳定化、去经验化,同时联立多种观测方式,以提高反演结果的精度、连续性和时空分辨率。

空间地球科学是从外层空间宏观观测地球的重要手段,突破了地表观测视角的限制,对于监测大范围、大尺度连续地球过程,如风暴、洋流有显著的优势。高分辨率卫星能聚焦重点关注区域,提供高分辨率、连续分布的地表空间细节,如地表覆盖变化、地面沉降等。当前,主要空间国家/组织相继制定或更新空间地球科学发展规划,空间地球科学事业在国家整体发展战略中的地位与作用日益突出,空间活动对人类文明和社会进步的影响进一步增强。

全球自然灾害的发生呈现增加趋势,对自然灾害的研究、预报提出了更高的要求。利用空间平台居高临下地观测地球,可以系统地研究大气、水、生物和岩石圈系统。我国是人口多、国土面积大的发展中国家,将不可避免地承受、应对和缓解全球变化的双重压力,并承担国际责任。美国、英国、法国、德国、日本等国在工业化、现代化建设时期,经济发展以牺牲环境质量为代价。为协调环境问题和经济增长的关系,实现可持续发展,迫切需要空间地球科学在保护人类生存环境方面提供重要的支撑,包括:

1）在落实应对气候变化的国家方案中发挥监测和决策支持。

2）对水资源短缺与水资源污染进行监测和监控。

3）应用于太阳能、风能、潮汐能等新能源资源的普查与利用。

4）监控土地利用变化，保住耕地 18 亿亩红线。

5）区域性重大自然灾害与公共安全中应急监测等。

随着经济社会发展，人们对生活质量提出更高的要求。人类生产和生活需要的诸多信息都与空间位置有关。当前地理信息系统和数字地球蓬勃发展，提供了组织和使用空间信息的最佳方式。虚拟地球三维场景和地理环境，极大地提升了大众获取地理信息的用户体验以及探索未涉足区域的热情和能力。通过遥感探测的地表空间科学信息是数字地球的数据输入源，可见光和雷达影像导入数字地球可视化系统，能够生动形象地提供地表场景和地形地貌三维结构；通过遥感图像识别的公路、道路、河流，已成为制作交通地理图、支持行程智能规划的重要信息来源。卫星提供的天气过程观测，如降水雷达图像，可以观测到降雨云团移动的过程，在发达国家已经深入应用平台，为社区居民规划出行提供便利。随着空间地球科学应用范围的扩展，在 5G 通信技术的支撑下，将有更多的空间地球科学信息加入社会经济应用领域，显示了空间地球科学推动经济发展的能力。

当前地球系统科学的发展趋势主要体现在：

1）更加强调地球系统六大圈层的相互作用。

2）以地球系统的三大关键循环过程（如能量、水、生物地球化学循环）作为切入点，需要发展形成对整个地球系统的研究能力。

3）观测与模型的有机结合是实现对地球系统变化科学规律认识突破的关键手段。

4）更加重视对人类社会可持续发展的作用。

地球内部、陆表、生态、大气和海洋的物理、生物化学等自然过程以及与人类活动的相互作用和影响非常复杂，人们已认识到以传统圈层（如大气、水、生物、冰冻圈等）划分的研究方式有很大的局限性。

随着探测手段的不断完善及人类认知能力的不断提高，空间探测技术正在向着更高（灵敏度）、更精（分辨率）、更强（多任务、多功能）、更准（标定能力）和更宽（观测范围／谱段）的方向发展。新的实验手段和观测窗口将被广泛利用和开拓，编队飞行等探测方式将变得越来越普遍。扩展地球关键要素探测范围，针对性地根据不同地球关键要素变化时空特点发展传感器和卫星观测手段技术，以支持地球科学研究，并在实现科学探测目标的基础上，实现更高分辨率、更高精度、更微小、更轻型和更节省资源的技术将渐成趋势。

充分利用空间探测技术的优势，监测和认识地球六大圈层中发生的主要变化及相互作用过程。尤其是可靠的气候模拟需要对已知存在不足的过程描述加以提高，包括：云、气溶胶、对流系统；生物圈－大气相互作用；耦合的海冰和海洋环流、冰川消融；冰盖动力学；海洋－大气、陆地－大气、冰－大气、边界层和自由对流层、对流层－平流层、冰－洋交接面上热量、动量、水和示踪物质的交换；地球气候系统内部的变化。地球系统科学将全面地监测和认识地球系统的水、能量和生物化学循环过程，提高预报和预测地球系统各分量变化的水平，增强减灾防灾、资源管理和环境保护等方面能力。

空间地球科学综合利用地球观测系统形成的长时间序列、高时空分辨率的实时对地观测数据，验证并改进对地球六大圈层主要过程和地球系统的描述和模式化，提高天气预报、气候环境和全球变化及相关灾害的预报预测水平。空间地球的观测正趋向于获得更高时空分辨率的三维动态地球环境科学数据，实现空间观测与地球系统模式的有机结合，扩大地球变化模拟和预报预测信息的应用范围，增加空间地球科学的经济社会效益。

以美国国家航空航天局为例，美国空间地球科学十年展望的系列评估报告对地球观测和任务、技术投资，以及科学层面的优先级别做了详细规划，成为指导空间地球科学和应用领域发展的指南。综合对地观测和地球系统科学研究作为一个有机的整体相互促进、不断深入。地球系统科学研究不但需要高精度、多尺度、立体、全覆盖、连续过程的遥感监测信息，而且对遥感监测信息提出了更高的要求。这些需求促进了全球范围内各种卫星计划、新型传感器和反演方法的发展。国际上主要的地球系统模拟计划都把观测系统及其处理技术（数据同化）作为地球系统模拟的一个有机整体。空间对地观测与地球系统各模型的有机结合研究已成为目前发展的主要趋势。

第三节　发 展 现 状

一、国际现状

空间地球科学受到各空间大国、地区的高度重视,如 2016 年美国国家航空航天局空间科学预算为 55.9 亿美元,空间地球科学预算为 19.2 亿美元,占比 34%。欧洲航天局 2000 年以来的年均空间科学投入为 23.2 亿美元,空间地球科学约占其中的 23%,显示了欧盟国家对地球环境和全球变化的高度关注。

全球卫星导航系统对资源利用、环境保护、公共服务等方面的科学发展产生深刻影响,并为全球范围内许多重大地球科学研究任务如国际地球参考框架维护、海平面变化以及气候学的研究等提供数据支持。美国 1999 年首次提出了全球定位系统现代化政策,并于 2005 年起开始实施。俄罗斯全球轨道卫星导航系统于 2012 年底重新恢复了满星座的工作状态。欧盟伽利略系统也相继加快了建设步伐,并取得了重大突破。美国、俄罗斯、欧盟、日本、印度分别建立了各自的星基增强系统。日本和印度也分别建立了自己的区域卫星导航系统准天顶导航卫星系统。2011 年,国际全球导航卫星系统服务组织国际导航卫星系统服务启动了多全球卫星导航系统实验计划,在全球建立了90 多个多频多系统地面观测跟踪站。目前,国际导航卫星系统服务能够全面及时地提供高精度的跟踪站坐标、卫星轨道及卫星与测站钟差、地球定向参数、对流层及电离层延迟、频间偏差等产品,已成为促进国家经济社会发展必不可少的重要手段。

卫星测高在空间大地测量学方面可以用于确定高分辨率的海域重力异常和大地水准面,还可应用于获取海深、海底地貌等信息,为舰船的航行提供安全保证。利用测高、重力场和海洋数据等可以确定近海岸平均海面高和近海区域精细重力场。测高卫星经过多年发展已有了很成熟的应用。1973 年,美国国家航空航天局发射了第一颗试验卫星——"天空实验室",第一次进行了海洋卫雷达测高试验。之后国际上先后发射了多颗测高卫星（唐新明和李国元，2017）。

卫星重力测量是目前测定高精度全球静态和时变重力场的主要技术。20世纪 80 年代，地球重力探测计划提出后，人们对重力卫星技术进行了深入的研究。经过 40 多年的理论研究、技术设计和试验，重力卫星计划得以实施，主要的卫星项目有挑战性小卫星有效载荷、地球重力场恢复与气候实验卫星、重力场与稳态海洋环流探测器等。以上由欧美执行的卫星任务开辟了探测全球重力场及其变化的新纪元，极大地提升了地球重力场和大地水准面的中、长波分量的准确度，使全球和区域高程基准统一成为可能，且为监测全球变化提供了一种独立快速的有效手段。

应对与全球变化相关的挑战和机遇，需要进一步认识导致全球变化背后的人类活动和自然变化过程的影响。水和能量循环的耦合，生态系统变化，天气和空气质量预报的准确性提高和时效性延长，气候不确定性减小和反馈，海平面上升，地表动力学和地质灾害等都是未来十年空间地球科学关注的领域。2020 年 5 月美国国家研究理事会发布的《美国国家科学基金会地球科学十年愿景（2020—2030）：时域地球》中提出的美国地球科学研究的方向也强调了：

1）地球的水循环如何变化？

2）生物地球化学循环如何演化？

3）地质过程如何影响生物多样性？

4）对于气候系统动力学，地球的过去揭示了什么？

5）关键带——陆地表层是如何影响气候？

6）地球科学研究如何降低地质灾害的风险和损失？

7）未来地球及其组成物质的观测将比以往任何时候都更加依赖于整合的新型技术、数据分析、人力和物力资源。

二、国内现状

我国从 1970 年自主研制并成功发射了第一颗人造地球卫星"东方红一号"至今，航天事业阔步前行。截至 2019 年，我国共发射各类航天器 500 多个，在轨运行的超过 300 个。根据空间技术发展规划，到 2020 年我国空间地球观测与其他观测手段相结合，将形成全天候、全天时、全球覆盖的对地观测能力，为现代农业、防灾减灾、资源环境、公共安全等重大领域提供服务和决策支持，确保信息资源自主权，形成空间信息产业链。

我国北斗卫星导航系统于 2020 年 6 月全球组网完成（图 5-1），可为海陆空各类用户提供连续、实时的定位、导航、授时、定姿、气象、防灾减灾等服务，并为全球范围内许多重大地球科学研究任务如国际地球参考框架维护、海平面变化以及气候学的研究等提供数据支持，已成为促进国家经济社会发展必不可少的重要手段。在研究地球科学问题时，需要统一的参考系统，也就是地球坐标系，它是大地测量学和地球动力学研究的一种基本坐标系。国际地球参考框架是国际上约定统一采用的地球参考框架，是由国际地球自转和参考系服务建立的全球地面观测台站。目前，国际地球参考框架已成为国际公认的应用最广泛、精度最高的地心坐标参考框架，ITRF2014 是最新框架。我国 2000 国家大地坐标系是为了适应中国国民经济高速发展而建立的地心坐标系，采用的是 ITRF97 框架，而国际地球参考框架综合了其长基线干涉仪、卫星激光测距、星基多普勒轨道和无线电定位组合系统、全球导航卫星系统等多种空间大地测量观测数据经联合平差得到，未来需要更新我国 2000 国家大地坐标框架。

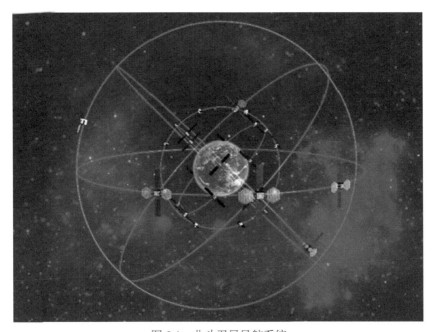

图 5-1 北斗卫星导航系统

资料来源：陈飚. 北斗卫星导航系统介绍. http://www.beidou.gov.cn[2023-04-05]

卫星测高技术是获取全球海洋观测信息的主要技术之一，在大地测量学和海洋学等相关学科具有广泛应用，并在水文学和冰川学等交叉学科研究中发挥了重要作用（李建成和金涛勇，2013）。卫星测高任务逐渐向高空间、时间分辨率发展，除合成孔径雷达干涉测量技术以外，还有测高卫星星座技术，以及已发射基于全球导航卫星系统信号测高技术的旋风卫星导航系统计划等。这些探测计划的实施将有助于更好地理解全球海洋和地表水的循环机制，对水文学、海洋环流和全球气候等方面的研究具有重要意义。我国发射了"海洋二号"卫星，可用于监测海面、海面风场、有效波高、海洋重力、海表温度场和大洋环流等重要的海洋参数；发射的"资源三号"卫星 02 星搭载了试验激光测高荷载；2019 年发射立体观测"高分七号"卫星，该卫星将具备优于 1 米分辨率的立体观测能力和精度优于 1 米的激光测高能力。

地球重力场反映地球系统质量的分布，其时变信号可揭示质量的重新分布，为测绘学、地球物理、海洋学及空间科学等相关地球科学的研究和发展提供重要的基础地球空间信息。21 世纪初，国防科学技术工业委员会（现工业和信息化部），以及测绘、地震、航天等部门组织相关单位从测绘、地震、全球环境变化、地球物理等领域全面地进行了全面的重力卫星测量的需求分析、可行性分析、卫星系统的指标论证以及地面演示论证，具有了卫星总体和卫星系统指标设计的能力。针对类地球重力场恢复与气候实验卫星任务的卫星重力测量模式，实施了超静超稳平台控制、在轨质心测定与调整、高精度温度控制等技术的攻关，完成了地面与应用系统技术的论证。

全球导航卫星系统、遥感技术和地理信息系统（统称为 3S）是空间技术、传感器技术、卫星导航技术和计算机技术、通信技术相结合，多学科高度集成地对空间信息进行采集、处理、管理、分析、表达、传播和应用的现代信息技术。全球导航卫星系统、遥感技术和地理信息系统在空间信息采集、动态分析与管理等方面各具特色，且具有较强的互补性。遥感技术主要用于快速获取目标及其环境的信息，发现地表的各种变化，及时对地理信息系统进行数据更新。地理信息系统通过空间信息平台对全球导航卫星系统和遥感技术及其他来源的时空数据进行综合处理、集成管理及动态存取等操作，并借助数据挖掘技术和空间分析功能提取有用信息，为其他相关智能化应用服务。随着移动设备和互联网设备的性能增长，基于位置感知的应用也在快速增长，位置感知变得越来越重要。基于全球导航卫星系统和地图的位置服务室内定位技术已被广泛应用。在世界加速发展的今天，这一特点使得 3S 技术在应用中紧密结合，并逐步朝着一体化集成的方向发展。

合成孔径雷达干涉测量技术因其高精度、高分辨率、全天候等优点，以及以面状形式获取数字高程模型、监测地表变形等优势迅速成为常用的大地测量技术之一。利用合成孔径雷达干涉测量技术在数字高程建模，形变精细化监测，地表大范围、高空间分辨率动态形变观测值反演地震、火山、滑坡、开采沉陷、冰川运动与物质平衡、冻土冻融过程的物理力学参数，极化干涉信息的地表覆盖层参数反演方面取得了较大进展。

随着我国"海洋强国""一带一路"等的推进，海洋测绘作为海上活动的"先头兵"，在技术、装备等方面遇到了前所未有的机遇和挑战。海洋测绘对建设"数字海洋""透明海洋"，对深海资源开发、海态环境监测、海洋渔业生产、海洋工程建设等活动顺利开展具有重要的保障意义。

水下导航定位和位置服务系统是海洋活动、海洋安全、搜救执法、海洋资源环境调查、综合管理、海上生产生活及灾害防治的重要支撑条件。与海面及陆地导航定位不同，水下导航定位及位置服务信号要求具有穿透水体的能力。目前，应用最广泛的水下声学导航定位系统主要有长基线定位系统、短基线定位系统与超短基线定位系统等。

以信息技术为主要标志的科技进步日新月异，"数字海洋"基础框架的构建更标志着传统的海洋测绘事业正发生革命性的变革。海洋测绘与"数字海洋"的建设密不可分。小型化、自动化、数字化和智能化将是海洋测量仪器的发展方向，以船只、飞机和卫星为平台的立体测量框架将是未来海洋测量的发展模式，综合要素的测量会成为主要的测量方式，测量数据的内业处理与成图将会更加完善和标准化，海洋测绘数据库的建设将更具有现势性和完善性。

我国的空间对地观测技术从无到有，从单一载荷到多任务载荷，应用领域不断扩大，在这个过程中培养了一批具有扎实专业技术知识的研究团队。并针对我国的实际情况，发展了许多地球物理参数定量遥感反演的方法和技术。卫星遥感产品在许多业务工作（包括减灾防灾和资源普查与管理等）中得到了广泛的应用，产生了极大的社会和经济效益。随着我国航天技术的进步和地球系统科学探索需求的深入，我国已基本具备了研发地球系统科学卫星的条件。但我国在卫星遥感技术方面起步较晚，通常参考国外已经成熟测试的传感器配置和测量技术，直接发展业务型卫星。而科学探索这一过程的缺失将导致卫星发射之后观测数据在一段较长的时间内得不到有效的应用，这也导致我国在地球系统科学探测方面创新能力不足。此外，我国还没有形成地球系统综合观测体系，地球系统科学研究还高度依赖国外卫星数据。

开展综合的空间对地观测和地球科学研究，有利于提高对地球系统及其对自然和人为变化响应的科学认识，提升对气候、天气和灾害的预测预报能力，满足日益突出的社会需求。全球变化问题是目前地球科学中最具挑战、与人类社会发展紧密相关的课题，也是国际社会最为关心的重大全球性问题。依托国际卫星对地观测委员会和世界气象组织等国际合作的框架，对科学计划和任务进行优化，完善地球观测和模拟系统，包括发展新的观测手段、数据分析和模拟方法，是我国空间地球科学的一项长期和艰巨的挑战。

21 世纪以来，地球系统科学的概念在我国逐渐形成，并得到自然科学基金委、中国科学院和科技部的重视。空间对地观测技术的发展正在努力解决地球系统科学和全球变化的问题，形成了支持发展地球系统科学研究的共识。在国际地球系统科学领域中，创新地提出了很多自己的观点和理念，如"人类活动在地球系统科学中定量化地研究问题""全球变暖、人类活动和地球系统科学的关系"问题等，积极参与国际性与全球变化的科学计划和重大活动，为国际地球系统科学的发展做出贡献。空间地球系统科学作为研究全球变化的一种新方法，在引导我国地球科学发展上发挥了重要的作用。

随着我国综合国力的增强，科研投资的显著增加，培养了大批地球科学工作者并取得了丰硕的研究成果，使我国拥有国际上不可忽视的地球科学研究力量。地球科学相关学科门类齐全、学科体系建设完整，大批海外学者归国，中青年科学工作者快速成长，科学引文索引论文数量及引用率上升。我国已成为有重要影响的地球科学研究大国，为传统地球科学为空间地球科学的发展打好了基础。

目前，我国空间地球科学的研究现状总体呈现出以下特点（杨元喜等，2017，2020；姚宜斌等，2020）。

1）学科快速增长。20 世纪 80 年代以来，由于空间技术、计算机技术和信息技术的飞跃发展。以电磁波测距、卫星测量、甚长基线干涉测量等为代表的新的测量技术出现，给传统测量带来了革命性的变革。空间测量技术的兴起，为研究地球形状和重力场及其随时间的变化提供了新的更高精度、更高分辨率的观测手段，主导着学科的发展和应用领域的拓展。

2）测量仪器的量子化、智能化、集成化和实用化是未来发展的重要态势。包括我国"北斗三号"卫星导航系统在内的全球导航卫星系统、卫星测高系统和卫星重力测量系统，以及航空、海洋和地面大地测量技术等已经取得重要进步，将为推进深地、深海和深空"三深探测"提供重要的观测信息。

3）应用领域和研究范畴的快速拓展。测量技术可实现连续、动态观测，尤其是全球导航卫星系统、卫星激光测距、甚长基线干涉仪、星基多普勒轨道和无线电定位组合系统的发展。近年来，以全球导航卫星系统为主的卫星导航定位基准站网发展飞速。覆盖全国的卫星导航定位基准站网，不仅可以更好地服务传统测绘的应用领域，也为智能驾驶、精准农业等新型应用提供了重要位置信息，为特高压、城际高速铁路和城市轨道交通等"新基建"提供了高精度空间基准基础设施。此外，卫星测高、卫星重力测量等技术的发展，极大提升了空间与海洋大地测量为地球表面、海洋和太空目标点位置和重力场提供连续的时序观测信息的能力。尤其是合成孔径雷达干涉测量技术的发展，推进了地表形变监测、滑坡监测、矿山形变监测、大型水坝监测、城市地下水变化监测以及特殊工程形变监测等技术进步。此外，随着数字化、互联网＋、人工智能技术的发展，学科应用领域也随之迅速拓展广泛应用于城市的位置服务等。近十几年来，深度学习、人工智能、大数据分析等信息技术的快速发展，给传统测量数据处理与分析带来了新的途径，也进一步扩展了其研究范畴。

4）特色分支学科迅速成长。大地测量是地球科学重要的分支学科，而现代大地测量技术的发展，尤其是各类位置感知传感器的发展，可为几何大地测量和物理大地测量各类目标提供连续的、高精度监测信息。例如，作为现代大地测量学最重要、最活跃的分支学科，空间大地测量显著提升了现今大地测量对地观测的精度、可靠性、分辨率及时效。空间大地测量已成为精密测定地表几何位置及变化规律，获得地球重力场及其时空变化特征，定量研究地球质量分布迁移运动规律，探究地壳运动变形的动力学机制，精密测定空间飞行器的位置及导航等的重要手段，直接推动了现代大地测量学与地震、海洋、冰川和水文学等领域的交叉研究。目前已经广泛应用于监测地球旋转变化、监测行星几何形状与重力场、反演大气的水含量变化、反演海洋几何与物理变化、反演板块运动和冰川消融等。

卫星测高作为大地测量技术的应用，是大地测量学、地球物理学和海洋学等学科交叉发展的基本技术之一。在确定海洋大地水准面起伏和重力异常、海洋与极地环境监测、有关海洋地球动力学现象监测和解释等方面，卫星测高发挥了重要作用。卫星测高在恢复地球重力场方面具有全球高覆盖率、高空间分辨率、高精度和高时间重复率等优点，在地下水储量变化、物质迁移、资源勘探及海底地形反演等方面具有独特的作用，促进了大地测量和地球物理学科的交叉发展。

5）新兴学科快速发展。卫星测高技术、航空重力测量技术以及海洋重力测量技术的发展，促进了海洋大地水准面、海平面变化等分支学科的发展。海底定位技术的进步，空、天、海及水下定位技术的发展，以及水下重力和磁力传感器的进步，促进了水下导航定位理论的发展与技术进步，进而促进了真正的"海洋大地测量学"（海洋物理大地测量、水下导航定位学科）的发展。

我国空间地球科学重视程度越来越高，学科交叉和综合趋势不断加强。观测技术和数据处理能力显著提高，与国内重大应用任务需求结合紧密。国际合作研究加强，开始从中国走向世界。我国空间地球科学的研究刚刚起步，还未形成完整的学科架构体系和系统科学研究规划，各个分支学科的发展参差不齐，研究工作较为零散，系统性不强，研究水平距国际先进水平有明显差距。同时，对地观测技术的自主创新能力不强，数据质量和定量化程度有待提高，尚缺乏重大的国际公认的科学成果，高水平的领军人才还比较缺乏。

目前，我国空间地球科学及各分支领域的研究力量比较分散，组织大型研究计划和凝聚较大队伍存在障碍，不能有效集中优势力量。卫星数据分散在各部门，数据开放程度低，资源难以共享。大型空间项目中科学家作用发挥不够，科学研究和地球科学观测技术结合不够，等等，需要针对问题努力加以改善。

第四节　发 展 布 局

一、发展目标和科学问题

过去 60 年的空间观测最重要的成果是揭示了地球系统在各个方面变化的程度及多种原因，管理与全球变化相关的挑战和机遇，需要认识导致全球变化背后的人类活动和自然变化过程的影响。空间地球科学研究战略顶层设计的目标是确保中国在有限的空间地球观测的投资中获得最大收益。中国空间地球科学研究的战略目标包括：

1）提高对地球系统认识，以应对环境变化的挑战并改善地球生命；

2）通过地球系统的三大自然循环系统的系统性观测，大幅提升对地球系统六大圈层相互作用和过程在不同时空尺度分布与变化规律的认识；

3）认识全球变化的自然因素和人为活动的影响，不断验证和改进地球系统模式，提高再现过去地球系统变化的能力以及预测未来变化的水平；

4）更加有效地应对全球变化对人类社会可持续发展的技术方法和政策。

虽然空间观测仅仅是地球信息系统核心的一部分，但是其为人类提供了唯一且关键的数据，使人们能够从全球的角度对相互关联的人类活动和自然过程进行分析，建立对地球系统中高度相关的各种过程是如何与其他过程相互影响的认识。中国空间对地观测要满足社会对处于迅速发展和变化中的地球的信息需求，以认识和预测地球系统三大循环（水、能量、生物化学）为突破，对地球六大圈层中发生的主要变化及相互作用过程进行全面的监测，开展综合的空间对地观测和地球科学研究，增加对地球系统及其对自然与人为变化的响应的科学认识，提升对气候、天气和灾害的预测预报能力，满足社会可持续发展需求。

空间地球科学新技术的出现，促进了空间地球科学与地球科学中其他学科的交叉与渗透，为人类从更精细、更深入、更定量化的角度认识地球、解决以往难以解决的关于地球科学的许多基础性科学问题提供了可能。随着各类对地观测卫星的研制和成功发射，空间地球科学技术得到了迅猛的发展，测量的准确度和可靠性提升到更高水平。测量时间大大缩短，测量的空间分辨率也有大幅度提高。空间地球科学使我们可从多个角度开展地球科学有关的基础性、前瞻性问题以及地球和空间环境变化等的研究。然而，卫星资料和数据产品在气候变化、环境监测等领域的应用仍存在以下不足。

1）卫星产品的精度仍制约产品的应用，如大气遥感领域中云、气溶胶、水汽等参数的估算精度无法满足天气预报和气候变化预测的应用需求。

2）卫星产品的连续性依赖不同的卫星载荷，难以建立连续长时间序列的产品数据集。

3）卫星产品作为气候模式应用中的验证数据，为模式参数化的改进提供参考和依据，然而卫星数据在模式初始场的设置等环节仍未得以充分利用。

目前，我国相关行业部门都发展了各自的中长期对地观测集合和学科发展战略，尤其是气象卫星、海洋卫星、陆地资源卫星和环境卫星（张庆君和赵良波，2018；蒋兴伟等，2019）。这些卫星战略极大地推动了相关行业的科学和业务应用。然而，地球系统科学的综合观测需要发展科学卫星和综合协调业务卫星。科学上的突破常常来自新的探索性观测，新技术任务会激发和推动对地球系统科学的基本认知，推动我国未来空间地球科学的发展。

二、计划布局与优先领域

地球系统是一个包括地球内部、陆地表面、大气、海洋、冰盖、生物等圈层以及各组分间相互作用的巨大动态系统。地球系统科学研究的总目标是通过观测、认识和模拟地球系统，实现认识地球系统如何演化的科学规律以及对人类社会可持续发展的目标。而由于当前六大圈层的学科和过细的研究机构的划分以及相互独立的研究方式，要实现地球系统科学的科学目标面临着巨大挑战。而空间地球科学并不受圈层或学科划分的影响，以空间观测主要研究手段，更容易形成切入点和中间步骤，实现定量描述变化环境下的全球水、能量和碳循环各关键要素的时空分布和变化特征的观测体系，不断改进，并与模型有机结合来回答地球系统变化的内在驱动和主因，预测地球系统未来变化趋势，并为提升人类应对环境变化的能力提供科学支持。空间地球科学领域拟开展研究的科学问题分三个主题，围绕三大循环系统的变化特征、成因、未来变化趋势进行部署。

（一）水循环

水循环如何变化？蒸发和降水加速是否有变化？又如何影响降水、降雪、蒸散、极端事件如干旱和洪涝的频率和强度的时空分布？人类活动影响的气候、土地利用、水资源利用和存储如何改变和反馈局地、区域和全球的水和能量循环，以及在短期和长期有什么作用？图 5-2 是水循环示意图。

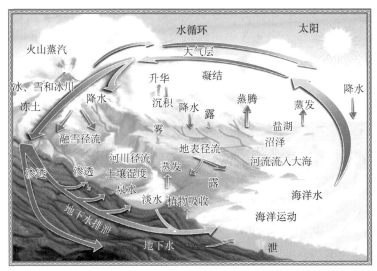

图 5-2　水循环示意图

资料来源：Water Science School. 天然水循环，The Water Cycle, Chinese.
https://www.usgs.gov/media/images/tianranshuixunhuan-water-cycle-chinese[2023-04-05]

全球水循环包括陆地、海洋、大气中水的交换和演化过程。全球变化研究需要明确全球及区域水循环关键参数的时空分布特征、全球变化下水循环演变趋势及内在驱动，并回答全球变化下水循环是否加速、极端降水事件的时空变化特征、在全球尺度上水资源存储的位置、去向以及变化速率等备受瞩目的科学问题。具体针对水循环系统及其关键参数，以下科学问题尤其值得关注。

1）降水是全球水循环中的关键组成。它通过与云和水汽（主要的温室气体）耦合，控制着全球能量平衡，通过释放潜热驱动着全球的风场和大气传输。对全球降水准确和及时的认识，对于改进淡水资源管理和预测高影响天气事件，如暴雨、干旱和山体滑坡等都至关重要。同时，降水控制着水循环的陆地表面分量，并且从量级上说仅次于海洋蒸发位于第二位。此外，由于海洋覆盖的地球部分如此之大，海洋蒸发减去降水的差值哪怕有很小的变化，都可能导致附近陆地区域降水大的改变，因此，海洋降水间接地对陆地环境产生极大的影响。目前，尚未明确降水和水资源区域尺度如何转变。例如，降水量在大尺度范围是否发生系统变化？局地降水量的时空变化特征？全球降水量、蒸发量以及水循环如何变化，美国西部、澳大利亚、亚洲、非洲的干旱是否会变得更广泛？降雪的减少如何改变水储量？最后，由于降雨固有的间歇性，仅用卫星观测来获得可靠降水量的主要挑战来自卫星观测的瞬时性和有限的观测次数。高时空分辨率的降水卫星观测将从整体上促进降水数据及其不确定性在区域到全球、从小时到数十天不同时空尺度上的研究。结合水循环卫星，将降水从一个单独的量扩展到水和能量框架里的一个组成部分是一个很有益的独特视角。

2）随着大气模式和高性能计算等方面的发展，数值天气预报在近几十年取得了巨大进展，但高时空分辨率的四维初始场（包括大气温度、湿度、成分、风速和风向、辐射等）观测能力的不足依然在很大程度上限制了数值预报结果的精度。其中对风场的观测尤为欠缺，世界气象组织已经将在卫星平台上对风场进行直接测量列为最具挑战和重要的观测之一。当前，基于地面台站和海洋浮标等获取的风场观测仅仅为表面风场，无线电探空技术能够获取三维风场，但其水平分辨率不足且大多位于北半球陆地区域。大部分海洋地区、南半球、两极地区和热带地区的三维风场均存在非常大的不确定性。因此，对全球对流层三维风场进行卫星测量十分有利于日常数值天气预报和对台风、厄尔尼诺、拉尼娜以及大气污染传输等的预测。积雪、冰川等固体水将提供陆地表面水平衡关键部分的估计，这部分控制着全球大部分地区（尤其是水汽从陆地到大气的再循环）的陆地—大气热和水通量，是影响径流对降水非线性反馈的关键变量。固体的水研究有助于估算积雪、冰川区水存储，以及存储在湖泊、水库、湿地和河流中水体的量和变率。并回答世界上最重要河流发源地的不同类型的高山积雪区如何变化等重要科学问题。此外，极区冰盖冰架集中了地球上绝大部分的淡水资源，冰以降雪的形式累积物质，通过冰盖融化和冰架的崩解向海洋输送物质，进而影响全球水循环的变化。极区盖冰架的冻融和崩解变化是全球气候变化响应的主要示踪因子之一，其关键科学问题集中在如何准确估算极区物质平衡及其对海平面变化的影响，以及极区冰盖冰架在全球变化背景下预期的变化趋势。尤其关注的问题如格陵兰和南极洲的冰川是否将崩塌？如果是，何时出现以及由冰川消融产生的海平面升高的时间分布特征是怎样的。土壤水分、海洋盐度和土壤冻融状态是全球气候和环境变化的重要示踪因子。土壤水分是指保持在土壤孔隙中的自由水，控制着将入射辐射转化为显热通量和潜热通量，以及确定降雨和渗透、径流和蒸发，是陆地水循环的关键参数之一。海面盐度是海水中含盐量的一个标度，海洋及气候系统中发生的许多现象和过程，常与盐度的分布和变化有关。地表冻融是指土层由于温度降到零度以下和升至零度以上而产生冻结和融化的一种物理地质作用和现象。全球变化背景下土壤水分、海洋盐度和土壤冻融状态的时空分布、变化及其对全球变化的反馈尚未明确。水循环相关科学问题及关键参数见表 5-1。

表 5-1　全球水循环的科学问题及关键参数

科学问题	关键参数
降水和水资源大尺度的转变：全球降水量、蒸发量以及水循环如何变化？美国西部、澳大利亚、亚洲、非洲的干旱是否会变得更广泛？降雪的减少如何改变水储量？	大气温度和水汽廓线、三维风场、全球降水量、土壤湿度
变化的冰盖和海平面：格陵兰和南极洲的冰川是否将崩塌，如果是，何时出现以及由冰川消融产生的海平面升高的时空分布特征是怎样的	海冰范围、冰川厚度、冰川表面高度、冰川速度
高山积雪水储量的变化，特别是在世界上最重要河流发源地等不同类型的山区变化如何？	雪盖面积、雪水当量、土壤湿度、降雪、地表冻融状态、雪湿度
湖泊、水库、湿地和河流中水体的量和变量：在年际、年代际甚至更长时间尺度上怎样变化？	河流、湖泊高度、海底地形、地表水

（二）能量循环

地球系统能量至少自 20 世纪 70 年代以来处于辐射不平衡状态，即进入大气层顶的能量大于大气层顶逃逸的能量。过剩的能量少部分用于加热大气和陆地，水面蒸发和冰雪融化，大部分则进入海洋，被海洋吸收。被海洋吸收的能量最终会释放到大气，仍将导致未来全球变暖加剧（图 5-3）。

图 5-3　地球系统示意图

资料来源：曾庆存院士：中国科学院地球系统模式自主研发，大规模高性能计算.
https://baijiahao.baidu.com/s?id=1679051097076008838&wfr=spider&for=pc[2023-1-18]

　　地球气候系统接受来自太阳的短波辐射，同时向外太空射出长波辐射，两者处于近似平衡状态。辐射强迫一般指因施加了某种外部扰动而造成的地球系统能量平衡的净变化。大气顶的辐射强迫通常被认为是气候强迫，但地表能量平衡也同等重要。通过太阳和地球辐射特性认识气候强迫的影响是能量循环系统的核心科学问题。

　　包括太阳辐照度在内的地球能量收支是基本的气候变量，是气候和气候变化研究的基础。考虑气候系统的运作时可以揭示相当多的信息，如气候系统自然变率、人为加剧的大气温室效应、土地覆盖变化等。地表净辐射能量（可以用来转换为其他能量形式的能量）等于地表吸收的太阳短波辐射能量减去地表释放的长波辐射能量。地表净辐射被分配为三项（非辐射）热量通量：土壤热通量、显热通量和潜热通量，它们对水循环和气候变化具有重要影响。因此，能量循环观测的关键要素有入射的太阳辐照度、地表和大气吸收的短波辐射，以及其发出的长波辐射。认识能量循环系统如何运作，需要认识影响短波吸收和长波发射的因子特征，影响因子包括大气成分（如云、气溶胶、温室气体、水汽、臭氧）、地表状态（土地利用与土地覆盖、冰雪覆盖、荒漠化等），以及各种大气成分和地表状态对辐射返回到太空的影响。

从地球辐射收支试验和地球辐射能量系统观测获取的地球辐射能量平衡估计资料已超过20年，这些资料已被广泛用于评估气候模式模拟的辐射收支、云辐射强迫和海洋气溶胶对太阳辐射的反射。地球辐射收支传感器先进的设计，加上多年来在维护上的持续努力，确保了遥感辐射测量的精度以及由此推算的辐射通量的精度，产生了高精度、长时间序列的地球辐射收支观测记录。然而，遥感资料的缺陷在于其不能够提供满足大气顶能量不平衡计算精度要求的能量平衡分量。研究发现大气层顶净辐射通量与独立观测的海洋热储量之间具有显著的相关性，当观测记录继续延长，可用于约束遥感辐射收支资料，从而降低大气层顶净辐射通量的不确定性。

不同的总太阳能辐照度仪器应该有相同的辐射标准，即便如此，生成的总太阳辐照度的不确定性仍然大于计算大气层顶净辐射所要求的不确定性，导致产生的总太阳辐照度并不一致。目前，长时间序列的地球辐射收支观测通过多个传感器宽波段辐射的时间重叠观测确保准确度。然而，全球变化研究需要的长期测量记录不能总是依赖于卫星重叠来实现，需要发展新的方法，未来设计和建造的传感器需要保持飞行中具有参考绝对辐射标定标准。

全球平均温度虽然被广泛地用来指示全球变暖，然而，即使在稳定的逐渐变暖环境中，在超过17年的时间里全球平均温度随机的波动可以超过全球平均温度。大气层顶和地表的能量平衡是如何随时间变化的，以及它们是如何影响变暖信号的？有多少热量使北极和南极的海冰融化？有多少热量进入海洋，这些热量存储在哪个位置、哪个深度，增加的热量到底是返回到海洋表面从而影响海洋生态系统，还是深入海底？有多少热量提高了深海的加热过程或者说有多少热量被存储在混合层？有多少热量进入全球辐射，影响大气热机的效率？在区域尺度上，温度和降水的变化有多少来自循环过程的变化，有多少来自地表和大气顶层能量通量的变化？在估计地球系统能量循环的变化中，云和气溶胶的影响仍然是最大的不确定因素。这些都是有待深入研究的核心科学问题。与能量循环相关的科学问题和关键参数见表5-2。

表 5-2　能量循环的科学问题及关键参数

科学问题	关键参数
大气组成和太阳辐射变化如何驱动全球气候变化？大气顶层能量平衡是怎么随时间变化的？它是怎么影响海洋热容量、海冰的变化过程？	太阳辐射总量、太阳紫外辐射、气溶胶总量、气溶胶廓线、气溶胶特性、近地面痕量气体浓度、二氧化碳总体积量
地表能量平衡是怎么随时间变化的？全球土地利用和土地覆盖变化如何影响气候变化？陆地表覆盖和反照率的变化如何？	辐射、土地覆盖、地表反照率、地表粗糙度、植被指数
气候变化导致的云的变化及对能量平衡的影响	云量、云结构、云粒子特性和分布、地球辐射收支、气溶胶

（三）生物地球化学循环

生物地球化学循环的变化是全球变化的一个重要的部分，它包括各种温室气体和微量元素在各圈层之间通过生物物理化学过程的吸收、转换和相互交换，不仅对地球环境产生直接影响，也与气候系统产生密切的相互作用。研究生物地球化学循环系统的变化有助于了解全球变化的历史过程和原因并预告其今后发展趋势。卫星遥感为此研究提供了陆面、海洋和大气多种要素的观测，极大地扩展了地基观测的能力和时空范围。将这些观测与过程模型相结合，有助于提升我们对生物地理化学系统的研究能力，了解系统中各种复杂过程的成因和未来演变趋势。图 5-4 是关键带小流域尺度碳循环的关键生物地球化学过程的示意图。

人类活动是生物地球化学系统近百年来快速变化的主要原因。目前已知大约一半的人为源 CO_2 排放量停留在大气中，其余被海洋和陆地吸收。在地面观测网的基础上，覆盖全球的大气 CO_2 柱浓度卫星观测，极大地提高了对二氧化碳源和汇的时空分布的理解，尤其是有助于了解区域 CO_2 源和汇的分布特征和驱动机制。卫星对其他大气成分（CH_4、CO、N_xO、O_3 等）的观测已有一段历史，并在不断地扩充和完善，为研究大气化学的变化及其与地表的相互作用提供了重要的时空数据。

随着气候和大气成分的变化，陆地生态系统正经历着大规模的演变。同时人类活动所引起的土地利用格局的变化，也极大地改变了陆地生态系统的结构和功能。卫星遥感为监测陆地生态系统的时空格局的变化、生态系统功能的变化及其与大气的相互作用提供了不可或缺的手段。随着卫星观测手段

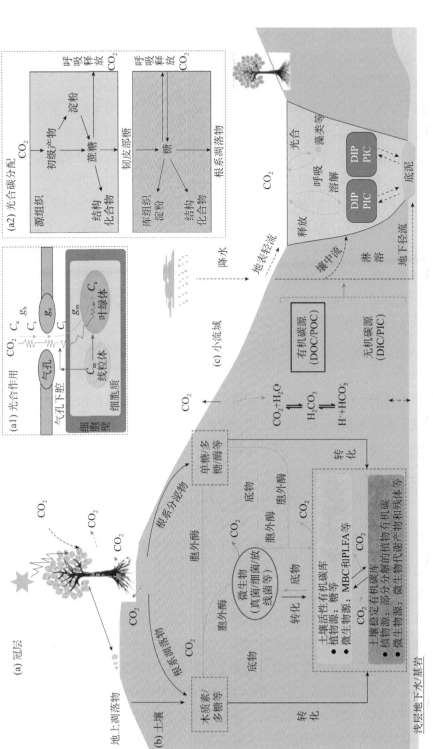

图 5-4 关键带小流域尺度碳循环的关键生物地球化学过程的示意图

资料来源：温学发等（2019）

DOC 为溶解有机碳（dissolved organic carbon）；POC 为颗粒有机碳（particulate organic carbon）；MBC 为微生物量碳（microbial biomass carbon）；PLFA 为磷脂脂肪酸（phospholipid fatty acid）；DIC 为溶解无机碳（dissolved inorganic carbon）；PIC 为颗粒性无机碳（particulate inorganic carbon）；C_a、C_s、C_i、C_c、C_e 和 C_m 分别表示冠层大气、穿过叶片边界层、通过气孔到达胞间、叶绿体羧化位点和线粒体内的 CO_2 浓度；g_b、g_s 和 g_m 分别表示叶片边界层导度、气孔导度和叶肉导度

的丰富和时空分辨率的提高，我们将能：

1）极大地提高土地覆盖和土地利用时空格局区分的分辨率和精度。

2）更精确地获取植被结构、生物量、物候等的时空变化信息。

3）探索获取各种生态系统的生物化学属性（叶绿素、叶黄素、叶片干物质、叶片水分、叶氮、叶片羧化率等）的可行性。

4）直接观测陆地生态系统的光合作用率的瞬时空间变化，为研究生态系统的生产力和碳循环提供可靠的数据支撑。这些对地观测信息有助于全方位地了解陆地生态系统的时空格局、功能和演变规律，对研究陆地生态系统的碳、氮、水和其他养分的循环及其对气候系统的反馈作用至关重要。这些信息可为研究生物群落的结构和多样性、生物栖息地提供新的数据源，同时可用于定量描述各种生态系统的扰动（火灾、虫灾、森林砍伐、洪水、干旱、飓风等）的时空分布、强度和影响等。这些信息也可广泛应用于农作物长势分析、病虫害监控和产量预报。高分辨率的遥感数据对研究城市的热岛效应、结构和功能、居住环境质量、能源利用格局、居民健康等具有重要的应用价值。

全球海洋的物理环境和生态系统也正在经历着巨大变化，包括海平面上升，海表温度升高，海水热储量增加，海洋碳汇和生态系统生产力随着大气 CO_2 浓度的增加，海洋生态系统的养分状态受大气沉降和河流输入的影响所产生的重大变化，物理海洋随着大气环流格局的变化和海水热量的再分配所产生的巨大变化等。这些海洋物理和生化的变化，对于理解生物地球化学系统的功能和变化趋势有着重要的意义。由对地观测获取的海平面高度、海温、海浪、海水养分含量、浮游植物、悬浮物等信息为海洋物理和生态系统研究提供了重要数据。

生物地球化学系统包括陆地、海洋和大气等六个圈层，是一个整体。虽然卫星遥感手段不断丰富和扩展，但由遥感获取的信息仍需要用地基观测进行验证。为充分利用遥感信息研究陆地和海洋生态系统的生物物理化学过程、各种突发和渐变事件的原因和今后的发展趋势，必须将有限的观测资料与过程模型相结合。因此，我们不仅需要继续开展遥感资料的信息提取、验证、数据融合、统计分析、机器学习等研究，同时需要加强观测资料与机理模型的同化研究。随着计算机条件的提高，应注重开发多源数据、多维数、多目标的区域和全球同化系统。

生态系统承载着地球上各种各样的压力，包括气候、土地利用以及海洋资源开发方面的加剧变化。气候和土地/资源利用，通过改变物质和能量通量、物种和生态系统类型的分布，对生态系统产生影响。这些压力影响着对人类福祉至关重要的资源，并且通过向大气反馈来改变气候。在追踪生态系统状况的变化、预测未来的变化趋势以及由此产生的对经济和环境的影响方面，卫星观测是非常关键的，并且有助于有效地管理生态系统，以减轻负面效果，同时加强对社会的积极影响。生物化学循环卫星所要解决的科学问题包括：通过量化生物化学循环关键参数和过程，改变人们理解生态系统对气候变化、土地覆盖和海洋资源利用的响应，进而提高生态系统管理能力。与生物化学循环相关的科学问题和关键参数见表 5-3。

表 5-3 生物化学循环的科学问题及关键参数

科学问题	关键参数
陆地生态系统的分布格局；陆地碳汇的时空分布、驱动机制、未来演变趋势；气候和大气成分变化所导致的生态系统功能的变化；土地覆盖和土地利用时空变化格局及其对生物地球化学的影响；自然和人为扰动（火灾、虫灾、森林砍伐、洪水、干旱、飓风）对生态系统的影响；水资源的时空分布及气候变化的影响；作物生长对气候和大气成分变化的响应；生物入侵和动物迁徙对生态系统的影响；生态系统在固碳、水分涵养、水土保持、大气质量等方面的服务功能	土地利用和土地覆盖分布、生物群落的分布、植被结构参数、植被生化参数、生物量、地表温度、土壤湿度、下行短波和长波辐射、初级生产力、CO_2 浓度
海洋碳汇的时空分布、驱动机制和变化趋势；海洋生态系统功能和生产力；大气沉降和河流排放对近海和深海生态系统的影响；珊瑚礁的分布和健康状况	海表温度、海平面高度、海浪、海水营养物质浓度、浮游植物群落结构、赤潮、CO_2 浓度、沙尘暴
温室气体在大气中的时空分布及其与地表的相互作用；大气化学和气象条件对温室气体浓度、分布和空间运移的影响；大气污染物的时空分布和消亡过程	CO_2 和其他温室气体浓度、大气污染物、气温、湿度、风场

1. 人类活动影响

人类活动已经对地球系统产生了显著的影响，如土地利用直接对地球表面产生扰动，水利灌溉工程改变了流域自然水循环过程，污染物排放对大气、水体和土壤产生污染，以及温室气体增加加剧气候变化等。地球资源环境对人类活动的承载能力在生物多样性和氮磷循环等方面已经超出了行星边界的安全界限。与此同时，人类社会为了实现可持续发展的目标，也在采取措施，做出改变。一些生态环境保护的政策和措施取得了积极的作用。例如，植树造林增加了中国的植被覆盖度，保护性农业在保证产量的基础上降低了温室气体的排放，大气污染防治和清洁取暖降低了污染物的排放，合理的水库调度和跨流域调水保护了生态用水需求，城市污水处理改善了湖泊水质等。因此，人类活动一方面对地球系统产生了生态破坏与环境污染等负面影响，另一方面也对生态环境的保护和可持续发展发挥着积极作用。人类对自然资源的获取与保护两方面的平衡点取决于地球资源环境的承载力，但是目前地球多个关键生物物理过程的安全行星边界尚不明确。

人类活动与地球系统之间的关系存在着复杂性。地球系统的很多子系统对人类活动的响应并不是线性平滑的。当人类活动的干扰达到临界阈值之后，系统会发生非线性突变，进入不可逆的另一稳态。当前，在人类活动作用下地球系统的多个维度正在迅速接近或跨越这个临界点。因此，人类活动与地球系统相互作用的研究需要理解其中的基本过程和作用机制。一方面，我们需要明确人类活动在行星边界各个维度下的安全空间，明确当前人类定量气候、海洋和陆地系统稳态转变的临界点，制定和评估气候减缓和生态环境保护政策措施，预测未来地球系统的动态变化。另一方面，地球系统的改变也会影响人类活动，如高温热浪对劳动力的损害、洪涝干旱冰冻及病虫害等对粮食安全和生态系统服务的威胁、环境污染对人体健康的危害、气候变化使得流行病的传播更加复杂和不确定等。

遥感观测技术的发展与应用，为在大尺度上解决以上科学问题，理解人类活动与地球系统相互作用提供了有力工具。高时空分辨率、全面覆盖的地球空间观测对定量地球系统状态参量、刻画关键过程、监测环境动态、制定和评估地球系统管理和生态环境保护政策至关重要。正在兴起的中等分辨率逐日观测数据集的构建技术显著提升了大范围地表覆盖和土地利用变化监测能力。结合自适应用户需求和精准化制图的专题信息智慧提取技术，为国民经济众多行业和急需关注的重大生态环境问题（如农业集约化和土地闲置的监测、城市化与自然植被丧失的识别、土地退化和粮食安全、环境变化与健康、造林和土壤的含水量的关系、城市扩张与热岛效应、生物能源作物种植以及碳储备等）提供科学依据。综合社会大数据和地球系统模式，追踪并理解当前和未来人类活动引起的土地覆盖和土地利用变化对环境、经济和人类健康的影响。利用遥感观测技术，加强对水文水资源和水环境动态的动态监测，提供不同时空尺度（流域、区域、行星）的水质水量指标如径流量、地下水量、湖泊水库出水量、含沙量、浊度、污染物含量、水生生物生产力和物种丰富度等全面系统监测，刻画不同时空尺度下水质水量空间格局与时间动态，结合"三生"用水和工农业用水需求，分析不同发展路径和情景下地球水资源系统的安全行星边界；结合水资源安全行星边界，叠加生活、工业和农业源的排放和土地利用变化数据，分析水环境时空变化的驱动因素，确定水环境的安全行星边界；在水量和水质的安全行星边界下，开展情景分析，评估相关政策实施效果，探究人类活动对水安全行星边界的影响。通过遥感手段监测颗粒物、氮氧化物和臭氧等大气组分，进一步分析重点区域大气污染特征，理解大气污染形成的关键过程和区域传输，估算人群对大气污染物暴露健康风险，确定污染物减排目标，建立多污染物的协同防治策略和管理模式，探讨大气污染治理与气候变化应对的协同发展。同时，利用遥感技术对二氧化碳、甲烷等温室气体进行监测，明晰各地区不同人为源的排放量及其减排空间，结合植被物候、生产力等植被遥感数据，探究温室气体引起的气候变化对生态系统服务的作用机制。此外，长时间序列和全球覆盖的遥感观测数据为地球系统模式的发展提供了契机。从遥感观测获得的土地利用变化、地表性质和气象数据等资料，可以驱动地球系统模式的运行；从遥感数据分析得出的生态系统对人类活动扰动以及土地管理措施的响应机制等，可以促进地球系统模式相关过程的开发和改进；基于遥感观测的植被叶面积、生产力、生物量等数据，可以评估地球系统模式的模拟结果。将地球空间观测和地球系统模式、社会经济模型以及人类行为模型等进行耦合，实现人类活动、社会经济、生态系统和气候变化的在线同步模拟，可以加深理解人类活动与地球系统相互作用的过程和机理，探究人类活动导致的地球系统稳态改变，评估可持续发展措施和目标，预测未来不同情景下地球系统的动态变化，为人类应对全球变化和实现星球健康提供科学依据。

过去人类文明的发展大量依赖于不可持续的自然资源获取，造成了地球系统功能的退化。气候变化、海洋酸化、土地退化、水资源短缺和生物多样性减少等环境问题已经对人类健康产生了危害。环境因素对人类健康的影响多种多样（包括自然环境、社会因素、经济条件等）且不断变化；同时人群本身也以前所未有的速度在不断迁移。一方面由于全球变化和人类干扰，微生物、细菌和病毒的传播和进化方式产出了新的变化，更加复杂和不确定；另一方面，由于人类活动范围扩大，方式增多，人类和自然系统的交叉和接触更广更深，进入了许多前人未曾进入的区域和维度，导致人类暴露于更多的微生物和病毒的环境之下。因此，了解环境对人类健康的影响是星球健康领域的重要科学问题之一。面对这些星球健康挑战，人类社会应该改变仅依赖于经济发展来衡量人类进步的观念，将环境保护与人类健康纳入考量之中，促进经济部门税收和补贴改革，优化区域贸易协定，实现能源结构升级和经济转型；长期全面地积累基础数据，加大多学科交叉、定量化的研究，明晰影响星球健康的社会和环境驱动机制；制定政策措施，提升治理能力，积极改善环境和健康问题。表 5-4 列出了人类活动与地球系统相互作用涉及的科学问题及关键参数。

表 5-4　人类活动与地球系统相互作用涉及的科学问题及关键参数

科学问题	关键参数
人类活动与地球系统相互作用的基本过程和机理是什么？在行星边界各个维度下的安全界限是多少？各系统稳态转变的临界点在哪里？	土地覆被与土地利用、物种多样性、大气组分、水量（地表水量、地下水量、湖泊水库储水量）、水质（浊度、污染物含量、水生生物生产力等）、叶面积指数、物候、生产力、生物量、树高、树龄、物种入侵、湿地面积等
地球系统的改变对人类活动的影响如何，尤其是高温、干旱、洪涝、虫灾和空气污染等？	土地覆被与土地利用、气象参数（温度、湿度、气压等）、洪涝、干旱、病虫害、大气化学组分、气溶胶等
人类社会对资源环境的获取与保护的平衡点在哪里？需要采取哪些政策措施来保障人类社会与地球系统的可持续协同发展？	土地覆被与土地利用、土地管理（森林间伐和采伐、农作物灌溉、放牧等）、水资源
环境与健康的关系如何？影响星球健康的社会和环境驱动机制是什么？城市基础设施和社会因素的地理差异如何影响疾病扩散和人群健康？疾病是怎样响应生态系统和气候变化？	土地覆被与土地利用、人群流动（每时/天/周/月/年/一生）、社会经济环境（收入、年龄等）、行为风险（饮食、吸烟、酗酒等）、疾病时间过程、遗传因素、鸟类迁徙、生物多样性、湿地状态、生态系统生产力、水质和水量等

2. 空间大地测量

全球卫星导航系统、激光测距、卫星测高、星基多普勒轨道和无线电定位组合系统、合成孔径雷达干涉测量等卫星技术的出现，支撑国家重大需求和地球科学研究，使得大地测量的发展进入到一个全新的阶段。经过几十年的发展积累，空间大地测量学在建立维护国际地球参考框架、卫星测高、地球重力场建模、海洋测绘等领域发挥了重要作用。我国空间大地测量学科重点方向布局如下。

1）毫米级地球参考框架建立与维持。瞄准全球性、大尺度范围内的地球动力学研究，以及高精度位置服务、导航与对地观测的需求，通过空天地海一体化观测系统建设，实现毫米级精度地球参考框架建设与维持。

2）新体制导航卫星与增强系统。设计新型导航卫星，提高导航卫星信号质量与轨道维持精度。通过低轨卫星群进一步增强导航卫星星座服务能力，构建自主可控的导航卫星系统，提升高精度定轨定位服务能力。

3）以导航卫星系统为核心的综合授时。充分融合互联网+、智慧城市、智慧海洋、云平台、大数据，构建信息多元化、空天地一体化的综合定位导航授时系统，特别是基于"北斗"的综合定位导航授时系统，为国家建设提供基础地理信息。

4）下一代重力测量卫星与全球高程基准统一。以广义相对论为基础，利用多种技术进行远距离高精度时间频率比对，创新重力位测定新方法，提出新型重力测量卫星方案。综合利用星-地间时频信号、地面站之间光纤时频信号传递、全球导航卫星系统载波相位时频信号传递等技术，实现跨海各大陆高程基准点之间连接，以及全球高程基准统一。

5）高精度地表及变形监测及其动力学机制反演。利用多源大地测量观测资料构建精细的区域大地测量模型，为大地测量地球物理反演提供约束；建立新的联合反演模式，适应多源、多尺度动态观测信号，发展动态大地测量地球物理联合反演理论；分析典型活动断层发震能力及评估地震危险性。

6）海洋大地测量与动力环境。综合利用多源海洋观测数据，建立平均海面高模型、海洋重力场模型、海洋潮汐模型、海洋风浪场、海底地形模型等；获取全球海表风场和波浪的时空统计分布等海洋环境信息，支撑大地测量学、物理海洋学、海洋地质等相关学科的研究和应用。

7）地球"三极"监测及其地球物理解释。利用多种卫星观测手段量化极地冰盖对海平面变化的影响及对全球气候变化和海洋环流的影响；探究冰盖的季节性变化，估计海冰厚度，研究冰、雪、水、气的能量质量交换及其与全球变化的关系。综合地基星基观测数据研究青藏高原冰川与陆地水储量变化规律，并结合地球物理信息探索其在全球气候演变过程中的重要作用。

第五节　保障措施

空间地球科学所要解决的科学问题不单是某一个分支学科的问题，而是借助空间对地观测全球覆盖的特性，从整个地球系统的角度解决与人类生存相关的大尺度、高耦合性的科学问题。将地球系统作为一个整体复杂系统的研究方式对认识气候变化和其他全球环境问题至关重要。

根据我国空间地球科学研究的现状和国际发展趋势，按照学科协调、可持续发展的总体要求，我国空间地球科学发展战略如下。

1）全面统筹，突出重点，加强空间地球科学前沿性、基础性的研究工作，促进分支学科的均衡布局和协调发展，鼓励学科之间的交叉研究和渗透融合，推动各分支学科的创新型研究和新兴学科的发展。

2）瞄准国家需求和空间地球科学的前沿，开展以国家需求为导向的战略性基础研究，适时推出前瞻性重大研究计划争取系统性突破；同时鼓励以科学理论、方法和技术突破为内涵的原始性自由探索创新。

3）针对空间科学的特点，利用国外科学卫星数据充分用好我国自主研发建设的各种业务型和试验型对地观测数据，发展有特色、创新性的空间地球科学卫星，为我国空间地球科学的研究提供关键资料，大幅提升我国的空间地球科学的原始创新能力和保障服务能力。

4）强化基础研究。数学、物理、计算机、人工智能等基础学科是推进地球科学、空间大地测量学科不断发展的基础。利用基础学科的理论、方法及原理拓展空间大地测量学科领域，创新技术手段和方法，解决关键技术问题。同时，学科发展也能不断激发其他基础学科的创新理论和方法，推进基础学科发展。

5）实现多学科交叉融合发展。信息化时代，学科之间的发展相辅相成，推进多种学科交叉发展是地球科学发展趋势。充分发挥卫星对地观测技术具有精度可靠性高、高时空分辨率的优势，进一步加强与天文学、深空探测、基础物理学、地球物理学、地球内部物理、地球动力学、计算机科学等学科的交叉融合，衍生新的学科分支，创新的方法和技术。

6）科学技术应用创新。科学技术应用支撑着学科发展，以科技应用带动学科创新。发展学科在科学技术中的应用创新，将关键技术推广应用到深空探测、海洋测绘、地球动力学、国家基础设施建设、灾害和气候变化监测及预警等领域。

7）坚持以基础与应用技术研究和相关多学科研究成果交叉应用并重，形成多学科综合交叉研究的良好态势，实现跨越式发展；强化我国地球科学的优势学科和领域。

8）以加强创新能力为主线，以重大发现、理论与技术创新和社会需求为引导，在相关重大空间探测计划和研究计划的带动下，整合本学科各方方向的主要研究力量，形成优势互补、强强联合的领域研究团队。

9）通过顶层设计，明确定位，凝练科学目标，积极参与国际合作，创建有特色的理论与方法研究体系，推动我国空间地球科学学科发展，满足国家经济建设、社会发展和国家安全的需求。

本章参考文献

蒋兴伟，何贤强，林明森，等 . 2019. 中国海洋卫星遥感应用进展 . 海洋学报（中文版），41（10）：113-124.

李建成，金涛勇 . 2013. 卫星测高技术及应用若干进展 . 测绘地理信息，38（4）：1-8.

唐新明，李国元 . 2017. 激光测高卫星的发展与展望 . 国际太空，11：13-18.

温学发，张心昱，魏杰，等 . 2019. 地球关键带视角理解生态系统碳生物地球化学过程与机制 . 地球科学进展，34（5）：471-479.

杨元喜，刘焱雄，孙大军，等 . 2020. 海底大地基准网建设及其关键技术 . 中国科学（地球科学），50（7）：936-945.

杨元喜，徐天河，薛树强 . 2017. 我国海洋大地测量基准与海洋导航技术研究进展与展望 . 测绘学报，46（1）：1-8.

姚宜斌，杨元喜，孙和平，等 . 2020. 大地测量学科发展现状与趋势 . 测绘学报，49（10）：1243-1251.

张庆君，赵良波 . 2018. 我国海洋卫星发展综述 . 卫星应用，5：28-31.

第六章

微重力科学

第一节　战　略　地　位

　　微重力科学主要研究微重力环境中物质运动的规律、重力变化对运动规律的影响。微重力科学研究主要利用空间微重力平台以及地面微重力设施开展微重力实验，并通过理论分析、数字仿真以及地面小尺度和（微）重力效应模拟等手段开展微重力科学与技术研究。空间材料科学和空间基础物理也有一些不直接涉及微重力条件的研究问题，如空间环境中的材料使役行为研究和利用空间大尺度开展的量子纠缠实验等。

　　微重力水平用残余加速度表征，微重力环境（所谓失重）存在于作自由惯性运动（如地球上的自由落体和抛物线运动、空间飞行器轨道运动）的物体参照系中，由于实际运动物体受到残余大气阻力、太阳光压、其他天体的引力摄动、物体姿态运动和自身机械振动等影响，还存在不同频率的残余加速度，一般不可能完全达到零重力。微重力定义为相当于 10^{-6} 量级的地球重力加速度（g_0）条件，也可广义理解为微小重力加速度条件（一般在 $10^{-3}\sim$ $10^{-6}\,g_0$）。

在微重力环境中，浮力对流、重力沉降、液体静压（梯度）等极大地减小，地面重力效应所掩盖的次级效应（如界面作用）将会凸显，所导致的物质形态、物理过程等将发生显著变化，影响或改变流体对流及燃烧机制、材料生长及制备工艺等相关学科的基本科学和技术问题。在微重力环境中，宏观物体、微观粒子受重力作用的约束被改变，使人们可能在更高的精度上进行相对论和引力物理等效原理检验和验证。在该环境中可获得极端的低温环境，利于冷原子物理、冷原子钟以及量子科学和技术问题的研究，发现新现象、寻找新规律；空间生物技术是利用空间微重力等特殊环境发展新的生物材料、开展干细胞增殖与分化、生物药剂和技术方法，也是微重力科学的内容。

一、微重力流体物理

在微重力环境中，浮力对流、密度分层和沉降、流体内部静压及压力梯度等极大地减弱，次级效应凸显，流体热质输运表现出新规律、物理形态变化表现出新机制。其研究具有极强的应用背景，为空间材料科学、空间生命科学及生物技术、航天医学及基础物理学等研究提供相关流体理论指导，也为航天器工程设计提供（热）流体管理、动力推进等理论支持。微重力流体物理是微重力科学的主要分支学科和流体力学的新兴学科。

二、微重力燃烧

微重力环境为燃烧科学研究提供了独特和非常有利的条件。微重力条件下的燃烧具有以下特点。

1）自然对流大大减弱甚至消除，可以研究静止和低速流动中的燃烧；被浮力及其诱导效应掩盖的其他基本效应和现象，如热辐射、静电力、热泳力、热毛细力和扩散等，可突出表现出来并得以深入研究。

2）重力沉降几乎消除，可实现液滴、颗粒、液雾和粉尘在燃烧过程中的稳定、自由悬浮，使得气液和气固两相燃烧系统的定量化描述成为可能。

3）浮力的消除，使得燃烧的时间和空间尺度增大，从而增加了实验参数的可控性和实验测量的分辨率，能够深入、准确地观测燃烧过程的基本环节。

利用这些特点，可以扩展实验参数范围，探索燃烧极限及未知参数，简化对燃烧过程的研究，进而验证、完善和拓展燃烧理论，为深入理解燃烧过程中存在的基本现象提供有效途径，为实际燃烧应用提供科学依据。微重力燃烧研究的另一个重要目标是掌握载人航天器内材料着火和燃烧规律，在认识特定环境中航天器材料可燃性、火焰沿固体和液体可燃物表面传播特性、火焰及其产物特性等的基础上，为航天器的防火安全工程设计提供科学和技术支撑。

进行理论分析、数值模拟、模型探索研究的同时，持续利用地基和空间微重力实验平台开展了多种燃烧问题的实验研究，在工程应用和科学发现方面均取得重要成果。目前，微重力燃烧的研究范围已涵盖燃烧科学的主要方向，并随着燃烧科学与技术以及载人航天工程实践的发展不断扩展研究领域，研究工作受到各国特别是航天大国的高度重视，呈现出蓬勃发展的势头。

三、空间材料科学

空间环境因素因离开地球表面的距离不同而有所差异，但至少包括微重力、高能粒子和紫外辐照、原子氧侵蚀、高低温交变循环、极高或超高真空等。通常把在空间环境下开展的材料科学研究分为两类：空间微重力材料科学研究和用于构筑空间飞行器等用途的材料在空间环境下的使役行为研究，后者也称为材料空间使役行为研究。

空间微重力材料科学在排除重力影响的条件下研究材料的制备过程及组织结构和性能变化的规律。在地面环境中，材料制备过程受重力驱动的浮力对流、沉降、流体静压和器壁效应等的影响。对流或沉降直接影响材料的形成过程中物质、热量和动量的传输，并与材料中的组分偏析和缺陷的形成有关，流体静压影响液相与固相间的交互作用与润湿性，而器壁接触诱发的异质形核或污染影响材料的形成过程与纯度等。这些因素都会改变材料性能，影响其质量。空间独特的微重力环境能够抑制或消除浮力对流和密度差引起的沉降以及流体静压，液体或熔体可以无须容器支撑而悬浮，从而实现无容器实验。这对理解材料形成的物理和化学过程及制备高质量或高纯度材料都是非常重要的。

材料空间使役行为研究是考察材料长期在空间暴露环境中的微观组织结构与性能退化行为。空间科学、空间技术与空间开发应用的发展，离不开各种材料，包括已广泛应用在航天器上的材料以及新材料的研制与使用。材料空间使役行为研究是各种材料在航天器上获得成功应用的基础，是航天器长寿命安全运行的重要保障。材料空间使役行为研究通常包含三个层次：

1）材料在空间环境中结构及性能演变机理。

2）材料在空间环境中的适应性和自修复作用。

3）满足空间环境应用的多功能材料设计。

空间制造与地外资源利用科学与技术，则是利用在外太空飞行平台（如卫星、空间站，或月球等），或未来在月球抑或火星表面等空间环境下进行高温增材制造精密净成型加工与组织结构控制，以及月球或火星等地外星体上开展地外资源利用相关的研究。

四、空间基础物理

空间相对论与引力物理虽然已经有了许多地面实验的证明，但是其精度（特别是对广义相对论的实验检验）还相对较低，更高精度的检验在地面上难以实现，因而国际上早已把目光盯在了空间实验上。另外，一些新的理论如大统一理论以及有挠引力理论等预言了相对论所没有的新效应和新的基本相互作用力。这些新效应和新力的预言只能通过在空间进行的高精密测量来检验。2016年美国地面引力波探测器激光干涉引力波天文台团队宣布发现了引力波，并获得2017年诺贝尔物理学奖，开启了引力波天文探测的新窗口。在空间进行低频段引力波直接探测，发现超大质量黑洞等致密天体的并合等已成为空间基础物理研究的新热点。

空间冷原子物理与冷原子钟是一个全新的研究领域。利用微重力环境，可以研究一系列最基本的量子物理现象，包括量子统计的验证、量子新物态、量子相变、量子涡旋、物质波干涉、玻色与费米量子气体的强相互作用等研究。该领域的研究能够获得地面无法企及的突破性成果，推动物理学的发展，同时也利用冷原子技术发展高精度的原子钟与原子干涉仪，实现高精度物理定律的验证以及时间频率的传递。

空间量子科学是利用空间平台进行空间量子通信和大尺度量子力学检验的实验研究，其主要的科学目标是实现星－地双向量子纠缠分发，同时进行星－地量子密钥分发。量子通信技术可望大幅度提高信息传输的安全性、信息传输通道容量和效率等，是未来信息技术发展的重要战略方向，并极有可能引起诸多科学和技术领域的革命，对经济和社会的进步产生难以估量的影响。

凝聚态物理学从微观角度研究由大量原子、分子、离子和电子组成的凝聚结构、动力学过程及其与宏观物理性质之间的联系；在空间研究对微重力敏感的低温凝聚态物理，重点关注低温下的特殊临界现象与相变规律，如量子相变，包括超流、超导等现象，以及外加压力或磁场诱导的磁性和超导（超流）、磁有序和非磁性及磁性之间的凝聚相变等。

五、空间生物技术

空间生物技术以应用和技术转化为导向，利用空间环境发展新型生物材料、生物药剂和新的技术方法，研究重点包括：

1）相关基因的空间辐射效应。

2）空间环境因素对蛋白质／多肽构象、识别与组装、活性及功能代谢过程的影响。

3）特殊生物结构自组装与人工操纵组装技术。

4）膜蛋白、蛋白复合物等复杂分子机器的晶体组装与分子结构和功能。

5）全能干细胞、多能干细胞及专能干细胞的增殖、发育分化技术。

6）干细胞向骨、软骨、心肌、造血系统、神经组织、表皮组织、肝脏等定向分化技术。

7）细胞 3D 培养、组织构建与（类）器官构筑的工程化技术等。

此外，开展基于 1D/2D/3D 大尺度有序结构生物器件，如生物传感器、生物太阳能电池、纳米药物、生物机器、生物复合材料、微流控芯片、微载体加工及微纳图形化技术研究等。发展以批量生产、多品种制备生物产品为目标的"空间蛋白质工厂"的生物工程技术研究与开发，已成为新的前沿研究方向。

第二节 发展规律

微重力科学是随着人类空间活动的兴起而发展起来的新兴学科。国际上对发展微重力研究十分重视,美国、欧洲、日本等国家和地区都注入大量的资金和人力。许多国家都建立了专门的微重力科学研究机构,如德国不来梅大学应用空间技术和微重力中心、美国国家航空航天局格伦研究中心(原路易斯研究中心)及与美国西储堡大学联合成立的国家微重力研究中心(微重力流体物理和燃烧研究)、意大利微重力先进研究与支持中心、比利时自由大学微重力研究中心(微重力流体物理),以及一批学校微重力研究团队等。中国科学院力学研究所微重力重点实验室是国内主要微重力专门研究机构。国际上微重力科学研究的专门学术期刊是《微重力科学与技术》,从2015年开始,《自然》出版社推出了微重力领域的开放性合作期刊《NPJ 微重力》。微重力科学受到世界各空间大国以及巴西、印度等发展中国家的高度重视。

一、实验平台

微重力科学与技术研究通过理论分析、数字仿真和实验研究相结合而进行。微重力科学实验往往是发现新现象、验证新理论所不可或缺的关键环节。长时间微重力实验主要是在空间飞行器上进行,地面或亚轨道短时间微重力设施是重要的实验补充手段。空间微重力实验平台有(返回式)卫星、飞船、空间站等航天器。地面微重力实验设施有多种途径,包括落塔(井、管)、抛物线飞机、高空气球落舱、微重力火箭等。此外,在地面还常用密度匹配、小尺度相似、悬浮技术等(微)重力效应实验手段。

（一）空间飞行器

空间飞行器可以提供长时间的微重力环境。一般三轴稳定航天器平台的微重力水平约为 $10^{-3}g_0$，专用的微重力卫星或通过安装隔振平台可使微重力水平达到 $10^{-5} \sim 10^{-6}g_0$。专用的无拖曳控制卫星微重力水平可优于 $10^{-8}g_0$。20 世纪 70 年代以来，利用（返回式）卫星、礼炮号空间站、天空实验室、航天飞机、和平号空间站和国际空间站开展了大量微重力科学实验。目前，国际空间站是微重力空间实验研究的主要平台，其上安放了多个微重力流体物理、微重力燃烧以及空间材料实验柜。此外，俄罗斯有"光子号"返回式微重力系列卫星，我国也利用返回式实验卫星开展了多次微重力空间实验。

（二）微重力火箭

火箭在空间关机后的抛物线轨道飞行可获得几分钟到十几分钟的微重力时间。一般微重力探空火箭的微重力水平可以控制到优于 $10^{-4}g_0$。欧洲航天局专门的微重力系列探空火箭有 MAXUS（弹道高度 700～720 千米、有效载荷 800 千克、微重力时间 12～13 分钟）和 TEXUS（弹道高度 250～300 千米、有效载荷 330～400 千克、微重力时间约 6 分钟）。美国、英国、日本等国家都在积极通过探空火箭提供的微重力试验环境进行微重力试验研究。2000 年，我国也成功发射过国内第一枚固体微重力火箭——"天鹰三号"，将 50 千克载荷运送到 220 千米高度，微重力时间约 5 分钟，微重力量级 $10^{-4}g_0$。

（三）高空气球落舱

高空气球上升到一定高度后，将携带的舱体释放使其自由下落，可获得十几秒到几十秒的微重力时间。法国、日本开展过多次微重力气球落舱实验。意大利微重力气球落舱可以实现 20 秒内残余加速度小于 $10^{-12}g_0$ 的高水平。德国气球落舱系统装备了冷气推进系统，其舱内优于 $10^{-4}g_0$ 的微重力水平持续时间可达 60 秒。1998 年我国与德国合作进行了高空气球落舱微重力燃烧实验，中方提供高空气球和测控装置，德方提供微重力落舱系统。

（四）失重飞机

当飞机几乎完全关闭发动机沿抛物线自由飞行时，可产生 15～30 秒的微重力时间。微重力水平为 $10^{-3} \sim 10^{-2} g_0$，通常每次飞行做多次抛物线飞行。俄罗斯、美国、法国等都有用大型运输机改装成的失重飞机。加拿大、比利时、荷兰、日本都有用教练机等改装的失重飞机。我国曾有用国产喷气歼击教练机改装的失重飞机。

（五）落塔

通常在设施的顶端将落舱系统释放后使其自由下落，并采取措施减少空气阻力，使落体的加速度接近于地面重力加速度 g_0。一般落塔（或落井）的微重力水平可以达到 $10^{-6} \sim 10^{-4} g_0$，微重力时间由自由落体的高度决定，通常是 2～10 秒。还有上抛性落塔技术可以增长设施的微重力时间（张孝谦等，2005）。各种微重力实验设施的性能参数对比如表 6-1 所示。

表 6-1　常用微重力实验平台性能参数

参数	落塔	失重飞机；高空气球	探空火箭	（微重力）实验卫星	空间站载人飞船
微重力水平	$10^{-5} \sim 10^{-3} g_0$	$10^{-3} \sim 10^{-2} g_0$	$< 10^{-4} g_0$	$\leq 10^{-3} g_0$	$\leq 10^{-3} g_0$
微重力时间	<10 秒	<30 秒	<13 分钟	通常为：几天至几十天	数天至数年
单次实验成本	低	较低	较高	高	高
外界环境影响	轻微	严重	轻微	轻微	一般
实验可重复性	很好	一般	较难	一般	好
有人照料	无	可能	无	无	可能
人为干预	可行	可行	可行	可行	可行

从 20 世纪 60 年代开始，美国、日本、德国等空间技术大国相继建成了自己的落塔，如美国国家航空航天局格兰研究中心落塔、日本国立微重力中心落塔、德国不来梅大学落塔等，我国也自 20 世纪 80 年代以来建立了多个落塔和落管系统。各地落塔主要参数如表 6-2 所示。

表 6-2　各地微重力落塔主要参数

单位	落塔（井/管）标称高/深度/米	有效工作时间/秒	微重力水平	备注
美国国家航空航天局格兰研究中心	145	5.18	$10^{-5} g_0$	

单位	落塔（井/管）标称高/深度/米	有效工作时间/秒	微重力水平	备注
美国国家航空航天局格兰研究中心	24.1	2.2	$10^{-3}g_0$	
美国波特兰大学	31.1	2.13	$10^{-3}g_0$	
德国不来梅大学应用空间技术和微重力中心	146	4.74	$10^{-5}g_0$	自由下落
		9		上抛模式
西班牙航天技术研究所	22.8	2.16	$10^{-4}g_0$	
日本北海道落井	710	10	$10^{-5}g_0$	已关闭
日本土崎落井	100	4.5	$10^{-5}g_0$	已关闭
澳大利亚昆士兰技术大学	21	2.1	$10^{-3}g_0$	
中国科学院力学研究所	116	3.62	$10^{-5}g_0$	
中国科学院金属研究所	50	3.2	$10^{-6}g_0$	
中国科学院工程热物理研究所	25	2.3	$10^{-3}g_0$	
中国航天科技集团第702研究所	45	2.8		

值得一提的是，我国的落管系统在实验技术方面具有特色。例如，在微重力材料实验方面，中国科学院金属研究所发展了半熔化材料实验方法，在落管仅有的几秒微重力时间内可实现材料的准定向凝固实验，满足单晶、共晶等各种类型材料的微重力实验需求。而传统的落管实验采用熔滴下落法，因提供的微重力时间较短，只有高熔点材料能在短短的几秒下落过程中实现凝固，实验材料范围受到了很大的限制。因此，近年来我国仍在利用落管开展微重力材料科学研究，而国外基本上看不到相关报道了。

二、流体物理

早期微重力流体物理以空间流体管理和空间材料生长中的流体过程为基本研究对象，对简单体系的毛细现象、对流和扩散过程进行了大量的研究。尤其是对流体表面（界面）驱动对流及其稳定性规律、表面毛细效应与浮力效应的耦合作用等新流体体系和新现象、晶体材料的空间生长和机理的研究等提供了大量基础知识，同时丰富了人类对单一机制作用下的流体界面现象的理解。例如，变化的重力水平不但影响流体"块"状（对流）流动，还将引起毛细 - 重力波等流体界面效应（尽管是在很弱的重力水平下）。

随着诸如国际空间站等大型空间设施的建设以及深空探测任务的持续开展，国际上加强对有流体技术工程应用背景的复杂流体界面现象的流体过程及重力影响（如热管、薄膜蒸发、两相流动与沸腾传热技术等）的研究。美国、欧洲、日本等国家和地区已经将其列为微重力流体物理的前沿课题之一，并启动了诸如微加热器阵列沸腾实验、核态池沸腾实验、对流和界面质量交换实验、多尺度沸腾相关研究等国际空间实验研究计划。多相流和空间热管理、复杂流体与颗粒介质动力学研究等已成为微重力流体物理的新内容。这些研究将促进流体力学的新体系、界面过程、相变过程、传热和传质过程、胶体科学、软物质科学等学科的发展。

复杂流体作为国际上微重力流体物理的重要方向一直受到广泛重视。该领域的微重力研究涵盖了复杂流体的很多体系，包括胶体、乳状液、凝胶、液晶、磁流变流体、泡沫和颗粒物质等。胶体是目前国际上复杂流体微重力研究的主要方向之一。1998 年欧洲航天局利用探空火箭的微重力条件进行了胶体聚集速率的测量研究。1999～2002 年，日本研究人员利用抛物线飞机对微重力条件下胶体晶体的生长速率进行了研究。但由于胶体体系的相关过程较慢，国际上相关的微重力研究大部分还是基于国际空间站来进行的。早期非常著名的实验结果之一是 1995 年在国际空间站的"哥伦布"实验舱对硬球胶体粒子体系进行的实验，发现在地面上存放一年都不会结晶的体系，在微重力条件下两周之内就完全形成了晶体结构。相关微重力研究在欧洲航天局、美国国家航空航天局等单位的长期支持下从未间断。2001 年空间胶体物理实验项目利用动态、静态光散射，布拉格散射和小角散射，长时间成像等测试手段，研究了不同的胶体悬浮液的相变、生长速率、结构形貌和力学性质，以及分维聚集体的结构和性质的相关细节。二元胶体合金实验系列研究项目进行了流体、二元合金及界面结晶的临界点行为，相分离动力学，相分离与结晶的竞争，种子粒子的尺寸和浓度对晶体生长的影响，温度控制的融化和结晶，凝胶的老化和晚期塌陷，盘状粒子的三维结晶、生长和融化等大量的微重力实验研究。2012 年开始的先进胶体实验系列研究项目，利用光学显微镜模块的共聚焦显微镜，开展延长产品保存期限、胶体工程、自组装、非生物自复制、温度敏感聚合物、微凝胶的融化和结晶等方面的研究。2002 年开始的胶体乳液顺磁聚团结构研究系列，主要研究在直流电和脉冲磁场下磁流变液真实的三维平衡结构，特定磁场强度和脉冲频率下三维结构的抗弯失稳机制，非球形超顺磁粒子对聚集体结构的形成和动力学的影响，以及对磁流变液的黏弹性的影响等。很多项目都是支持年份很长的系列项目，例如，二元胶体合金实验、先进胶体实验系列、胶体乳液顺磁聚团结构研究系列等。2013 年美国国家航空航天局将利用电场下胶体自组装制造纳米材料的胶体乳液顺磁聚团结构研究系列实验成果列为国际空间站十大科学成就之一。

目前，胶体方面的空间微重力研究的一些主要成果包括如下：

1）利用临界卡西米尔效应控制胶体的聚集过程，在地面条件下是反应限制的过程，而在微重力条件下是纯扩散过程。

2）聚集体团簇的生长在地面条件下受重力引起的结构重组影响，而在微重力条件下热涨落最终抑制分形生长，基于此可给出形成凝胶的最低体积分数；空间微重力实验完成了硬球胶体粒子可以在熵驱动下形成晶体结构，对计算机模拟的预言进行了验证。

3）没有重力的作用，在国际空间站中相分离过程比地面条件要多花 30 倍的时间。

4）胶体聚合物体系的相分离，从早期的亚稳分解变为后期的界面张力驱动的熟化过程。

5）硬球结晶中，微重力条件下晶粒生长得更快更大，晶粒间有明显的熟化现象，此外还有枝化生长，而重力会抑制晶粒间的熟化。

6）在微重力条件下发现"晶体凝胶"特殊结构，其形成是由于结晶过程抑制了气液相分离等。

除胶体之外，在聚合物、液晶、泡沫和颗粒物质等相关复杂流体领域开展了大量的微重力研究。2007 年开始的剪切历史拉伸流变实验系列，开展了剪切历史拉伸流变实验 Ⅱ 的研究，针对聚合物流体，研究旋转引起的预剪切对其应力应变响应的影响，以及添加刚性惰性填料对相关性质的影响规律。2014 年开始的液晶薄膜分析观察实验则是针对液晶体系，研究自由悬浮的液晶薄膜的界面和流体动力学行为。2013 年开始的泡沫光学与力学和乳状液与泡沫的微粒稳定性项目主要针对泡沫进行研究，利用微重力条件下不会引起湿泡沫排液的特点，对湿泡沫的特性开展研究，研究内容包括泡沫和乳状液的形成和稳定等问题，并期望帮助开发具有更好的流变特性和稳定性的泡沫材料。2013 年开始的颗粒状物质的压实与声音项目针对颗粒物质体系，开展颗粒物质阻塞相变附近的随机堆积特性的定量化研究。在不同尺寸容器中放入不同数目的颗粒，在粒子数密度足够大的区域或容器里，可以观察到颗粒按照晶格紧密排列，对于只有两个颗粒的容器，则出现周期性的"超声压缩"，最终达到一个受迫的共振状态。长时间的实验统计结果表明，在不同的振动条件下，颗粒在两个维度上的速度概率分布函数均能很好地满足指数分布律。

三、燃烧科学

微重力燃烧研究可以追溯到 1956 年日本东京大学的研究者利用简易自由落体设施进行的液滴燃烧实验，微重力实验时间约 1 秒。稍后，美国利用失重飞机提供的短时微重力条件首先开展了蜡烛火焰和固体材料燃烧等实验，并由于 1967 年和 1970 年阿波罗飞船火灾事故的影响，高度重视与航天器防火安全相关的燃烧问题研究。20 世纪 60 年代中期美国国家航空航天局两座"落塔"投入使用也为微重力燃烧的研究提供了便利的实验条件。1973 年，美国国家航空航天局路易斯研究中心组织多国科学家对微重力条件下燃烧实验的科学问题和研究方向进行了深入讨论，并全面评估了研究工作的科学价值，对美国以及国际上微重力燃烧研究的发展产生了重要影响。1974 年，美国第一次在天空实验室中开展了固体材料可燃性和灭火研究。在航天飞机时代，燃烧仍由基础科学问题和防火安全相关问题驱动，成为微重力科学中一个活跃的研究领域。空间实验研究的重点主要是火焰传播和熄灭、点燃和自燃过程、阴燃和液滴燃烧等，取得了显著的研究成果，其中包括精致的球形火焰实验。80 年代中后期，地基微重力燃烧研究重新受到重视，实验设施得到发展。欧洲、日本、苏联的微重力燃烧研究也蓬勃发展起来，空间实验与地基研究相结合，推动研究成果急速增加。当前，除了落塔、失重飞机和探空火箭等设施，各主要国家将国际空间站作为开展微重力燃烧实验的重要基础设施，规划出了详细的发展蓝图，在航天器防火安全和燃烧科学基础问题两个方面计划开展大量的研究工作。

国际空间站上可进行燃烧相关实验的设备主要包括安装在美国"命运号"实验舱的多功能燃烧实验柜和安装在欧洲航天局哥伦布舱的微重力科学手套箱。这些设备经过长期运行，技术状态稳定，使用经验成熟，可为燃烧实验提供充足而优良的条件。安排的研究项目主要包括烟雾测量实验、同流火焰中的烟点实验、燃烧实验中的火焰结构和火焰抬升、固体材料燃烧和火焰抑制实验、火焰熄灭实验、微重力前沿燃烧问题研究、固体燃料着火和熄灭等（Ma et al.，2015；薛源等，2020）。

此外，在航天器防火问题研究方面，两个主要的国际合作项目正在实施中，分别是航天器防火安全验证和微重力可燃极限研究。第一个项目利用从国际空间站分离后的无人飞船开展固体材料燃烧实验以及火灾探测、环境监测和灾后清理等技术的演示验证，实验数据用于研究尺寸效应对材料可燃性的影响，并评估现有航天器火灾模型和航天器材料筛选测试方法。项目由美国国家航空航天局和欧洲航天局领导，研究团队包括来自日本和俄罗斯等国的 14 个国际成员，计划进行 6 次空间实验，目前为止已完成 5 次。第二个项目由日本宇宙航空研究开发机构主导，合作方包括美国国家航空航天局、欧洲航天局、法国国家太空研究中心以及多所大学。项目研制固体材料燃烧实验装置，在国际空间站中的日本舱段进行材料着火和火焰传播的基础研究，同时开展大量的地基实验和理论分析，目的是建立微重力下材料燃烧最低极限氧气浓度与常重力下获得的极限氧气浓度之间的联系，进而提出新的航天器材料可燃性测试方法。随着人类对微重力燃烧机理的认识逐步深入，以及计算方法的快速发展，微重力燃烧的理论和数值模拟研究也进一步受到重视，其作用会逐渐增强。在所有的国际空间站实验项目规划当中，人类都配合进行相应的理论分析工作，或者是检验和拓展现有的理论模型，或者是发展新的理论以揭示实验现象的内在规律，也包括利用实验数据验证和完善数值计算模型。这方面的工作不但使得本领域基础研究向着更系统、更深入的方向发展，也是研究成果在地面和航天技术中实际应用的重要基础。

国际上的主要发展趋势总结如下：

1）重视空间飞行器火灾安全和燃烧基础问题两方面的研究。"双需求"

是微重力燃烧研究固有的发展动力，不同国家根据自己的实际情况，在不同的历史时期会有所偏重。总体来看，在当前以及可预见的未来，对两方面的研究都有非常明确的需求，相关研究工作都受到重视。

2）高度重视对国际空间站的利用。随着建造阶段任务的基本完成，各参与国在国际空间站进行科学实验的能力和计划大大增加，国际空间站成为真正意义上的科学实验室，而其使用期也将进一步延长。同时，美国等为国际空间站研制的功能较为完善的燃烧实验装置已投入使用，并将在燃烧研究中继续发挥主导作用。

3）国际合作更趋活跃。国际空间站参与国之间存在竞争关系，但这种竞争不在于各国拥有的宇航员数量、运送货物的多少或发射飞船的次数，而在于进行科学实验的数量以及是否有效利用空间站内的实验设备等，各参与国都强调要进行国际合作，这是充分利用国际空间站的一个必要途径。在航天器防火研究中，西方各国的合作更为紧密，以完成较为复杂的研究计划，制定出统一的技术方法和防火标准。

四、材料科学

微重力环境中的材料研究首先要考虑的因素是重力引起的与流体流动相关的效应消失或被明显抑制。因此，初期的微重力材料科学实验主要针对与冶金过程相关的金属或复合材料的加工。随着研究的不断展开和空间实验机会的增加，微重力材料科学研究逐步涉及更多学科。研究内容从常规的凝固过程到无容器深过冷非平衡凝固过程；从常规的布里兹曼方法、浮区法生长单晶到脱壁（分离）法生长单晶；从重力场效应对材料形成过程的作用与影响到施加磁场、电场等外场来影响和干预过程；从用常规方法进行的材料制备到自蔓延高温合成、电化学物理化学合成材料；从原子分子体系的材料形成过程研究到纳米材料、胶体体系的自组装及尘埃等离子体系聚集形成晶体的形成过程研究；从常规的扩散过程研究到黏度、表面张力、比热容等物理性质的研究。

微重力材料科学涉及的学科交叉包括材料科学、凝聚态物理、力学、流体力学、冶金、工程热物理、声学、光学和电子学等。例如，用浮区法及脱壁生长法进行半导体晶体生长中的杂质分布与输运问题研究离不开液桥和马兰戈尼对流的流体力学问题。胶体晶体的相变机制及相关的相分离等科学问题既是材料研究者感兴趣的，也是凝聚态物理、流体物理研究者感兴趣的。从实验技术上来说，用实时观察的方法研究透明溶液中的晶体生长要用到激光全息干涉成像；进行不透明材料凝固过程的监控和观察要用到超声、电阻和红外热成像等方法；材料实验与制备加工装置的设计制造与在空间的运行离不开力学、工程热物理等。因此，随着在空间站等长时间和高微重力空间飞行平台上开展的材料科学研究的机会越来越多、越来越深入以及更多的规律被发现，微重力材料科学研究对材料科学的理论发展和完善及对地面和空间应用的影响日益增强和扩大。

材料空间使役行为研究主要从"预防"和"治疗"两个方面展开。"预防"是针对空间环境可能对直接使用的材料产生不利影响，研制或选择具有抗环境影响的材料类型。例如，对原子氧的防护方法，是在材料基体或表面引入与原子氧不反应或反应系数低的材料来提高其耐原子氧剥蚀的性能。对聚合物经过氟化处理，添加 Si 成分，而对 Ag 这种材料则采用 Ag 基复合材料以提高其抗原子氧侵蚀的能力。由于空间环境综合作用的反应过程的复杂性，在作用机理尚未明确而靠"预防"还存在很大难度的情况下，则采取"治疗"的手段。例如，尽管原子氧的氧化能力很强，但大多数金属、几乎所有的金属氧化物、大多数有机硅化合物以及少数有机化合物，在原子氧环境中是稳定或相对稳定的。也可采用在基底材料上涂敷一层 Al_2O_3 或 SiO_2、聚硅氧烷等耐原子氧作用的涂层。对于运动机构，摩擦副运动期间形成的磨屑颗粒或液体润滑剂的管理也是典型的材料空间使役行为研究方向。材料某一性能失效可能会导致其他性能丧失或衰减的这种"短板效应"同样是材料空间使役行为研究领域的关注热点。以润滑材料为例，必须充分考虑其工作环境条件。例如，月球探测往往采用数目众多的运动机构，大部分摩擦面直接暴露于月面环境，涉及极高真空（$\leqslant 10^{-9}$Pa）、大温差温度交变（$-180\sim150$℃）、太阳辐射等极端环境，要防止真空冷焊和冻伤异常重要。月夜 - 月昼变化期间的大温差温度交变对摩擦副材料的热膨胀系数、润滑材料的稳定性等都提出了极高的要求。伴随材料科学研究的最新进展，作为材料空间使役行为研究的重要组成部分，近年来国外各国均借助国际空间站持续开展相关研究工作。

例如，美国国家航空航天局在"奋进 8 号"中开展了离子液体材料性能表征研究以及空间环境对碳纳米纤维影响效应研究。可见材料空间使役行为研究将始终与空间材料科学同步发展。

自国际空间站开始建造以来，各国都在花大力气研制空间材料科学与应用研究实验装置，有通用的，更多的则是专用装置。目前在各舱段安放可用于或进行过材料科学实验的较通用装置主要包括如下：

1）微重力科学手套箱是带有多个通用功能（如摄像、实时观察、数据采集与遥操作）可由航天员操作进行多种实验的装置。微重力手套箱在国际空间站建造期间就开展了包括空间材料科学研究在内的许多实验，特别是航天员参与和功能单元的重复使用提高了实验效率。

2）材料科学研究设备柜是一个功能强大的多用途材料科学实验室。在该实验室能实现多种类型材料（如金属、陶瓷、半导体晶体和玻璃等）的实验。材料科学研究设备柜由美国国家航空航天局和欧洲航天局联合投资和构建，是一个高度自动化的装置。

3）临界液体与结晶研究装置用于进行流体物理与材料科学领域实验的多用途装置，共有 4 个适合于不同类型科学实验的单元。其中 1 个是用于熔体材料的生长界面前沿动力学与形态转变研究。

4）空间动态共振超声矩阵系统是先进的无容器材料加工炉，它利用声波使这些材料在悬浮状态下保持稳定，可在微重力环境下悬浮加工处理多种材料。

5）空间超高温合成材料装置是用于在微重力环境研究可以在月球或其他星球上探索开发新材料和进行空间修复（如焊接、连接、涂层和净成型生产）的实验装置，该装置的最高温度可达 3000～3500 开，由俄罗斯联邦航天局建造并临时安放在微重力科学手套箱中。

6）温度梯度加热炉柜用于制备高质量晶体的电阻加热炉，由一个真空室和 3 个可移动加热器组成，最大温度梯度可达 150℃/厘米，由日本宇航探索局建造，安置在日本的希望号实验舱中。

7）磁悬浮技术用于进行导电等材料的无容器熔化和凝固、过冷、熔体热物性（如表面张力、热容和热导、热膨胀等）等实验和测量，能提供气氛或真空的实验环境，由欧洲航天局和其成员合作研发。

8）静电悬浮装置能进行更多种材料的无容器熔化、凝固、过冷、熔体热物性（如表面张力、热容和热导、热膨胀等）等实验和测量，提供气氛或真空的实验环境，由日本宇航探索局研发，安装在日本的希望号实验舱里。

9）俄罗斯的多区电真空炉，该炉的最高加热温度可到 1250℃，样品的移动速度在 0.1～25 毫米 / 小时，带旋转磁场功能。

空间材料使役行为研究装置如下：

1）国际空间站材料实验台，其是外部可交换的试验台，用于研究和评价光学、传感器、电子、通信装置、涂层和结构等材料受原子氧、超高真空、太阳辐照、微陨星尘、太阳光照和极端的冷热交变影响。至少已经有 8 个这样的实验台安装到国际空间站的快速后勤舱外部。

2）NanoRacks 外部载荷平台，其是美国一个名为 NanoRacks 的私营公司以商业方式运作部署在国际空间站上日本"希望号"太空舱外的可进行外太空极端环境下观察和实验的载荷平台。例如，可以在外部载荷平台上进行先进电子器件和材料在外太空环境下的暴露实验研究。运载实验样品的装置可以自动移动，不需要宇航员在舱外操作。只要付费就可使用该平台进行实验，样品可以回收返回地面。

3）欧洲技术暴露实验装置用于空间、地球科学和材料暴露与空间环境的研究，提供电力、数据采集处理、热控和结构支撑。该装置由欧洲航天局成员国意大利研制并安装在"哥伦布"实验舱外。

俄罗斯联邦航天局在其"星辰号"服务舱外部安装了 2 个外部暴露平台，用于各种可更换的盒状材料样品的暴露实验。

五、基础物理

（一）量子科学

在国际上大量地面研究，以及中国发射量子科学卫星的背景下，空间量子科学实验及应用近年来引发了国际广泛重视。目前欧洲航天局、日本等国家和机构都已经开始准备空间与地面量子科学实验。欧洲多国科学家团队与欧洲航天局合作，已经提出以国际空间站为平台的空间量子通信和大尺度量子力学检验实验计划。其主要的科学目标是实现星－地双向量子纠缠分发，同时进行星－地量子密钥分发实验。美国在"保持国家竞争力"计划中，将量子信息列为重点支持领域，并在空军演示了建立飞机与地面的量子链路。日本提出了量子信息技术长期研究战略，并搭载发射了量子通信探测系统进行了验证。新加坡进行了单光子探测器辐照试验，以及纠缠源高空气球飞行实验，并计划发射搭载纠缠光源的卫星载荷。

（二）原子物理

将物质的冷却到更低的温度一直是科学家们的追求。人类从 1908 年左右开始将氮气液化，创造了将物体从室温 300 开冷却到几开的新方法。而后，不断发明新方法将物体冷却，到 1995 年科学家已将物质冷却到 nK（10^{-9} 开）量级，其成果分别被授予五次诺贝尔物理奖。由于地球引力的限制，冷却温度的极限一直没有被打破。空间超冷原子物理实验是在继 1997 年、2001 年、2005 年冷原子及精密光谱技术三次诺贝尔物理奖的成果基础上又一次新的跨越式发展的机遇。基于空间站的微重力条件，可以将物质继续冷却至比地面冷却温度低三个数量级，达到 pK（10^{-12} 开）量级。

超冷原子技术的发展，导致人类成功获得玻色－爱因斯坦凝聚，而其无论是在基础研究还是在应用研究中都有巨大的潜在价值，因此一些发达国家，如美国、德国、法国、意大利、日本等都相继投入研究力量全面展开这一前沿领域的研究与探索。美国能源部有关到 2025 年的中长期七大规划目标之一是"探索能源、物质、时间与空间的相互作用"。美国 2006 年财政的优先领域中的"物质科学优先发展领域"中都将"量子冷凝聚物"列入其中，德国、法国、英国、意大利等发达国家也都将"量子冷凝聚物"作优先资助的重要的基础研究方向，并且建立了强大的实验室和研究队伍。美国一些国防研究机构如海军研究部、陆军研究部已将与超冷原子物理相关的超灵敏探测技术列入其研究计划，并启动了一个被称为"多学科大学研究计划"的庞大计划，目的是推动哈佛、斯坦福、科罗拉多等十几所大学与研究机构在冷原子物理及原子光学研究领域工作的世界一流专家共同探索新的途径来开发"超冷原子"在工业、国防及空间科学技术领域的可能应用。

美国国家航空航天局支持空间基础物理研究已经有 20 多年的历史，最初研究项目集中在"低温与凝聚态物理"，近年来又增加了对"激光冷却与原子物理""相对论与引力物理""生物物理"的支持。激光冷却与囚禁原子实验要求尽可能长的俘获原子，但是在地面实验室，重力时常会破坏原子势阱，降低冷却效果。同时，机械振动也会加热原子团。因此，冷原子物理成为美国国家航空航天局支持的空间物理实验的一个领域。美国国家航空航天局在支持空间物理实验的同时，也在广泛支持许多基于地面环境的研究项目，这是非常必要而有益的。第一，地面实验室进行的实验，有助于初步了解现象，摸清实验环节和难点，从而给出空间实验的内容。第二，只有从广泛的地面研究项目，才能筛选出那些真正值得去太空做的实验，而后者是地面实验的自然延伸。第三，要在太空进行的物理实验，必须首先在地面尽可能地进行，才可以确定在空间实验室里一个高度复杂的物理实验是否能成功完成。正是由于地面实验的重要性，因此，在美国国家航空航天局资助的研究项目中，地面实验与空间实验项目的数目约为 6∶1。

　　世界上第一个在微重力环境下的玻色－爱因斯坦凝聚研究项目是欧洲的微重力下的量子气体计划。微重力下的量子气体计划由德国的汉诺威大学量子光学研究所和不来梅大学应用空间技术和微重力中心联合发起。该项目由德国宇航局资助，目标是在微重力环境下进行玻色－爱因斯坦凝聚和简并混合气体的研究。2007 年 11 月，微重力下的量子气体计划装置第一次在不来梅落塔上实现了 87 Rb 原子气体的玻色－爱因斯坦凝聚。纯玻色－爱因斯坦凝聚的原子数为 8000～10 000 个，玻色－爱因斯坦凝聚的自由飞行时间约 1 秒。微重力下的量子气体计划项目的进一步计划是分别进行玻色－爱因斯坦凝聚演化到零磁子能级态上的绝热过程研究、序列射频耦合输出的玻色－爱因斯坦凝聚干涉分析以及芯片表面的玻色－爱因斯坦凝聚量子反射研究等。2010年该项目完成了微重力下的量子气体计划 I 的 173 次实验，获得了 1～10 nK的铷原子气体，测量了它们的纵横比，结果发表在《科学》杂志上。2013 年，又利用 1 nk 温度铷玻色凝聚体成功地进行了干涉实验，结果发表在《物理评论快报》杂志上。目前，汉诺威小组在恩斯特·拉塞尔教授的领导下，正在进行微重力下的量子气体计划二代装置微重力下的量子气体计划 II 的设计。德国航天局还组织了微重力下的物质波干涉测量项目，其中微重力下的物质波干涉测量 -1 计划主要验证铷玻色－爱因斯坦凝聚系统的可靠性，微重力下的物质波干涉测量 -2 主要验证铷、钾玻色－爱因斯坦凝聚系统的可靠性。

2017 年 1 月，由莱布尼兹汉诺威大学负责的微重力下的物质波干涉测量 -1（MAIUS-1）发射成功，第一次实现了进行了实验空间铷玻色 - 爱因斯坦凝聚实验，铷钾混合量子气体实验在未来几年进行。微重力下的物质波干涉测量 -1 成功发射显示了该技术在空间条件下完美性。另外两个任务微重力下的物质波干涉测量 -2（MAIUS-2）和物质波干涉测量 -3（MAIUS-3）正在进行载荷研制。微重力下的物质波干涉测量 -2 将进行超纯超冷铷原子、钾原子首次在一个探空火箭发射实验。微重力下的物质波干涉测量 -3 将进行不同原子种类玻色爱因斯坦凝聚体的下降速度，通过测量比较检验等效原理，这是爱因斯坦广义相对论的核心。

法国主要利用抛物飞机开展微重力下量子气体实验，抛物飞机实验项目为利用玻色凝聚体作为工作物质（物质波），形成干涉仪，进行等效原理的验证。它由法国国家科学研究院波尔多光学所负责，目前已经在抛物飞机上做过多次试验，取得了令人激动的结果。他们还获得了 nK 量级的铷原子玻色凝聚体，并进行了相关的科学实验，结果发表在《自然 - 通讯》上。

欧洲各国空间科学实验主要通过欧洲航天局执行。在冷原子物理领域，2010 年前提出发展两台设备和一个平台：即空间原子钟组和空间超精密冷原子干涉测量，还有一个微重力玻色 - 爱因斯坦凝聚平台。目前，欧洲生命和物理科学研究计划中空间冷原子钟的两个最大项目是空间原子钟组计划与时空探索者和量子等效原理空间测试计划。此外，美国国家航空航天局也有空间的冷原子实验室计划。

1. 冷原子实验室计划

美国国家航空航天局在 2018 年于现有的空间站上建立冷原子实验室。其中的重要内容是建立空间超冷原子平台，主要由美国喷气推进实验室与美国大学的实验室联合完成。该计划的目标是实现 100 pK 温度超冷原子样品，利用空间站上微重力的条件获得比地面上低三个数量级的量子气体。平台的主要实验内容包括：建立原子芯片的实验装置，获得铷 -87 与钾 -40 的超冷原子，在玻色凝聚相变阶段获得 10 万个铷原子，在简并费米气体阶段获得 1 万个钾原子，凝聚体寿命 5 秒以上，光学势阱 850 纳米波长，势阱深度达 10 个反冲能量。费希巴赫共振磁场可调至 225 G^①，具有射频选态的控制。

冷原子实验室的科学目标是研究国际空间站微重力条件下的超冷量子气体特性，开展的研究内容主要如下。

1）研究铷 -87、钾 -40 与钾 -41 以及它们的相互作用。

2）研究量子气体的剩余动能低于 100 pK，自由膨胀时间大于 5 秒的特性。

3）研究将铷 -87、钾 -40 或钾 -41 装载于光晶格中后，利用外磁场调节原子内态的组分以及实现单组分的费希巴赫共振。

2. 空间原子钟组计划

欧洲正在进行的空间原子钟组计划包括两台高精度钟，一台是冷原子铯钟，另一台是氢脉泽钟，并配备了微波双向时间比对链路。在北美、欧洲、日本和澳大利亚建立了 6 个微波地面终端组成的时间比对网。空间冷原子铯钟的日频率稳定度优于 3×10^{-16}，准确度优于 10^{-16}，短期稳定性（简称短稳）可以直接与空间氢钟比对，长期稳定性（简称长稳）与地面时钟比对。空间氢钟频率稳定度高，中长稳与地面时钟比对，长稳与空间冷原子钟比对，开展原子钟不确定度的检验。空间原子钟组在进行空间与地面原子钟间的时间频率传递与比对时选用微波双向链路。卫星双向时间传递是目前精度最高的远程时间传递方法。采用路径对消方法，能有效降低信号传播过程中引入的误差，日均比对精度约 100 皮秒。两个站的时间信号同时与空间时间进行比对，得到钟差，事后两站交换数据，将观测的钟差相减即可得到两站的钟差，时间比对精度 1～2 纳秒。空间原子钟组将开展高精度广义和狭义相对论检验，期望把测量重力红移的精度提高 25 倍，把精细结构常数 α 随时间变化的测量提高 10 倍，把光速的相对不均匀性也提高 10 倍；同时为全球提供较全球定位系统精度高 100 倍的时间信号，开展广泛应用。

3. 时空探索者和量子等效原理空间测试计划

欧洲《宇宙憧憬（2015—2025）》第三部分——基本物理定律的检验，开始了时空探索者和量子等效原理空间测试预研。该项目由不确定度与准确度为 10^{-17} 的超冷原子微波钟，不确定度与准确度为 10^{-18} 的超冷原子光钟，以

---

① 1 G（高斯）= 10^{-4} T（特）。

及基于玻色凝聚体的超高精度干涉仪组成。实验研究主要针对两种中性原子光钟（Sr 与 Yb）。经过预先研究实现了移动式小型光晶格锶原子原理样机。该计划的科学目标是在 $2×10^{-15}$ 量级检验物质波的等效原理。测量在地球、太阳、月球引力势作用下时间膨胀效应，精度分别达 $2×10^{-7}$、$2×10^{-6}$ 和 $4×10^{-4}$ 量级。应用目标是建立空间时频系统，向全球传递准确时频，实现时频的空地比对；建立超高精度地球引力势地图。该项目经费达 4.7 亿欧元，预计 2022～2024 年发射。此外，为满足未来基础科学、地球探测以及空间导航的需求，欧洲正在酝酿新的空间光钟计划，拟并行研发四种冷原子/离子光钟（$^{88}Sr^+$、Sr、Hg、$^{27}Al^+$）。该计划的时间跨度很大，至少持续到 2025 年。

4. 空间超精密冷原子干涉测量计划

空间超精密冷原子干涉测量是基于物质波的一种探测加速度的量子探测器。设计中的包括两种类型仪器，一种是马赫–曾德尔干涉仪，用于测量旋转和加速。另一种是拉姆齐–博尔代干涉仪，用于测量时间。它可以用来检验广义相对论和量子电动力学给出的精细结构常数的量值，还能验证等效原理。

（三）空间相对论与引力物理实验

国外空间相对论与引力物理重要进展主要是以下研究。

1. 引力探测器 B

引力探测器 B 由美国斯坦福大学科学家提出，美国国家航空航天局于 1964 年资助。其科学目标是验证广义相对论的 2 个预言，即短程线效应和坐标系拖曳效应。引力探测器 B 项目历经 31 年的研究和开发，10 年的飞行准备，于 2004 年 4 月 20 日成功发射。之后，经过一年半的在轨飞行调试及收录数据和五年的数据分析，引力探测器 B 工作组撰写的实验结果论文于 2011 年 4 月投给美国的《物理评论快报》并于 2011 年 5 月发表。在美国国家航空航天局总部召开的新闻发布会上发布了引力探测器 B 的实验结果：实验结果证明了广义相对论的 2 个预言；测地线效应的理论值是 −6606.1 毫角秒/年，实验值是 −（6601.8±18.3）毫角秒/年（相对误差 0.28%）；参考系拖拽效应的理论值是 −39.2 毫角秒/年，实验值是 −（37.2±7.2）毫角秒/年（相对误差 19%）。在研制引力探测器 B 卫星的过程中开发了 13 种新技术（包括陀螺仪技术、低温技术、高精度恒星敏感与跟踪技术、微推进器和无拖曳控制技术等）。美国物理学家高度评价这项实验结果具有革命性意义，这项实验成果被作为经典案例写进物理学教科书。

2. 微卫星无拖曳控制等效原理实验

法国国家太空研究中心于 1999 年提出微卫星无拖曳控制等效原理实验，用于在空间检验弱等效原理。预期检验精度为 10^{-15}，主要受温度效应、金丝阻尼、金丝寄生刚度和电容位移传感水平的限制，测量的信号频率在 10^{-3} Hz 附近。此计划被列为欧洲航天局与法国国家太空研究中心的合作计划。

法国国家太空研究中心负责设计卫星，从已有的 Myriade 卫星系列中选取并改进其卫星核心载荷由两个高精度的电容差分加速度计对组成。微卫星无拖曳控制等效原理实验的关键技术是差分静电控制加速度计和无拖曳控制。差分静电控制加速度计包括电容位移传感、静电力控制、电荷管理。电容位移传感技术用来测量检验质量的位移，静电力控制是指用静电力来控制检验质量。为了减少环境电磁场与带电检验质量之间相互作用的扰动力，实验中采取成熟的金丝放电来抑制检验质量上电荷的涨落（即进行电荷管理）。无拖曳控制通过调整推力器推力来补偿航天器空间飞行中受到的非保守力，使航天器跟随检验质量运动，从而保证航天器平台具有极高的微重力水平。该卫星已于 2016 年 4 月发射，2017 年 12 月公布了初步数据处理结果，弱等效原理检验精度达到了 1 倍标准偏差，积累更多数据有望进一步提高实验检验精度。

3. 空间引力波探测计划

空间引力波探测是利用空间飞行器观测天体系统发出的引力辐射，是研究天体和基础物理规律的天文与基础物理交叉学科。地面引力波探测由于受到地表振动、重力梯度噪声、激光散粒噪声以及地面试验尺度的限制，探测频段被限制在 10～10 000 Hz。引力波源主要包括几十至几百太阳质量黑洞的并合系统、双中子星并合系统，由于波源的特征质量相对较小，可探测的范围被局限在红移小于 2 的范围内。

早在 20 世纪 90 年代欧洲航天局就规划了开展空间引力波探测的激光干

涉空间天线计划。2015 年欧洲航天局发射了验证太空引力波观测技术的激光干涉空间天线——开拓者，对惯性传感器、无拖曳控制等多个关键技术进行了空间验证。激光干涉空间天线计划的目标是发射 3 个航天器，在日地轨道构成相距 2.5×10^4 千米的等边三角形，实现对 $0.1\,\mathrm{mHz} \sim 1\,\mathrm{Hz}$ 频段范围的引力波事件探测。

与地面引力波探测相比，空间引力波探测任务所面对的波源一般特征质量和尺度都大很多。探测器具有更深广的视野，能够探测到大量甚至多种发生信号混淆的引力波事件，包括星系并合引起的从中等质量黑洞至大质量黑洞的双黑洞并合系统、星系（星团）中心附近恒星质量黑洞等致密小天体和超大质量（中质量）黑洞形成的超大质量比（中等质量比）双黑洞绕转系统、大量河内河外致密双星系统、早期宇宙和量子引力来源等。

4. 空间低温凝聚态物理

国外进行的微重力条件下低温凝聚态物理实验的主要介质是惰性气体，特别是氦（包括氦-4 和氦-3）以及它们的组合。这类气体在标准气压下的液化温度都很低，其中氦最低（4.2 开）且不会固化。研究氦除了氦本身的特殊性质（如超流）外，还因氦常被用于空间探测器的制冷。

美国国家航空航天局支持了喷气推进实验室和几所大学合作，进行了微重力条件下的低温凝聚态物理实验研究，自 20 世纪 90 年代初起，先后研制了 3 个实验硬件在航天飞机上进行实验，分别是研究超流氦性质的临界点实验、研究约束态低温氦实验和研究动能态超流氦的微重力临界动力学实验。这几个实验硬件都带有保持低温的杜瓦容器和相应的测量、控制及数据传输等设备，重量都在几百千克量级，也曾计划在国际空间站进行实验。

低温凝聚态物理实验不仅要求微重力条件和低温条件，还要求很高的温度控制精度和压力测量精度，各种测量方法都不能干扰流体（不能带进较强的能流），有较长的实验时间（百小时量级），需要发展相应物理量高分辨率的传感器和测量与控制方法。

经典物理学不能解释临界现象，也无法预测临界点附近的物质性质。美国肯尼斯·威尔逊在量子理论的基础上发展了重正化群变换理论，提供了预测物质在其临界点附近物理性质的数学方法并得到实验证实，获得了 1982 年的诺贝尔物理奖。之后进行的微重力条件下临界现象的实验研究所获得的实验结果和地基结果相比较，有了明显改进。今后的微重力条件下临界现象的实验研究可以对重整化群变换理论的预测进行更严格的实验检验。

六、生物技术

空间生命科学研究在宇宙空间特殊环境因素（如微重力、宇宙辐射、磁场、真空、高温、低温等）下的生命活动现象、过程及其规律，探索地外生命及人类在地外空间的生存表现和能力，研究生命的起源、演化与基本规律，是生命科学和生物科技领域的一个新兴分支学科，是采用特殊途径的生命科学和生物技术研究，丰富了生命科学的外延。空间生命科学作为一门新学科，在空间环境生物学效应研究方面，已经获得了大量的实验数据，使人类开始认识到重力场等因素对生命演化和生理活动的意义。同时，空间生命科学的研究工作将在微观的细胞分子水平和宏观的整体水平上深入下去，以达到阐明最基本的生命活动机理和开发新的生物技术的目的。此外，由于长期航天飞行任务的需要，宇宙辐射的累积效应也需要进一步的关注和研究。

对生命起源和地外生命的探索是当代生命科学研究最有吸引力的课题之一，生命起源之谜可能在空间探索中得到破解，空间生命科学将对这一重大课题做出不可替代的贡献。因而，全球各个国家和地区组织都在不遗余力地开拓生物技术领域。

（一）美国

20 世纪 70 年代，美国国家航空航天局总部成立生命科学办公室，正式设立三项计划任务：

1）重力生物学，用于了解重力在生命发展演化中的作用。

2）航天医学研究，用于监测和降低载人空间飞行中的生理和心理障碍。

3）航天实施医学，用于开发医学和生保系统，确保人类进入地外和太阳系开展探索活动。这三项计划从美国国家航空航天局专门中心获得支持，初期计划确定的三个主题界定了空间飞行生命科学的研究任务和重点。

2004 年 1 月美国国家航空航天局发射的"勇气号"火星探测器登陆火星

表面，标志着美国火星计划的正式启动。此后的 10 余年，美国国家航空航天局利用国际空间站开展了大量人体基础生物学相关研究，包括行为和功效、骨钙生理学、心血管生理学、细胞分子生物学、时间生物学、临床医学、发育生物学、内分泌学、环境监测、胃肠生物学、硬件评估、血液学、免疫学、多学科交叉生理学、代谢和营养、微生物学、肌肉生理学、神经生理学、植物学、肺生理学、辐射生物学、肾／电解液生理、储藏和保存等多个方向，共执行 1500 余项科学实验。例如，在 85 项骨钙生理学研究中，成功建立了骨质流失检测方法，验证了对抗失重性骨质流失的措施；发现了空间飞行增加肾结石的风险和引起背痛的机制；设计并构造了先进耐力训练仪用于长期飞行时肌肉力量的保持。在 166 项心血管生理学研究中，确定了失重对心血管系统的反应；量化了心脏萎缩的程度和时间，并确定了其机制，揭示了循环系统对微重力的适应性；确定了宇航员肌肉力量、骨骼强度、氧容量、神经系统功能的水平；提出了心血管问题的检测方法和基本对策等。此外还开展了临床医学、生物医学对抗措施等研究。这些研究工作，为美国建立起了一套完善的航天员训练和锻炼、饮食与营养管理、健康检查与评价，以及空间疾病预防、诊断、治疗和药物开发等相关航天医学、药物学与人体科学的研究体系，为火星登陆计划做了充分的准备。2015 年美国国家航空航天局公布登陆火星的计划——《美国航天局的火星之旅：开拓太空探索下一步》，提出在 25 年内登陆火星的愿景，并明确了登陆火星的"三步走"计划。其中第一阶段的工作已经展开，包括人体健康和行为、食物种植和水循环利用的生命保障系统，以及在国际空间站上进行 3D 打印等实验内容。

纵观 50 余年来，美国国家航空航天局战略规划方向虽然不断地调整和修订，但对空间生命科学领域的研究一直积极支持，主要包括：

1）围绕人体（航天员）健康保障的基础生物学和生理学研究。随着美国国家航空航天局的人体研究计划的实施，美国国家航空航天局长期以来所开展的基础研究和先进技术开发，都以确保长期太空活动人的健康为目标，结合双子座、阿波罗、航天飞机和国际空间站等计划，组织开展了约 736 个空间和地基研究相关项目。

2）空间辐射生物学研究。美国国家航空航天局已将辐射生物学纳入航天医学"空间环境对人类的影响"研究方向，在其历次载人空间计划中，均采用了严格的监测手段，开发了先进辐射探测设备，为航天医学方面的研究提供了数据支持。

3）空间微生物学研究。该领域的研究已列入美国国家航空航天局战略规划的最高优先领域，利用航天飞机开展了 22 次微生物学实验，在国际空间站上开展 3 次微生物学实验。

4）生物再生生命保障系统及相关基础生物学问题研究。美国已开展生物圈 2 号试验，为生物圈和密闭生态系统的研究奠定了重要基础。前期实验研究获得的许多经验教训，被用于"实验室规模的密闭生态系统""实验室型生物圈""火星飞行及火星表面居住"等后续研究中。

5）空间生物技术与转化应用研究。美国国家科学研究委员会出版的《NASA 对微重力科学和物理学研究方向的评估》报告指出："最重要的研究方向包括：开展体外具有长期稳定性的蛋白质开发，研究重力影响组织应力的细胞反应，以及用于发电和能量转换的纳米技术研究"。

6）宇宙生物学。"开展生命起源和地外生命探索研究，以了解生物如何适应宇宙进化"被美国国家航空航天局列为空间生命科学三大发展方向之一。

美国国家航空航天局埃姆斯研究中心成为宇宙生物学的领导中心，于 1998 年提出首个宇宙生物研究路线：

1）生命是如何开始和演化的？

2）宇宙中其他地方是否存在生命？

3）地球及地外生命的未来是什么？

随后，美国"好奇号"火星车项目团队在火星上发现了干涸的远古淡水湖，并预测湖泊曾维持一些简单微生物的存活。2013 年 12 月美国国家航空航天局宣布木卫 2 卫星表面发现黏土质矿物，或可孕育新的生命。这些深空探测活动，驱动了美国宇宙生物学研究的发展。

（二）欧洲航天局

欧洲航天局整合了欧洲多国的优势资源，合作完成了多项大型空间科学项目，主要如下：

1）欧洲航天局国际空间站的相关研究工作。"哥伦布"实验舱是国际空间站第二个实验舱，由来自欧洲 10 个国家的 40 家公司共同参与制造，也是欧洲航天局最大的国际空间站项目。"哥伦布"实验舱装备有多种实验设备，能开展细胞生物学、外空生物学、流体和材料科学、人体生理学、天文学和基础物理学等多方面的实验。

2）围绕人体（航天员）健康保障的基础生物学与航天医学研究。欧洲航天局支持空间人体科学基础研究，涉及生理学、心理学等方向。在生理学方面，欧洲航天局已开展肌肉骨骼系统研究，致力于预防和恢复措施的研究，持续地进行新方法的开发和专用体能训练和监测设备的设计。已成功开发专用诊断和研究设备，以应对出舱活动可能导致的肺水肿和积液。2009 年欧洲航天局参与了火星 500（Mars 500）模拟实验项目，开展生理学、心理学、临床及实验室诊断、微生物和卫生保健等研究内容以及技术操作实验等。

3）生物再生生命保障系统的基础研究。欧洲航天局实施的生物再生保障系统研究，主要涉及三个方面：开发密闭生态系统试验装置并于 1995 年启用；建造以微生物为基础的可替代型微型生态生命保障系统；构建一个以微型藻和昆虫为基础的实验性生物再生生命保障系统，包括昆虫培养室、小球藻和麦芽糖分离器和生物反应器等部分。此外，欧洲航天局还设计研制了一种密闭平衡式水生生物生态系统，用该系统已开展了 3 次空间飞行实验。

（三）俄罗斯

在苏联解体后，俄罗斯联邦航天局于 1992 年成立，总部位于莫斯科，是俄罗斯联邦执行国家航天计划的中央机构。从苏联的 20 世纪 60～80 年代，直至俄罗斯的 90 年代，当美国全力发展航天飞机的时候，俄罗斯却有条不紊地发展各种型号的飞船和空间站，包括"东方号""上升号""联盟号"空间飞船，"进步号"货运飞船，以及"礼炮号""和平号"空间站等。为配合载人航天，支持空间生命科学实验研究，还长期开展了生物卫星项目。在美国、苏联开展空间竞争的年代，保障航天员生命安全是空间生命科学研究的首要目标。苏联利用载人飞行次数最多的优势，在 1961～1991 年访问"和平号"空间站的 65 次载人飞行中，共有 126 人次往返空间，利用飞船和空间站开展了大量的科学实验研究。

苏联是世界上最早开展生物再生生命保障系统研究的国家。苏联科学院西伯利亚分院的物理研究所生物物理部（后来的生物物理研究所）依次开发出生物实验密闭舱 Bios-1、Bios-2、Bios-3。其中 Bios-3 是一种长期载人航天飞行生命保障的地基综合模拟系统，也是唯一包含人类所需大气、水和植物的实验系统。在 Bios-3 系统内开展了 2～3 人为期 180 天的密闭实验，实现了氧气、水的 100% 循环再生，人所需的植物性食物大部分自给自足。俄罗斯联邦航天局在航天局在医学方面也取得一系列研究成果：通过对首次飞行或飞行过程中出现运动病症状的航天员进行预防性治疗，研发了对抗运动病的药物——异丙嗪，该药物也被选作为空间运动病的治疗药物。俄罗斯联邦航天局在航天局还研发太空跑台、自行车功量计、拉力器、企鹅服等运动装置，作为防止空间骨质流失的措施。此外，俄罗斯科学院生物医学问题研究所同欧洲航天局载人航天部合作，开展了火星 500 天试验，针对未来载人探测火星任务进行了准备性研究，检测了长期空间飞行中人的生理与心理变化。

（四）日本

日本宇航探索局的空间生命科学研究主要通过国际空间站上日本"希望号"实验舱进行。目前分两个阶段开展或组织实施科学实验项目，围绕宇宙起源、构成及其时空特性，地外宇宙生命存在的可能性，微重力环境下肌肉萎缩及其与神经系统的关系等生理学和基础生物学研究、辐射生物学以及植物生理和细胞生物学等开展了研究。在空间生物技术研究方面，日本宇航探索局先后利用美国航天飞机、"希望号"等，持续开展了以空间制药为应用背景的开发研究，并在与俄罗斯的合作计划中，获取了一系列高分辨率的蛋白质晶体结构。此外，日本宇航探索局在宇航员直立不耐受性及心血管失调的防护方面，使用下肢负压技术，建立了一个等效的生理应激系统用以代替地球重力场及地球上的垂直运动。日本宇航探索局与美国在国际空间站上开展联合研究，检验二磷酸盐预防骨质流失和肾结石形成的作用效果，并开展太空环境下利用运动器具来防止骨质流失和肌肉萎缩的实验研究。

（五）中国

我国在近十年空间生命科学和生物技术发展迅猛。2011 年在"神舟八号"

飞船上，利用德国研制的通用生物培养箱，中德双方合作开展了 4 个领域的 17 项科学实验（中方 10 项，德方 6 项，中德合作 1 项），涉及重力生物学、辐射生物学、蛋白质科学、密闭生态系统，以及发育、代谢、遗传等，获得了大量科学成果。其中，蛋白质结晶实验使用了自主研制的创新性无源浸入式通用毛细管结晶室，取得了优异的成绩。2016 年 9 月，在"天官二号"空间实验室上完成了我国首次从种子到种子的高等植物全周期培养实验，验证了利用光周期反应原理调控植物生长的设想，发现了植物的生物节律在微重力条件下受到抑制，植物开花基因在微重力条件下的表达与运转规律，以及微重力促进叶脉网络发育等结果。2017 年 4 月，在中国"天舟一号"首艘货运飞船上开展了微重力对细胞增殖分化的影响研究，利用我国自主研发的哺乳动物细胞空间生物反应器成功开展了 8 项生物实验研究。空间生物反应器载荷兼具的 12 种细胞样品实验均获得圆满成功。其中，人胚胎干细胞首次在微重力条件下分化为生殖细胞并存活 33 天，利用遥控显微成像系统，成功记录了人胚胎干细胞分化为生殖细胞的形态变化，初步分析人胚胎干细胞的扩增与分化效率未受微重力及在轨环境影响。胚胎干细胞实验在国际上首次实时观察到了太空微重力条件下，小鼠胚胎干细胞在轨 15 天的增殖过程，研究发现空间微重力有利于胚胎干细胞的干性维持，太空微重力环境更有利于干细胞的三维生长。

2016 年，利用"实践十号"返回式科学卫星开展了 10 项空间生命科学实验，包括空间辐射生物学、空间重力生物学及空间生物技术等方面的研究，实验样品包括水稻、拟南芥、线虫、果蝇、家蚕胚胎、小鼠早期胚胎、神经干细胞、造血干细胞、骨髓间充质干细胞等 14 种动植物细胞或个体组织，获得了胚胎细胞的分裂、植株开花等很有意义的实验结果（康琦和胡文瑞，2016）。其中，哺乳动物早期胚胎发育研究，获得了小鼠早期胚胎体外发育的全流程实时显微摄影图片，并在国际上首次证明了小鼠 2-细胞胚胎在太空微重力条件下能够分裂并且发育到囊胚阶段；通过对回收的太空胚胎详细分析以及地基一系列模拟实验，找到太空低剂量辐射环境可能是影响哺乳动物早期胚胎发育的关键因素之一的相关证据。

第三节　发 展 现 状

目前，国际上进行微重力科学研究的主要国家均为国际空间站参与国，他们将国际空间站作为开展微重力科学实验的主要设施，在未来的 5~10 年，空间站依然将是微重力科学实验研究的主要平台。国外还在探空火箭、失重飞机、落塔等设施，对空间项目进行预研、评估和筛选，并开展了广泛的国际合作（胡文瑞和康琦，2020）。

从微重力科学研究趋势看，微重力流体、燃烧和空间材料研究在重视机理研究的同时，也重视应用需求。微重力流体方面的软物质研究、两相系统研究开展了越来越多的实验；空间冷原子钟和冷原子物理等基础物理前沿研究及应用受到高度重视（胡文瑞，2010）。一些新兴技术如空间 3D 打印与流体、材料制备和精密成型结合，已经在空间站上开展了实验研究，微重力科学研究正在不断发展中。

我国载人航天及载人空间站工程的进展，是我国微重力科学发展的重要机遇，也开拓了国际合作的新渠道。中 - 欧在国际空间站和中国空间站开展的物理和生命科学联合项目（第一批）已经完成了评审，其他国家（包括发展中国家）也将参与到中国空间站的空间科学实验。

我国微重力科学从空间材料科学研究起步。1987 年，在"863"计划支持下，中国科学院半导体物理研究所林兰英院士利用我国的返回式卫星进行搭载实验，获得国际上第一根在空间微重力环境下从熔体生长出的高质量砷化镓单晶。1995 年 9 月，国防科学技术工业委员会正式批文后，在胡文瑞院士的带领下建立了国家微重力实验室（后纳入中国科学院重点实验室）和百米落塔，目前该落塔已成为中国最高，国际上正在运行第三高度的落塔。

中国科学院微重力重点实验室是我国唯一的以微重力科学研究为主的实验室，其他微重力科学研究力量分布在中国科学院各相关研究所以及各相关高校，更多的其他实验室以及项目组以母学科为依托，开展微重力燃烧科学、空间材料科学、空间基础物理，以及空间生物技术的研究，在大量开展地基实验研究的基础上，积极利用空间实验机会开展空间微重力实验。

一、实验任务

（一）载人航天工程

载人航天工程是我国开展微重力科学实验的主要途径之一，从"神舟二号"飞船起，几乎每次空间飞行都有微重力科学实验任务（表 6-3）。近期在"天宫一号""天宫二号"空间实验室以及"天舟一号"货运飞船也安排了微重力科学实验，涉及微重力流体物理、空间材料科学、微重力基础物理等领域。

表 6-3 载人航天工程已开展的空间实验项目——微重力科学部分

序号	项目名称	承担单位	备注
1	Al-Mg$_2$Si 共晶合金的定向复合生长	中国科学院物理研究所	"神舟二号"
2	Pd$_{40}$Ni$_{10}$Cu$_{30}$P$_{20}$ 合金在微重力下的过冷固化实验	中国科学院物理研究所	"神舟二号"
3	GaAs 和 GaSb 单晶空间生长－空间生长 GaSb 晶体	中国科学院半导体研究所	"神舟二号"
4	Al-Al$_3$Ni 共晶合金、Al-Bi 偏晶合金和 Al-WC(Ni) 金属基复合材料的空间制备及 Al-Al$_3$Ni、Al-Mg$_2$Si 与氮化硼、氧化铝和石墨间的润湿性实验	中国科学院金属研究所	"神舟二号"
5	空间生长三元半导体红外光电晶体研究－HgCdTe(CaZnTe) 空间生长研究	中国科学院上海技术物理研究所	"神舟二号"
6	微重力对 Bi$_{12}$SiO$_{20}$(BSO) 单晶生长与缺陷影响的研究	中国科学院上海硅酸盐研究所	"神舟二号"
7	空间晶体生长的实时观测	中国科学院上海硅酸盐研究所 中国科学院上海技术物理研究所	"神舟二号"
8	Al-Mg$_2$Si 定向共晶复合生长及新型 Nd 基亚稳材料制备	中国科学院物理研究所	"神舟三号"
9	PdNiCuP 合金的空间凝固	中国科学院物理研究所	"神舟三号"
10	Al-Al$_3$Ni 共晶合金和 Al-Bi 偏晶合金的定向凝固及 Al-Sn、Cu-Sn 与 Fe、Ni 间的润湿性实验	中国科学院金属研究所	"神舟三号"

序号	项目名称	承担单位	备注
11	GaAs 和 GaSb 半导体单晶空间生长－空间生长 GaMnSb 晶体	中国科学院半导体研究所	"神舟三号"
12	微重力对 $Bi_{12}SiO_{20}$ 单晶生长与缺陷影响的研究	中国科学院上海硅酸盐研究所	"神舟三号"
13	三元半导体掺锗碲锌镉的空间晶体生长	中国科学院上海技术物理研究所	"神舟三号"
14	大马兰戈尼数液滴迁移研究	中国科学院力学研究所	"神舟四号"
15	空间固体润滑材料暴露实验	中国科学院兰州化学物理研究所	"神舟七号"
16	复合胶体晶体生长	中国科学院物理研究所 中国科学院空间科学与应用研究中心	"天宫一号"
17	红外探测器材料 InTeSb 空间生长与性质研究	中国科学院半导体研究所	"天宫二号"
18	ZnTe:Cu 晶体的空间生长研究	中国科学院上海技术物理研究所	"天宫二号"
19	磁性半导体材料 InMnSb 的空间生长	中国科学院半导体研究所	"天宫二号"
20	Al-Cu-Mg 单晶金属合金的空间凝固与缺陷控制	中国科学院金属研究所	"天宫二号"
21	Al-Sn-Bi 偏晶合金空间定向凝固	中国科学院金属研究所	"天宫二号"
22	新型金属基复合材料空间制备研究	中国科学院金属研究所	"天宫二号"
23	多元复相合金空间凝固研究	西北工业大学	"天宫二号"
24	闪烁晶体的空间制备与性能研究	中国科学院上海硅酸盐研究所	"天宫二号"
25	铁电薄膜外延生长微观机制研究	中国科学院上海技术物理研究所	"天宫二号"
26	高性能热电半导体晶体空间制备及性能研究	中国科学院上海硅酸盐研究所	"天宫二号"
27	介孔基纳米复合材料制备	中国科学院上海硅酸盐研究所	"天宫二号"
28	材料制备实验装置热分析实验和模型研究	中国科学院上海硅酸盐研究所	"天宫二号"
29	空间冷原子钟实验	中国科学院上海光学精密机械研究所	"天宫二号"
30	空地量子密钥分配实验	中国科学技术大学 中国科学院上海技术物理研究所	"天宫二号"
31	大普朗特数数液桥热毛细对流研究	中国科学院力学研究所	"天宫二号"
32	综合材料实验装置及 18 种材料生长实验	中国科学院上海硅酸盐研究所	"天宫二号"
33	红外探测器材料 AlInSb 空间生长与性质研究	中国科学院半导体研究所	"天宫二号"

序号	项目名称	承担单位	备注
34	ZnTe:Cu 晶体的空间生长研究	中国科学院上海技术物理研究所	"天宫二号"
35	磁性半导体材料 InMnSb 的空间生长	中国科学院半导体研究所	"天宫二号"
36	Al-Cu-Mg 单晶金属合金的空间凝固与缺陷控制	中国科学院金属研究所	"天宫二号"
37	Al-Sn-Bi 偏晶合金空间定向凝固	中国科学院金属研究所	"天宫二号"
38	SiC 增强 Zr- 基复合材料空间制备	中国科学院金属研究所	"天宫二号"
39	多元复相合金空间凝固研究	西北工业大学	"天宫二号"
40	KNN 基铁电材料的空间制备	中国科学院上海硅酸盐研究所	"天宫二号"
41	外延 PZT 铁电薄膜的控制生长	中国科学院上海技术物理研究	"天宫二号"
42	热电半导体 BiTeSb 晶体空间制备	中国科学院上海硅酸盐研究所	"天宫二号"
43	介孔基纳米复合材料制备	中国科学院上海硅酸盐研究所	"天宫二号"
44	液蒸发冷凝实验和关键技术验证	中国科学院力学研究所	"天舟一号"
45	非牛顿引力实验检验的关键技术验证	华中科技大学	"天舟一号"

注：表中为截至 2021 年数据统计。

（二）返回式卫星

返回式卫星是我国微重力科学实验的另一重要途径，国内各单位已开展了多项搭载实验，其中有两次集中搭载实验。"实践十号"是我国首颗专门研究微重力科学和生命科学的实验卫星，是中国科学院空间科学先导专项中首批确定的 5 颗科学卫星之一，"实践十号"包含 19 项科学实验载荷，涉及微重力流体物理、微重力燃烧、空间材料科学、空间辐射效应、重力生物效应、空间生物技术共六大学科，是单次开展科学实验项目最多的卫星，其中 8 项微重力流体物理及燃烧实验在留轨舱内进行，其余 11 项实验在回收舱进行。"实践十号"2016 年 4 月发射，回收舱在轨运行 12 天后返回地面，留轨舱继续在轨工作 8 天，空间实验取得圆满成功。"实践十号"微重力科学项目见表 6-4。

表 6-4 "实践十号"返回式卫星空间实验项目—微重力科学部分

序号	研究方向	项目名称	承担单位
1	微重力流体物理	蒸发与流体界面效应空间实验研究	中国科学院力学研究所
2		颗粒物质运动行为 - 颗粒流体气液相分离空间实验研究	中国科学院物理研究所

序号	研究方向	项目名称	承担单位
3	微重力流体物理	微重力沸腾过程中的气泡热动力学特征研究	中国科学院力学研究所 西安交通大学
4		热毛细对流表面波空间实验研究	中国科学院力学研究所
5		胶体有序排列及新型材料研究	中国科学院力学研究所 中国科学院化学研究所
6		微重力条件下石油组分热扩散特性的研究和导温系数的测量	欧洲航天局 中国科学院力学研究所
7	微重力燃烧	微重力环境电流过载下导线绝缘层着火烟的析出和烟气分布规律	中国科学院工程热物理研究所
8		微重力下煤粉燃烧及其污染物生成特性研究	清华大学 华中科技大学
9		典型非金属材料在微重力环境中的着火及燃烧特性研究	中国科学院力学研究所
10	空间材料科学	空间熔体材料科学实验	中国科学院半导体研究所等

"实践十号"空间实验研究已发表众多的国际期刊学术论文。代表性的研究工作如下。

1）在颗粒流体气液相分离实验中，首次观测到微重力下颗粒气体的分仓聚集——麦克斯韦妖现象，微重力实验得到了颗粒气体团簇相图，验证了颗粒气–液相分离理论，建立了由第一性原理出发的扩散方程与成核理论模型。

2）国际上首次环形液池模型大曲率面型空间实验，在原液桥体积效应研究的基础上提出创新尝试，空间实验结果检验了体积效应的形成机理，拓展了体积效应理论的普适性。

3）科学上突破了颗粒组装和干燥图案形成中的若干关键科学问题，技术上实现了胶体复杂体系在空间的管理和操控。进一步澄清了主导气液界面组装的关键动力学过程。

4）首次揭示低速流动中火焰传播模式的完整图谱，获得低速流动（微重力环境）中热厚材料火焰传播和熄灭规律，认识火焰对气流的动态响应特性以及火焰稳定和熄灭机制，对于发展固体材料燃烧的理论和模型而言，改进航天器材料可燃性评价方法有重要意义和价值。

5）通过空间 60 多小时生长，获得了高 In 含量（$x=0.11$）的 $In_xGa_{1-x}Sb$ 三

元晶体，深入研究了晶体生长过程和其中的溶质输运现象。In$_x$Ga$_{1-x}$Sb 三元光电晶体是高效热光伏电池的半导体材料之一，而在地面上只能生长出铟含量小于3%的晶体。

6）空间植物培养揭示了微重力促进植物细胞生长效应中暗含的分子机制；认识到植物细胞壁的松弛与植物适应微重力环境相关，并从表观遗传层次上揭示微重力影响植物细胞壁代谢和细胞生长的机制，从表观遗传学的角度重新认识植物对微重力环境的适应性。

7）发现空间微重力条件促进间充质干细胞肝向诱导分化和导致内皮细胞功能紊乱；提出细胞骨架/黏附分子/外泌体等候选重力信号感知途径，为揭示细胞直接或间接感受重力的力学 - 生物学耦合规律和认识微重力影响人体生理的机制提供了重要线索和新数据；同时，空间细胞培养的力学环境控制新技术得到了验证。

8）太空环境神经干细胞定向分化为神经元研究发现，与地面对照组相比"实践十号"空间实验中的神经干细胞在太空环境中定向分化为神经元的比例明显提高。核糖核酸测序结果提示许多促进神经干细胞定向分化为神经元的关键基因在空间培养的神经干细胞中表达均增加，分析结果提示空间环境参与调控了许多在神经干细胞分化中发挥重要调控作用的信号通路及参与调控轴突生长的信号通路。

9）在国际上首次证明了小鼠植入前胚胎能够在太空环境下完成发育，通过对回收的太空胚胎详细分析以及地基一系列模拟实验，找到太空低剂量辐射环境可能是影响哺乳动物早期胚胎发育的关键因素之一。评论认为在太空环境中对小鼠植入前胚胎发育第一次细胞命运决定和胚胎可塑性的研究是一次难得的尝试，探索胚胎响应太空环境应激后表观基因组重编程的机理研究非常重要，因为这将有助于揭示哺乳动物早期胚胎命运谱系分化方面的偏好性。

（三）"墨子号"

"墨子号"于2016年8月成功发射，首次在星 - 地千千米的距离上检验了量子纠缠的存在，并实现了地 - 星千千米的量子隐形传态，是中国在物理学领域的一项重大成就。

二、流体物理

微重力流体物理是微重力科学的重要领域，它是微重力应用和工程的基础，人类空间探索过程中的许多难题的解决需要借助于流体物理的研究。在基础研究方面，微重力环境为研究新力学体系内的运动规律提供了极好的条件，诸如非浮力的自然对流、多尺度的耦合过程、表面力驱动的流动、失重条件下的多相流和沸腾传热以及复杂流体力学等。微重力燃烧、空间生物技术和空间材料科学的研究也需要与流体物理相结合，以促进其模型化研究。而微重力工程所需要的流体管理、热控制和管理、空间生态系统的流体问题等更是和微重力流体力学密切相关。微重力流体物理大体上可分为三个主要部分，即微重力环境中简单流体的对流和扩散、多相流和复杂流体运动。

在国际空间站的计划安排中，目前已经纳入计划的有下列流体物理项目：

1）毛细流动：不同形状、介质、浸润性、流体管理。

2）热毛细对流。

3）流体的梯度涨落。

4）导热系数测量。

5）近临界和超临界流体。

6）蒸发和冷凝过程：流体的热管理。

7）沸腾传热。

8）颗粒材料行为。

9）胶体和乳剂聚集与稳定性。

10）泡沫稳定性。

1998年"实践五号"小卫星完成的两层流体实验，观察到了空间热毛细对流现象。1998年利用俄罗斯"和平号"空间站提供的长时间微重力环境以及空间站内旋转平台提供的模拟部分重力条件，开展了不同重力条件下的气液两相流型实验研究，揭示了微重力下气液两相流动中的相分布特征、流型转换条件以及重力对气液两相流型的影响。同年，利用俄罗斯伊尔-76抛物线失重飞机开展了方管气液两相流型与摩擦压降、透明材料相分离与马兰戈尼迁移、材料自蔓燃等实验。2002年，在"神舟四号"飞船上开展了液滴热毛细迁移实验研究，揭示了大马兰戈尼数液滴热毛细迁移运动规律。2005年，在我国第 22 颗返回式卫星上开展了气泡马兰戈尼迁移及相互作用、丝状加热表面池沸腾传热等实验研究。2006 年，利用"实践八号"返回式卫星开展了 4 项微重力流体实验，包括首次空间微重力条件下颗粒物质在小幅振动驱动下的运动行为研究，以及首个空间马赫－曾德尔干涉仪的应用，取得了杜仲蛋白质扩散系数的测量结果（胡文瑞等，2009）。2016～2017 年，在"实践十号"返回式卫星、"天宫二号"和"天舟一号"任务中开展了以下流体实验。

1）蒸发与流体界面效应实验：研究蒸发相变界面的热质传输特性，揭示蒸发效应与表面张力驱动对流的相互作用机制，建立界面流体动力学与传热理论模型，发展流体复杂界面动力学与相变传理论。

2）颗粒流体气液相分离研究：利用单舱、双舱振动观察结果，系统地研究颗粒物质团簇形成条件、弛豫冷却过程，建立完善理论模型，并建立可能的空间颗粒输运、存储新方法。

3）微重力沸腾过程中的气泡动力学特征研究：通过沸腾中气泡生长过程的时间和空间尺度，认识生长气泡周围细观运动与加热器三维瞬态温度场演化特征，揭示气泡热动力学与局部热量传输间的耦合作用及其对传热性能的影响机制，理解沸腾传热内在机理。

4）热毛细对流表面波实验：研究微重力环境中热毛细对流的表面波问题，重点分析体系失稳临界条件以及随体积比的变化规律，多模式对流及转换形式，分叉特征、转捩途径。

5）胶体有序排列及新型材料研究：首次原位观察到微重力条件下胶体粒子自组装动力学过程的实验结果，获得粒子排列过程，研究微重力条件下的自组装机制，并验证纯熵驱动的相变机制。

6）微重力条件下石油组分热扩散特性实验：发展多种组分与两种组分热扩散过程联系的理论和物理模型；获得多种组分的导热系数的精确数据，可能帮助准确预测油田中石油组分分布和油气界面位置。

7）大普朗特数液桥热毛细对流实验：研究液桥热毛细对流的液桥高径比 $A_r = L/D$（L 为液桥高；D 为直径）对临界过程的影响以及液桥的体积比（V_r）效应问题，利用遥科学实验技术，开展了 740 余次不同工况的实验，取得了 A_r-V_r 空间完整的临界失稳图谱，发现了多次转捩，并研究了分岔途径以及混沌动力学等科学问题。

8）两相系统实验平台关键技术研究：开展了微重力条件下具有质量交换的流体界面动力学特征与相变传热规律研究，探索在轨运行的强化换热机制，开展了实验工质供给、气/液分离与热控等两相系统关键技术验证。

三、燃烧科学

国际上，微重力燃烧研究的主要力量为美国、日本、欧洲和俄罗斯，其研究各有特点。其中，美国的研究工作涉及的研究内容之广和取得研究成果之丰富远超过其他任何国家。研究加深了人们对燃烧基本规律的理解，发现了一些独特的现象，部分研究成果已经写入教材。在航天器火灾预防方面，有关国家建立了材料防火性能评价标准、选用规范和数据库制定了火灾安全设计规范。随着新材料的出现和燃烧与火灾科学的发展，特别是载人航天器上火灾事故的发生，要求不断对规范和数据库进行修订。在火灾探测方面，建立了航天器舱内着火征兆数据库、燃烧产物迁移模型，发展出多种可供选择的火灾探测器，部分已经投入使用。在火灾控制方面，研究了多种灭火措施的可行性，制定了火灾反应预案。

国际上的主要力量为美国、日本、欧洲和俄罗斯，美国起步早、持续时间长、支持力度大、有系统的组织和安排涉及的研究内容之广和取得研究成果之丰富远超过其他国家。航天器火灾预防方面，建立了材料防火性能评价标准、选用规范和数据库；火灾探测方面，发展出多种可供选择的火灾探测器；火灾控制方面，制定了火灾反应预案。

我国微重力燃烧的研究起步于20世纪90年代，已涵盖气体预混火焰、扩散火焰、材料着火和火焰传播、湍流燃烧、粉尘燃烧、煤着火和燃烧特性等领域，积累了广泛的研究经验，取得了可观的科学结果，并在一些领域形成了自己的特色（张夏，2004）。例如，我国研究者建立了在微重力非常压条件下使用对冲火焰测定预混火焰熄灭极限的方法，在国际上首次完成了加压条件下甲烷/空气和合成气/空气的落塔微重力燃烧研究，成功地测量了不同压力下火焰的熄灭极限，验证了压力对燃料可燃极限的非单调变化的影响规律；通过落塔实验，对非预混湍流射流火焰的吹熄和推举行为进行研究，得到了微重力下湍流火焰的稳定特性，并通过模型分析提供了重力和伴流条件影响的规律性认识；我国在落塔和卫星上开展了煤燃烧本征特性的系列研究，通过落塔实验发现，相同粒径的煤粒在微重力下的着火温度比常重力的低约80开，纠正了日本学者早先报道的微重力下着火温度较高的结论，并根据微重力实验结果发展了更为准确的着火预测模型；其后在"实践十号"卫星实验中进一步获得了多种煤粒的完整燃烧数据，揭示了在高温条件下挥发分燃烧以射流燃烧为主的特有现象。以相关研究为基础，2010 年起有关单位开始着手制订我国航天器材料可燃性评价和材料选用的首部国家标准，标准的两部分分别于 2012 年和 2014 年发布，为航天器的防火安全提供了初步基础。

"实践八号"卫星上的多孔可燃材料闷烧实验揭示了材料闷烧点燃和双向传播过程的主要特性，发现在高氧气浓度条件下闷烧可向有焰燃烧转变，这是国内外首次在微重力环境中发现闷烧转变为有焰燃烧；导线着火前期特性实验在国际上率先采用导线自身过载电流为点火源，可模拟航天器舱内火灾发生的实际情形，获得的导线在着火前期的温度和辐射特征对航天器火灾监测具有实际意义。"实践十号"卫星上的导线绝缘层着火烟的析出和烟气分布实验发现了微重力下烟气析出的不同模式，认识了它们的形成机理、影响因素以及对导线附近温度分布的作用机制，可为航天器舱内火灾监测和早期报警提供科学依据；非金属材料燃烧实验对典型热厚材料在微重力条件下的着火和燃烧特性进行研究，测定了热厚材料的可燃极限边界，揭示了微重力火焰传播模式的分布特征，阐明了近极限火焰的传播和熄灭机理；煤燃烧及其污染物生成实验获得了多种煤粒及煤粉颗粒群的完整燃烧过程，为发展更为准确的燃烧模型提供了着火温度、延迟时间和燃尽时间等重要数据，并发现在高温条件下挥发分射流燃烧的特有现象。另外，我国为这些空间燃烧实验研制的实验装置实现了多项先进功能，不仅保证了相关科学实验的顺利进行，也为后续研究计划的实施打下了重要基础。

四、材料科学

在空间微重力条件下，水和油，乃至多种密度不同的物质都可以在一起均匀混合、"和平共处"，几乎没有地面上的对流、沉淀和静水压等效应，这对改进材料的制备加工工艺和新材料的开发都十分有利（潘明祥和汪卫华，

2020；阮莹等，2020）。

　　1969 年，苏联在"联盟 6 号"飞船上首次搭载了名为"火神"的空间炉，进行了金属焊接和合金熔化、结晶实验，这是空间材料科学真正上天实验的开始。从材料研究的角度，微重力环境是一个几乎无对流、无沉降和无静水压作用的特殊环境。利用这种特殊条件，可以进行晶体生长、合金凝固、陶瓷烧结、特种玻璃和复合材料制备研究，获得地面上无法得到的晶格缺陷少、组分均匀、结构完整和性能优良的各类材料。同时，加深对材料科学相关规律的认识和理解，发现可适用于指导地面材料加工过程的新工艺、新方法，为形成新的高技术产业提供依据。微重力科学研究是以开发空间资源为背景的，长远地看，人们有可能建立起一定规模产业，生产急需而地面无法得到的产品，但在可预见的未来，人们更加关注的是如何用微重力科学研究成果来指导地面生产工艺。

　　目前，空间材料科学研究基本上都集中在美国、俄罗斯、欧洲航天局、日本和加拿大等国家和组织。利用空间微重力环境开展在地基条件下难以进行的金属、半导体、光学晶体和高分子材料等物理与化学特性的研究，丰富和充实材料科学理论，指导地基的材料制备与加工，已经成为空间材料科学研究领域的共识。材料科学中一些重要基本理论问题、关键物性参数及物理化学特性由于涉及复杂实验环境而无法彻底澄清。空间微重力环境提供了一个无重力沉降及浮力对流影响的实验条件，可以促进上述问题的解决，改进地面材料制备与加工工艺。利用空间微重力环境开展地基难以制备的新型材料与高性能材料探索性研究，越来越受到人们的重视。经过几十年的努力，微重力材料科学领域已经取得了一批研究成果，并展现出美好而诱人的应用前景。从 1969 年苏联在"联盟 6 号"飞船上首次进行空间材料科学实验开始，经过进步、联盟、阿波罗、天空实验室、"和平号"空间站及"光子号"卫星等空间飞行器，到目前的国际空间站，为人类开展空间材料科学实验提供了有利的条件。

　　我国空间材料科学研究始于 1986 年的 863 计划。1993～2000 年，863-2 航天领域的空间站专题组——空间科学和应用专题组一直将空间材料科学作为微重力科学的一个分领域制定发展规划。并组织国内相关单位开展了高温材料实验装置、空间溶液晶体生长装置、建立落管模拟空间无容器与微重力环境、电磁悬浮模拟空间无容器环境等研制工作，开展地面预先研究，安排利用我国返回式卫星进行空间材料科学搭载实验，两次生长出优质的砷化镓单晶，并制作了模拟开关集成电路和低噪声场效应晶体管，性能明显优于用地面制备的材料制作的相同器件和电路。1992 年载人航天工程启动后，载人航天工程空间应用系统（中国科学院空间科学与应用总体部）在 863 计划 205-1 专家组的工作基础上，组织实施了载人飞船阶段的空间材料科学实验。

这一阶段我国微重力材料科学研究所涉材料种类有：二元、三元半导体光电子材料及功能晶体材料，如早期卫星搭载实验中成功生长出高质量的 GaAs 和 GaSb 单晶以及 HgCdTe 晶体，有重要科学研究意义和应用价值的金属合金及非晶材料，如 Al-Al$_3$Ni 共晶合金、Al-Mg$_2$Si 共晶合金、Al-Bi 偏晶合金、Al-Li 合金及 Ni-Al-WC、Al-Y$_2$O$_3$ 复合材料等；具有特殊用途和研究前景的新型单晶材料，如 Ce：Bi$_{12}$SiO$_{20}$ 和 α-LiIO$_3$ 晶体。通过开展上述的微重力材料科学研究，推动了相关学科研究工作的发展。

2005 年以来主要空间材料科学实验如下。

1）熔体表面和液固界面特性表征观察实验（2005 年，返回式卫星）。在空间直接加热金属材料，记录金属材料的熔融、凝固过程，考察熔体在不同状态下的形貌以及与固态材料基底表面的浸润情况，分析其表面特征。

2）中俄合作晶体生长实验（2007 年，俄罗斯"太空绳索"返回卫星）。中方开展了 GaMnSb 和 Bi$_2$Te$_3$ 单晶生长，对回收样品的分析表明，微重力条件明显抑制 GaMnSb 晶体生长过程中的条纹形成，而施加磁场可以明显改变熔体中的对流模式从而控制生长晶体过程中的条纹形成方式；空间生长的 Bi$_2$Te$_3$ 样品中各组元分凝不明显，且结晶性与组分均匀性明显优于地面样品，热电性能优值 *ZT* 均高于地面样品。

3）空间固体润滑材料暴露实验（2008 年，"神舟七号"）。开展了多种应用和研究中所用空间固体润滑材料的原子氧和紫外暴露损伤研究，揭示了空间环境尤其是原子氧对润滑材料的损伤规律，发现高抗原子氧的材料和机理，促进了长寿命空间润滑材料的研究与发展。

4）复合胶体晶体生长实验（2011 年，"天宫一号"）。采用 Kossel 衍射方法开展微重力与电场对复合胶体体系自组装结晶过程和胶体晶体相变的影响等方面研究，发现微重力下的晶体取向的稳定性及结构的稳定性明显高于地面的。

5）空间熔体材料科学实验（2016 年，"实践十号"）。基于空间多功能炉，开展了 8 个样品的在轨实验。空间 InAsSb 晶体实现了非接触生长可明显降低晶体缺陷密度；Bi_2Te_3 基热电材料在空间实现了准扩散生长，晶体组分宏观均匀性得到改善；研究了马兰戈尼对流对 Sn 基合金溶质输运过程的影响，提出微观物理模型；通过垂直梯度凝固法，在微重力条件下得到高质量的 InGaSb 晶体，晶体组分沿轴向及径向分布均匀，组分波动小于 2%。

6）综合材料实验（2016 年，"天宫二号"）。实验材料包括 ZnTe 掺 Cu 太赫兹晶体、Au/SiO 介孔基纳米复合材料、AgCuGe 和 AgCuSb 多元复相合金、AlZnMgCu 单晶高温合金、红外焦平面基底 PZT 铁电薄膜材料、BiTeSb 热电半导体材料、SiC 增强 Zr 金属基复合材料、AlSnBi 多元偏晶合金等共 18 种，分两批由航天员更换并回收，实验圆满成功。初步分析表明空间材料大多组分均匀，相关特性（光学、电学、热电等）更好。例如，空间自发形核结晶生长出厘米尺度高质量 ZnTe：Cu 大晶体；制备出所掺稀土元素分凝较小、透明度较高的 CsI 晶体；制备出第二相弥散均匀分布的偏晶合金内生复合材料和合金成分分布更均匀的 AlZnCuMg 单晶合金；获得特定生长方向受到抑制的铅锆钛酸铁（PZT）铁电薄膜材料、发现了 SiCZr 复合材料空间实验样品中的富 Zr 元素界面浸润膜（前驱膜）等新现象。

最近空间增材制造（如 3D 打印）研究和应用正在蓬勃兴起，中国科学院空间应用中心组建了相关团队，研制了空间微重力环境下的 3D 打印技术和设备，并于 2016 年利用法国失重飞机成功进行了国内首次微重力环境增材制造验证试验，获得了微重力与打印参数优化关系，2017 年中国科学院批准成立太空智能制造技术重点实验室。中国科学院金属研究所也正在与北京航空制造工程研究所、华中科技大学联合开展用于在轨增材制造的金属与复合材料技术预先研究。

通过近 30 年的空间微重力材料科学实验，我国的空间实验硬件研制能力得到显著发展和提升，地面研究条件得到改善。除中国科学院力学研究所百米落塔及 53 米真空落管，沈阳 50 米落管外、西安和上海等地也建有落管装置，中国科学院国家空间科学中心、上海硅酸盐所和西北工业大学建立了静电悬浮等无容器实验装置，中国科学院微重力实验室和中国科学院大学建立了磁场晶体生长和凝固炉等。

我国从事空间材料科学研究和装置研制的队伍包括中国科学院上海硅酸盐研究所、国家空间科学中心、金属研究所、半导体研究所、上海技术物理所、过程工程研究所、物理研究所、力学研究所和兰州化学物理研究所，西北工业大学、西安交通大学、华中科技大学、合肥工业大学和中国科学院大学，航天科技集团兰州空间技术物理所等单位，并建起了一批院部级重点实验室。

五、基础物理

微重力条件提供的高精度物理环境吸引了一批理论物理学家，他们希望利用空间的微重力环境能更好地检验广义相对论和引力理论以及低温原子物理和低温凝聚态物理的许多基础物理前沿问题。这样就形成了微重力科学的一个新领域——空间基础物理。

（一）量子科学与应用

2017 年 11 月，美国国家航空航天局发布空间基础量子物理白皮书，目标在量子相干和量子纠缠、量子精密测量、量子物质等领域实现突破；欧洲航天局发布空间量子技术白皮书，目标在量子通信、给予量子相干测量的时频传递与对地测量、基础量子物理实验等领域实现突破。2019 年，欧盟专门制定一个泛欧地面和天基量子通信基础设施的协议；2021 年七国集团峰会，美国、英国、法国等 7 国联合开发基于卫星的量子加密网络"联邦量子系统"。2021 年，奥地利 Zeilinger 团队，提出基于纠缠源参数优化的星-地纠缠量子密钥分配策略，并在 144 千米水平链路进行演示验证；意大利保罗（Paolo）小组，利用集成硅基光学芯片实现 145 米自由空间白天量子密钥分配；美国空军研究实验室研究了适用于白天自由空间量子通信的自适应光学系统。

我国空间量子通信研究一直走在国际前列，在自由空间量子通信领域已经形成了很强的理论和实验技术储备，取得了一批具有重要国际影响的研究成果和自主技术。

（二）地面实验研究

2005 年通过 13 千米自由空间量子纠缠和密钥分发，在国际上率先证明纠缠光子在穿透等效大气厚度的地面大气后，纠缠仍然能够保持，证明了星–地量子通信的可行性；2010 年实现了 16 千米的自由空间量子隐形传态；2012 年首次实现了基于四光子纠缠的百千米量级的自由空间量子态隐形传输、双向纠缠分发和贝尔不等式检验，为基于卫星的广域量子通信和大尺度量子力学基础原理检验的实现奠定了坚实的基础。

（三）科学实验卫星

中国科学院战略性先导专项支持自主研制的国际首颗用于空间尺度量子通信科学实验的卫星——"墨子号"于 2016 年 6 月成功发射（图 6-1）。量子科学卫星配置了两套"捕获、跟踪、瞄准"系统，建造了青海德令哈、河北兴隆、新疆乌鲁木齐、云南丽江四个量子地面站（含望远镜），可在卫星运行中同时建立两路精密跟踪指向的双向光量子空地链路进行纠缠态量子分发，实验获圆满成功。

图 6-1　"墨子号"卫星发射升空

资料来源：我国成功发射世界首颗量子科学实验卫星"墨子号".

http://www.gov.cn/xinwen/2016-08/16/content_5099764.htm[2023-04-05]

在应用领域，首次在国际上实现了星－地纠缠态量子密钥分发，并进一步通过卫星中转实现了两个地面站之间的量子保密通信，为我国未来覆盖全球的天地一体化广域量子保密通信网络奠定了基础。在基础科学领域，"墨子号"首次在星－地千千米的距离上检验了量子纠缠的存在，并实现了地－星千千米的量子隐形传态，建成了世界上首个在空间尺度量子力学基本问题检验系统，成为中国在物理学领域的一项重大贡献。"墨子号"目前继续在轨运行，将在空间尺度的量子物理学研究，以及空间量子精密测量等方向开展更深入的研究。

该项目科学团队来自中国科学技术大学，科学载荷由中国科学院上海技术物理研究所和中国科学技术大学研制，卫星由上海微小卫星创新研究院研制。

（四）密钥分发实验

2005 年，载人航天空间应用系统规划安排了空地量子密钥和激光通信实验，作为空间实验室的基础物理研究和应用项目。"天宫二号"量子密钥分发采用了光量子偏振态调制的诱骗态方法，在研制中突破了量子密钥生成、分配、提取、高精度自动跟瞄、天地动态双向高精度跟瞄、光信道保持等关键技术。2016 年该项目晚于"墨子号"一个月随"天宫二号"升空，实验获圆满成功，不同大气状态下光量子密钥原始成码率 126 bit/s～1.5 kbit/s，原始误码率 1.97%～3.24%，跟瞄精度 1.13 mrad（毫弧度），远优于指标要求，为空间量子科学研究和空地量子通信技术做出了贡献。

（五）原子物理研究

在微重力环境下，原子团可以做超慢速匀速直线运动，基于对这种运动的精细测量，科学家们可以获得较地面上更加精密的原子谱线信息，从而可获得更高精度的原子钟信号，实现在地面上无法实现的性能。放眼国际，主要发达国家都在进行空间冷原子钟的战略布局，如欧洲航天局的空间原子钟组计划，在国际空间站运行一台以冷原子铯钟为核心的高精度时频系统；美国曾经开展的空间冷原子铯钟、超导振荡器、空间冷原子铷钟等研究计划，利用冷原子开展空间科学研究更是目前国际前沿热点之一。

2016 年，我国"天宫二号"冷原子钟载荷升空，成为国际上第一台在轨进行科学实验的空间冷原子钟。空间冷原子钟的成功将为空间高精度时频系统、空间冷原子物理、空间冷原子干涉仪、空间冷原子陀螺仪等各种量子敏感器奠定技术基础，并且在全球卫星导航定位系统、深空探测、广义相对论验证、引力波测量、地球重力场测量、基本物理常数测量等一系列重大技术和科学发展方面做出重要贡献。主要为以下两个方面：

1）地面研究基础。我国冷原子物理研究有着较长的历史，1979 年中国科学院上海光学精密机械研究所在王育竹院士领导下建立了我国第一个冷原子研究组，开展了钠原子束的横向冷却实验，成为在国际上几个前期突破多普勒冷却极限的研究小组。1993 年北京大学在王义遒教授的领导下，建立了我国第二个激光冷却实验小组，于 1996 年实现了铯磁光阱。1996 年中国科学院上海光学精密机械研究所也实现了钠磁光阱。1998 年中国科学院武汉物理所实现了铷原子磁光阱，这一时期是我国冷原子物理的初创期。2000 年以后，我国对科技的投入大大加强，冷原子研究得到了蓬勃的发展。2003 年中国科学院上海光学精密机械研究所在国内率先实现了铷原子的玻色－爱因斯坦凝聚，北京大学在 2004 年实现了铷原子的玻色－爱因斯坦凝聚，2005 年将凝聚体耦合输出分别实现了可控的脉冲和连续的原子激光，2006 年利用可控马约拉纳跃迁来实现多组分旋子玻色－爱因斯坦凝聚，发表了我国第一篇在国际刊物的玻色凝聚论文，2008 年利用双频激光实现了玻色－爱因斯坦凝聚超辐射的前向与后向的可控量子散射，2009 年实现了一维光晶格从超流态到压缩态的转变。武汉物理所在 2006 年实现了 Rb 原子的玻色－爱因斯坦凝聚，于 2008 年实现了一维光晶格。山西大学在 2007 年成功实现了钾原子的费米子气体简并。2010 年，中国科学院物理研究所、中国科学技术大学也成功地实现了玻色－爱因斯坦凝聚。2010 年后，我国已有 7 个研究小组实现了玻色－爱因斯坦凝聚，约 25 个冷原子物理研究小组实现了磁光阱。近年来，我国的超冷原子物理实验有着长足的进步，取得了显著成果：北京大学与中国科学技术大学合作的玻色气体的二维自旋轨道耦合、中国科学技术大学的玻色－费米双超流并观察到涡旋晶格、清华大学的量子相变附近的确定性纠缠、山西大学的费米气体二维自旋轨道耦合等。还有一批实验室冷原子物理的实验方面也取得了很好的成果，如精密光谱科学与技术国家重点实验室（华东师范大学）、浙江大学、华中科技大学、中国科学院国家授时中心、中国计量科学研究院、南京大学等。在理论方面，国内的清华大学、中国科学院物理研究所等单位取得了一大批可喜的理论成果。

我国空间站部署了超冷原子实验柜和冷原子物理研究，参加空间冷原子物理等研究单位有近十家，包括北京大学、中国科学院上海光学精密机械研究所、中国科学院武汉物理数学所、中国科学院物理研究所、中国科学技术大学、华东师范大学、山西大学等单位。我国科学家提出了具有特色空间基础物理实验的研究项目，即利用空间微重力环境条件，超越地面的限制，获得温度比地面低三个数量级（达到 pK 量级）以及测量时间比地面长三个数量级的超冷简并量子气体，建立具有超低温、大尺度、长观察时间、适合精密测量的玻色（铷原子）与费米（钾原子）简并工作物质的开放实验系统——超冷原子物理实验平台，开展系列前沿科学实验：如量子磁性和无序效应、新奇量子物态与量子相变、量子拓扑计算、超冷分子与超冷量子化学研究、混合量子气体少体物理、声波黑洞模拟等。

利用空间站的微重力条件，获得超低温的量子气体开展量子模拟为主题的科学实验是我国超冷原子物理平台的特色。量子模拟是用纯净且易于操控的量子系统来模拟机理尚不清楚、技术上难以操控但具有重要研究价值的复杂量子体系或理论模型，进而精确研究其物理性质的实验方法。这类体系或模型大量存在于凝聚态物理、高能物理和天体物理等物理学的多个分支。对它们的研究是当前物理学的核心难题之一，且通常超越经典计算机的模拟能力。通过量子模拟研究这些复杂而重要的物理系统，将推进人类对于客观物质世界的理解，完善对量子物态的认知，为新型量子材料的设计提供依据。将超冷温度（pK 量级）的原子装入光晶格，进行量子模拟实验，会突破地面的限制，从而取得新的突破。因此在该平台上开展量子模拟为主题的一系列前沿物理问题（如量子相变、量子磁性、量子拓扑等）的研究，为基本物理定律提供更高精度的检验，发现新的物质形态、认识新的物理规律；在系列前沿研究方向取得最新研究成果，并有望超越地面的限制而获得重大的基础科学突破，有望解决物理学当今存在但未能解决的世界难题，极大推动基础物理研究的发展。

2）空间冷原子钟实验。2008 年中国科学院上海光学精密机械研究所开始研制空间激光冷却原子钟地面原理样机——铷原子喷泉钟，选择铷原子是考虑其比铯原子具有更多优越性，如超低温下有更小的碰撞频移，选态原子数损失较少，准确度和稳定度更高等。该钟成为"天宫二号"冷原子钟实验的直接基础。中国计量研究院之后也成功研制了冷原子喷泉钟。"天宫二号"空间实验室的空间冷原子钟实验是国际上首次在空间开展实验的冷原子钟。研制过程中突破了激光自动找频和稳频、超高真空保持、集成化磁光阱激光冷却、超低噪声空间微波频率综合、集成激光光学系统、环形微波腔、地磁场主动补偿等关键技术，2016 年 9 月进入太空后在轨运行状况良好，性能稳定，取得以下主要成果：

1）冷原子温度约 3.3 μK（10^{-6} 开），微重力下激光冷却效率比地面高 3 倍左右。

2）获得了微重力环境下拉姆齐条纹中心线宽随抛射速度的变化规律。实测系统信噪比平均 370 左右，最高 440，根据在轨数据推算冷原子钟日稳定度为 7.2×10^{-16}，处于国际领先水平，具有里程碑的意义。

3）开展了冷原子钟多参数物理机制研究，深化了原子冷却、操控、与微波相互作用和运行规律的认识。为后续空间高精度的时频系统、冷原子物理研究和扩展应用（冷原子干涉仪 / 陀螺仪等）提供了基础和经验。

该项目的成功，为空间超高精度时间频率基准的重大需求奠定了技术基础，也为未来空间基础物理研究开辟了新的方向。我国空间站上的超高精度时频系统已经启动了包括光钟在内的研制任务。

（六）引力物理和相对论检验

引力探测计划是美国国家航空航天局主持的项目，验证时间和空间因地球大质量物体存在而弯曲（测地效应）和大质量物体的旋转拖动周围时空结构发生扭曲（惯性系拖曳效应）。引力探测器 B 卫星于 2004 年 4 月发射，2005 年 9 月终止数据采集。初步结果显示，较显著的"测地效应"和"惯性系拖曳效应"都达到了预期结果。

引力波探测既是空间天文学的前沿领域，也是空间基础物理引力理论的重要研究课题。对应于大质量扰动的中、低频引力波只能在太空中探测。欧洲航天局与美国国家航空航天局合作一直在执行空间引力波探测的激光干涉空间天线计划，预计在 2030 年前后发射探测卫星。空间的低频段引力波直接探测发现超大质量黑洞的并合和原初引力波等现象，将促进空间引力波天文学的重大突破。中国也在努力地进行相关的研究，主要有以下几个方面。

1）微米尺度的牛顿引力检验实验。华中科技大学在地面实验室进行了系统的实验研究。并致力于微重力环境下检验微米作用下物体之间的引力是否满足牛顿引力反平方律。在 2017 年 4 月发射的"天舟一号"飞船上开展了测量微弱力核心技术的实验。采用皮米（10^{-12} 米）级电容传感的静电悬浮加速度计，进行了在轨检验。实验中静电悬浮加速度计六自由度闭环控制功能符合预期，加速度计噪声水平测量结果说明其灵敏度达 10^{-9} m/s²/Hz$^{1/2}$ 量级，达到国际先进水平。这种高精度加速度计在引力物理研究、重力测量和导航方面有广泛应用。

2）新型等效原理检验。中国科学院理论物理研究所、华中科技大学以及中国科学院物理研究所合作进行过地面机械陀螺自由落体实验，结果表明在 10^{-7} 精度没有观测到新型等效原理的破坏；更高精度的检验需要在空间站和 / 或科学卫星进行，已经规划为空间站基础物理预选项目，国家自然科学基金委员会项目资助了清华大学主持（中国科学院理论物理所参与）的关键技术地面预研究项目。

在冷原子干涉仪检验弱等效原理方面，中国科学院武汉物理与数学研究所与中国科学院理论物理研究所合作（科技部 973 项目的子课题）进行了冷原子干涉仪实验，结果表明两种不同的原子在 10^{-8} 精度上具有相同的自由落体加速度。为了进行更高精度的检验，建议在空间站和科学卫星上进行这类实验。在磁性引力效应的空间实验方面，中国科学院数学与系统研究院提出了卫星实验方案建议。中国科学院空间科学战略性先导科技专项支持了上述三方面的概念研究项目。

（七）空间引力波探测

我国空间引力波探测论证从 2008 年起步，由中国科学院力学研究所牵头，集高校、航天科技集团等国内力量成立了空间引力波探测论证组，在 2009 年组织了欧洲的合作考察与交流，与多家相关机构签署了合作意向，同年空间引力波探测计划被列入中国科学院 2050 发展规划。2010 年，由胡文瑞院士作为联系人经中国科学院提交了国家重大科技基础设施中长期重点建设项目的建议"空间引力波观测",建议部门为中国科学院和教育部。其后,多次香山会议专门进行空间引力波探测的研讨,并参加、举办了系列的空间引力波探测国际会议。目前,在国内形成了空间引力波探测"太极"和"天琴"计划。

1)"太极"计划:中国科学院"太极"计划规划在日地轨道部署三颗卫星组成的等边三角形探测星组进行引力波探测,2012 年将星间距确定为 300 万千米。在地球绕日轨道发射入轨后位于偏离地球太阳方向 18°～20° 的位置进行绕日运行,以便避开地球重力梯度噪声的影响。三颗卫星组的质心位于地球绕日轨道所构成的平面与黄道面之间约成 60° 夹角,使得卫星始终面对太阳保持热辐射的稳定性,有利于满足探测器温度变化控制在百万分之一的要求。计划主要采用激光干涉法测量中低频段引力波(10^{-4}～1 Hz),此频段除了覆盖欧洲航天局的激光干涉空间天线项目探测频段,其波源包括超大质量和中等质量黑洞的并合、极大质量比绕转系统、河内白矮星绕转,以及其他的宇宙引力波辐射过程。"太极"计划侧重于在 10^{-5}～1 Hz 频段具有比激光干涉空间天线 /eLISA 更高的探测灵敏度,使得"太极"计划具有明显优越的探测能力。"太极"计划提出了三步走的路线图。2019 年 8 月成功发射了"太极一号"技术实验卫星(图 6-2),旨在完成空间引力波探测所需载荷和卫星主要关键技术的首次在轨验证,包括高稳定激光器、超高精度干涉仪、高灵敏度引力参考传感器、无拖曳控制技术、微牛级微推进技术、超稳超静航天器等;2019 年 12 月卫星在轨测试任务圆满完成,并转入了拓展试验阶段。目前,"太极"计划团队正在加快推进"太极"计划关键技术的全面攻关研究。

2)"天琴"计划:"天琴"计划于 2014 年由华中科技大学提出,在约 10 万千米高的地球轨道上,部署三颗航天器构成边长约为 17 万千米的等边三角形编队,建成空间引力波天文台(图 6-3)。"天琴"将打开 10^{-4}～1 Hz 频段的引力波的探测窗口,主要探测对象包括了从几倍太阳质量的恒星级黑洞到星系中心高达上千万倍太阳质量的大质量黑洞、银河系中大量的致密双星、临近宇宙空间的恒星级双致密星,以及源于早期宇宙的引力波等,该计划对天文学、物理学研究有重大科学意义。中山大学于 2015 年成立"天琴"空间引力波探测中心,并提出"0123 路线图"。目前,中山大学牵头,华中科技大学、云南天文台等单位参与,"天琴"计划激光测距台站成功测得了月球表面

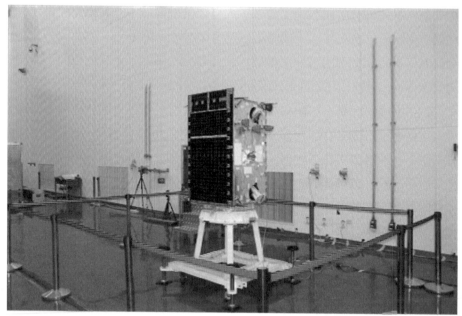

图 6-2 "太极一号"卫星

资料来源：丁佳.【中国科学报】"太极一号"第一阶段在轨测试任务完成
中国迈出空间引力波探测第一步 . https://www.cas.cn/cm/201909/t20190920_4715708.shtml[2023-04-05]

上五组反射镜的回波信号，测出国内最准的地－月距离，且精度达到国际先
进水平。中山大学牵头，华中科技大学和东方红卫星有限公司等承担研制了
"天琴一号"高精度惯性基准试验卫星，并于 2019 年 12 月发射，经过 1 年多
在轨运行，全部技术指标优于预期，取得圆满成功。目前，"天琴计划"团队
正在加快推进"天琴"计划关键技术的全面攻关研究。

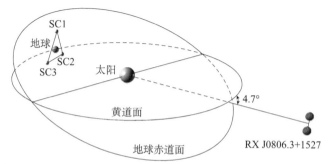

图 6-3 天琴卫星星座（由 SC1、SC2、SC3 三颗卫星组成）示意图

资料来源：中山大学天琴中心简介 . https://tianqin.sysu.edu.cn/about[2023-04-05]

六、生命科学

空间生物技术促进了生物技术的定量化和模型化研究，促进了新的实验方法和仪器设备的发展，具有重要学科意义。空间生物技术有很强的应用背景，可以改善人类的健康和发展生物产业，是空间商业计划的新方向。目前，空间生物技术的主要研究方向是蛋白质单晶生长和细胞／组织的三维培养。

晶体衍射法仍然是当今研究生物大分子结构和功能的主要方法，它需要生长高质量的大尺寸蛋白质单品。溶液法生长蛋白质品体受到许多因素的影响，微重力环境可以更有效地提供扩散为主的输运环境以及实现失重条件下的无容器过程和较好的界面控制，使空间的蛋白质单晶生长显示出许多优点。各国空间局都安排了大量的空间蛋白质单晶生长实验，而且取得很大进展。蛋白质晶体生长过程取决于溶质的输运过程和非线性的界面动力学过程：对于不同的生长条件，可以从实验和理论上具体分析这两个过程的作用。由于蛋白质晶体生长过程的复杂性，重力因素只是生长过程中诸多因素之一，机理研究还有待进一步完善。国际上有人认为液－液体系较好，也有人认为液－气体系较好。大家都在争取更多的空间实验，以取得更多的积累。空间蛋白质单品生长已成为有重要应用前景的商业计划项目。

在微重力环境中实现了三维的细胞／组织培养，开创了一片新天地。地球表面的重力作用，使细胞培养器中的附壁效应十分显著，一般都需要外加旋转效应。旋转效应引起的剪切力作用于被培养的细胞，将改变其性能，使被培养细胞或组织的性能发生较大变化。人们在地面利用三维旋转器来模拟某些微重力效应的同时，还进行了大量空间细胞／组织培养的实验，包括从细菌到哺乳动物和植物等广泛类群的细胞。空间的生物反应器实验的结果表明，失重条件下的三维细胞培养极大地改善了地面细胞的培养条件，并已获得了一些很好的成果。随着空间生物反应器实验工作的进展，空间细胞／组织培养的研究成果已经显示出重要的商业应用前景。

（一）初期阶段

中国科学院生物物理研究所在诞生初期的 1963 年设立了宇宙生物学教研室。同年，中国科学技术大学生物物理系开设了宇宙生物学新课程。1964 年

7 月，中国第一枚生物火箭 T-7A（S1）在安徽广德发射成功，发射高度约 70 千米，实现了中国空间生物学探索研究零的突破。T-7A（S1）生物舱内搭载 4 只大鼠（2 只固定、2 只活动）、4 只小鼠和 12 支生物样品试管，试管内分别装有果蝇、酶及其他生物样品，最终大、小鼠均全部健康返回地面。1965 年 6 月 1 日与 6 月 5 日，分别发射了第二枚与第三枚 T-7A（S1）生物火箭，并再度获得成功（李莹辉等，2021）。

1966 年于 7 月我国接连发射了两枚 T-7A（S2），每次发射载有 4 只大鼠与 12 支生物样品试管。箭体由 T-7A 气象火箭运载工具和特殊的棒槌状生物 Ⅱ 型箭头组合而成。

1968 年我国建立航天医学工程研究所，并在 20 世纪 70 年代在"曙光号"任务中正式开始了以空间健康问题为目标的空间人体科学基础研究，主要研究了超重对心血管系统和神经系统的调节作用。

20 世纪 60 年代，我国研究者提出利用植物光合作用实现闭合生保系统中空气更新和食物供应。中国科学院水生生物研究所首先试验成功了一套小型水生生物系统，可供 1 人在封闭环境内由小球藻供氧生活 1 天。80 年代确定了光合生物在再生式生物生保系统中的地位，90 年代实现了 9 种藻类和 2 种鞭毛虫的共培养，获得良好的空间培养物。

1988 年在我国返回式卫星上，采用德国 Intospace 公司开发的管式空间蛋白质结晶技术开展了空间蛋白质结晶实验，对微重力条件下蛋白质晶体生长做了初次尝试。

20 世纪 80 年代以来，我国科学工作者先后多次利用返回式卫星和"神舟"飞船搭载植物种子，在小麦、水稻、大豆、棉花、番茄、苜蓿等多种作物上培育出优良新品系，获得了大量特性突出的作物新种质。

1992 年我国研制的空间蛋白质晶体生长装置首次空间试验成功，1992 年和 1994 年利用返回式卫星继续开展了两次空间蛋白质结晶实验。1995 年，我国科学家利用美国航天飞机开展了液 – 液扩散法的蛋白质晶体生长实验。

1994 年，中国科学院动物研究所与中国科学院上海技术物理研究所合作研制的动态细胞培养系统（DCCS）成功进行卫星搭载实验。20 世纪 90 年代后期，失重生理效应的研究从早期的现象观察发展为深入的机制探讨。

（二）研究进展

我国科学家在"神舟"系列飞船上开展了多项生命科学实验，使我国空间生命科学研究上了一个新的台阶。

1. 神舟飞船生命科学实验

在"神舟二号"飞船（2000年）上进行了包括微生物、植物、水生生物和无脊椎动物以及脊椎动物细胞或组织的17种生物材料的空间效应实验，同时具有空间1 g离心机和地面对照组实验；"神舟二号"和"神舟三号"飞船（2001年）上采用气相扩散和液－液扩散方法和双温区控制开展了两次十几种蛋白质样品的结晶实验，出晶率达70%；其中三种空间蛋白质晶体结构完整性衍射超过已发表的数据，"神舟三号"空间细胞培养用4种人源细胞开展了细胞生长、代谢、生物活性物质分泌物研究获得成功；"神舟四号"空间细胞电融合实验（2002年）进行了两个烟草品种原生质体和脱液泡原生质体的空间融合实验，以及小鼠骨髓瘤细胞与淋巴B细胞的空间融合实验，成功获得了融合细胞，测定了空间微重力条件下的细胞融合率，以及烟草融合细胞再生植株的能力；"神舟四号"飞船上还采用空间连续自由流电泳仪成功实现了生物大分子空间分离纯化。

2003年10月，杨利伟乘"神舟五号"飞船成功实施了我国首次载人航天任务，标志着我国载人航天工程向前迈出了一大步。随后，我国先后进行"神舟六号""神舟七号""神舟九号"……"神舟十七号"载人航天任务，每次任务从最早一名航天员发展到三名航天员，中国首位女航天员刘洋顺利飞天。"神舟六号"飞船开展了以航天员为研究对象的生理实验，利用两名航天员身上携带的传感器，记录其在空间飞行中的代谢情况，以检验人体在空间环境的耐受性，并采集水、气供应及生活垃圾排泄物等数据。获得了人在失重环境下的运动规律、力学表现特性等数据，为我国空间站的设计提供了重要依据。"神舟九号"飞船到"神舟十四号"上均已开展了多项人体科学实验，包括空间飞行对前庭眼动、心血管及脑部高级功能的影响研究，失重生理效应防护的细胞学机制研究，空间骨质流失防护措施研究，有害气体采集与分析，航天员在轨质量测量，失重条件下扑热息痛的药代动力学研究，航天员睡眠清醒生物周期节律监测等。我国在航天员选拔训练、空间运动病对抗、航天员医学监护保障、中西医结合人体健康技术等领域发展出具有中国特色的方法和技术，取得了具有世界先进水平的成果。

2. 空间站的生命科学实验

2016年9月起在"天宫二号"空间实验室上完成了我国首次从种子到种子的高等植物全周期培养实验（水稻和拟南芥），验证了利用光周期反应原理调控植物生长的设想，发现植物的生物节律在微重力下受到抑制、植物开花基因在微重力下的表达与运转规律，以及微重力促进叶脉网络发育等结果。

2017年4月在我国"天舟一号"首艘货运飞船上开展了微重力对细胞增殖分化影响研究，利用我国自主研发的哺乳动物细胞空间生物反应器成功开展了8项生物实验研究。空间生物反应器载荷兼具细胞自动控温、换液培养、在轨处理、遥控制等功能，载有骨组织细胞、诱导性多能干细胞、大鼠胚胎干细胞、人类胚胎干细胞、肝（干）细胞、骨髓间充质干细胞等12种细胞样品实验均获得圆满成功（上官冰等，2014）。其中，人胚胎干细胞首次在微重力下分化为生殖细胞并存活33天，利用遥控显微成像系统，成功记录了人胚胎干细胞分化为生殖细胞的形态变化，初步分析人胚胎干细胞的扩增与分化效率未受微重力及在轨环境影响。胚胎干细胞实验在国际上首次实时观察到了太空微重力条件下大鼠胚胎干细胞在轨15天的增殖过程，研究发现空间微重力有利于胚胎干细胞的干性维持，空间微重力环境更有利于干细胞的三维生长。

3. 返回卫星生命科学实验

我国利用"实践八号"返回式卫星（育种卫星，2006年）的留轨舱，开展了7项生命科学实验。空间密闭生态系统中高等植物生长发育研究获得了从种子萌发、幼苗生长到开花各个阶段的实时图像数据，为了解空间环境中高等植物营养生长、花芽分化、生殖器官形成等重要生理过程提供了新依据。表6-5汇总了我国近期在返回式卫星上已经完成的生命实验项目。

表6-5　我国近期已完成的生命空间飞行实验项目

项目名称	所属计划	飞行平台	年份	负责单位
空间细胞培养实验	返回卫星	返回式卫星（N$_o$ 22）	2005	中国科学院力学研究所
密闭生态系统中高等植物生长发育	返回卫星	"实践八号"	2006	中国科学院上海生命科学研究院

续表

项目名称	所属计划	飞行平台	年份	负责单位
空间环境转干细胞胚胎发育研究	返回卫星	"实践八号"	2006	中国科学院动物研究所
植物细胞骨架作用分子生物学基础	载人航天	"神舟八号"	2011	中国科学院上海生命科学研究院
植物细胞微重力效应转录组学研究	载人航天	"神舟八号"	2011	中国科学院上海生命科学研究院
高等植物的空间发育与遗传学研究	载人航天	"神舟八号"	2011	中国科学院遗传与发育生物学研究所
微重力细胞生长和细胞间相互作用影响	载人航天	"神舟八号"	2009	中国科学院力学研究所
空间细胞生物技术研究与应用	载人航天	"神舟八号"	2006	中国科学院动物研究所
空间辐射诱变的分子生物学机制	返回卫星	"实践十号"	2016	哈尔滨工业大学
空间辐射对基因组作用及遗传效应	返回卫星	"实践十号"	2016	中国科学院生物物理研究所
空间环境对家蚕胚胎发育影响与变异机理	返回卫星	"实践十号"	2016	中国科学院上海生命科学研究院
植物生物学效应及微重力信号转导	返回卫星	"实践十号"	2016	中国科学院上海生命科学研究院
细胞间相互作用物质输运规律	返回卫星	"实践十号"	2016	中国科学院力学研究所
微重力光周期诱导高等植物开花的分子机理	返回卫星	"实践十号"	2016	中国科学院上海生命科学研究院
微重力下造血与神经干细胞三维培养与组织构建研究	返回卫星	"实践十号"	2016	中国科学院动物研究所
微重力下哺乳动物早期胚胎发育	返回卫星	"实践十号"	2016	中国科学院动物研究所
微重力下骨髓间充质干细胞的骨细胞定向分化效应及其分子机制	返回卫星	"实践十号"	2016	浙江大学
高等植物种子培养实验	载人航天	"天宫二号"	2016	中国科学院上海生命科学研究院
微重力对骨/成骨细胞生命活动影响	载人航天	"天舟一号"	2017	西北工业大学等
微重力对诱导型多能干细胞增殖及心肌分化影响的研究	载人航天	"天舟一号"	2017	中国人民解放军军事医学科学院
微重力对胚胎干细胞增殖、分化影响的研究	载人航天	"天舟一号"	2017	中国科学院动物研究所
微重力对肝/干细胞增殖的影响	载人航天	"天舟一号"	2017	中国科学院动物研究所

续表

项目名称	所属计划	飞行平台	年份	负责单位
3-羟基丁酸对微重力下成骨细胞增殖的影响	载人航天	"天舟一号"	2017	清华大学
微重力下分化人类胚胎干细胞为生殖细胞的研究	载人航天	"天舟一号"	2017	清华大学
微重力对人骨髓间充质干细胞定向分化成骨细胞的影响	载人航天	"天舟一号"	2017	浙江大学
微重力下 CKIP-1 对成骨细胞分化的影响研究	载人航天	"天舟一号"	2017	香港浸会大学

第四节　发 展 布 局

一、发展目标和科学问题

积极推进相关知识、技术研究成果的转移转化，为我国高新技术发展、产业升级和环境、资源等经济社会发展中面临的关键科学问题解决与技术提升做出显著贡献。以下将从流体物理、燃烧、材料、基础物理和生物技术五方面阐述相应的具体目标。

（1）空间基础物理

继续深入进行量子力学的研究，保持空间量子科学的领先地位，实现对超大尺度量子力学的检验实验；更加深入地丰富量子物理理论，发展量子信息学，建立空地一体化的量子信息通信系统；建成先进的空间冷原子物理实验平台，争取在冷原子物理研究中有重大的突破；建立近地空间和地－月空间超高精度时间频率系统，提高检验基本物理理论精度；在相对论和引力物理领域做出有特色的研究成果，突破空间引力波探测关键技术，在 2030 年前后发射我国独立自主的空间引力波探测星组，实现高精度的空间引力波探测。

（2）微重力流体和燃烧科学

建立具有国际先进水平的科学实验研究平台，实现微重力流体动力学和微重力燃烧规律研究的创新性发展，在新的流体体系如软物质、分散体系、多相流动与相变传热、低重力流体过程、气体/液体/固体燃料微重力燃烧等有重要应用价值的基础研究中取得系统性成果；面向航天器流体管理、热管理和防火技术、深空探测（如月球、火星低重力环境下）流体管理问题，进行空间工程流体与管理技术探索研究及应用，深入理解高性能空天动力燃烧过程关键科技问题，为载人航天和空间探索活动提供防火安全保障；为节能减排、地面防火灭火、高技术和传统产业发展取得一批具有重要应用价值的成果（Law and Faeth，1994）。

（3）空间材料科学

建立国际先进的多种类实验平台，在晶体生长与合金凝固中界面稳定性与形态转变、合金体系深过冷非平衡相变、颗粒物质聚集与相变等重要机理研究中取得重要突破；合金熔体热物理性质测量研究取得重要进展；发展出合成和制备材料的新物理化学方法；开发出一批新材料，验证各类空间应用材料的空间使用性能；实现多种材料的空间增材制造和应用，并发展月球和行星资源提取、利用和再制造技术。对支撑我国材料科研和产业发展做出显著贡献。

（4）空间生物技术

在基于干细胞的空间组织构建和（类）器官构筑、空间蛋白质科学和药物研发、生物再生生命保障系统基础研究、长期在轨条件下的空间微生物危害安全防控研究、合成生物学与生物工程等研究方面获得重要进展，并取得具有影响力的地面转化研究成果。

（5）微重力实验平台和设施建设

一类是低/微重力环境模拟设施，包括大型月球、火星低重力模拟平台，为我国深空探测服务；长时微重力实验设施，如多功能大型落井/落塔设施、大型抛物线失重飞机、浮空器/微重力落舱组合设施和微重力探空火箭等系统化的平台体系，以及其他新技术、新概念、新设施。另一类是微重力实验设施构建，发展低/微重力科学与技术中心，在全国形成优势互补比较集中完整的几个科学研究体系和技术支撑中心。

（6）微重力流体物理

主要研究空间微重力环境下流体物质特性和动力学与热力学过程中的基

本规律;空间材料科学研究受微重力、强辐照、高真空、交变温度等空间环境因素影响下,材料形成过程、组织结构、物理与化学性能和使役性能变化规律及相关机理的学科;微重力燃烧科学研究微重力条件下火灾预防、探测和扑灭的基本规律,深入探索微重力环境中的燃烧现象、过程和规律;空间基础物理利用空间微重力环境中的特殊实验手段检验并发现物质运动的基本规律,寻找新的相互作用和新机理;空间生物技术利用空间环境发展新的技术方法,研究生物系统的物理化学输运过程,并支持空间生物科学、生物材料、生物药剂的研究和制备。

二、计划布局和优先领域

微重力科学领域广泛,各自有较强的独立性,也涉及部分交叉科学问题。微重力科学各学科布局和优先发展领域如下。

(一)流体物理

微重力环境中,浮力对流、重力沉降及分层、液体静压等极大地减小,地面重力效应掩盖的次级效应凸显,从而影响或改变流体运动机制与行为。微重力流体物理研究关注微重力环境中液体、气体或多相混合物以及分散体系等物质的流动、形态、相变及其运动规律和机理,特别是在微重力环境流体热质输运表现出的新现象和新规律以及物理形态变化表现出的新机制。微重力流体物理服务于航天器极端条件下的热质管理与输运、空间材料制备等空间应用,具有极强的应用背景,其典型科学问题包括如下内容:

(1)微重力流体基本问题研究

微重力流体对流及传热和传质过程,界面浸润现象/临界问题及稳定性,热毛细对流诱导的转捩过程,振荡机理和混沌问题,液滴热毛细迁移及相互作用规律,低温液体的流动特征,空间(低温)流体管理及输运有重要意义。

(2)蒸发、冷凝与两相流体研究

研究微重力气/液两相流动与传热过程,探究两相流动的流型、沸腾与冷凝传热机制,实现混合与分离等规律性认识和应用技术。

（3）微重力复杂流体研究

复杂流体将成为微重力科学越来越重要的研究对象，包括胶体体系的聚集行为，胶体相变（胶体晶体、液晶、玻璃态等）、自组装规律与流变性质，电、磁流体特征，颗粒物质动力学，乳状液系统分层与稳定性，泡沫稳定性和流变特性，光子晶体材料制备，石油开采和生物流体的相关复杂流体问题等。典型课题如下：

1）流体界面动力学及条件耦合机制。

2）接触角、接触线及与材料表面物性、结构的关联性。

3）流动不稳定性及诱导机理。

4）转捩途径、混沌动力学。

5）有蒸发、冷凝相变耦合的传热机制。

6）不同重力水平中的多相流流型及相分布规律。

7）不同形态多相流传热、传质规律。

8）胶体晶体自组织及相转变机理。

9）微重力环境中颗粒流体气液相分离行为。

10）分散体系聚集行为。

（二）燃烧科学

在微重力环境下，自然对流对燃烧的影响大大减弱甚至消除。太空为我们研究燃烧的规律与机制提供了绝好的实验平台，来研究静止和低速流动中的燃烧。由于重力消失，在燃烧过程中，重力效应削弱，很多次级效应得以凸显。被浮力及其诱导效应掩盖的其他基本效应和现象，如热辐射、静电力、热泳力、热毛细力和扩散等，可突出表现出来并得以深入研究。重力沉降几乎消除，可实现液滴、颗粒、液雾和粉尘在燃烧过程中的稳定、自由悬浮，使气液、气固两相燃烧的定量化描述成为可能。浮力的消除，使得燃烧的时间和空间尺度增大，从而增加了实验参数的可控性和实验测量的分辨率，能够深入、准确地观测燃烧过程的基本环节。利用这些特点，可以扩展实验参数范围，简化对燃烧过程的研究，准确验证已经被接受但尚未得到证实的理论，并探索燃烧极限及未知参数，发现新物理现象，为理解燃烧基本现象提供新的途径。主要有以下几个方面。

（1）载人航天器防火安全问题

火灾预防方面：航天器所使用材料在微重力、低重力条件下特定环境中的防火特性，材料选用和使用规范；微重力条件下的材料热解和燃烧过程，材料的着火、燃烧及火灾演变规律。火灾探测方面：微重力下热解、燃烧产物和烟雾颗粒尺寸特征，燃烧产物的输运过程和探测器的响应过程；探测器信号对火灾的识别等。火灾抑制方面：微重力条件下灭火剂、火焰和固体表面相互作用过程和机理；不同类型燃烧的灭火剂及其有效性；灭火剂、火灾抑制措施对航天员、航天器影响及应对措施；航天器使用材料的筛选与火灾抑制措施的匹配。

（2）多组分液滴液雾燃烧和冷－热液滴火焰转换的机理和理论

多组分燃料的选择性挥发及其对扩散火焰引燃过程、稳态火焰结构和火焰熄灭的影响，多组分液滴燃烧过程的基本数据，相变、火焰结构、传热传质、燃烧产物生成等环节和机理，多组分液滴燃烧模型。

（3）湍流扩散火焰的结构特性、稳定机理及污染物生成过程

重力条件对湍流扩散燃烧过程（燃料/空气混合、火焰结构、火焰稳定、火焰熄灭、燃烧气固产物生成）的影响，低雷诺数湍流扩散火焰的结构特性，推举火焰的形成过程及其稳定机理，湍流扩散火焰中碳烟生成特性，湍流燃烧理论和模型。

（4）煤冷焰燃烧的基础研究

煤冷焰燃烧现象的形成机理和形成条件，煤的低温燃烧/氧化反应动力学，煤冷焰燃烧与污染物关系，煤冷焰燃烧过程的燃烧模型，冷焰燃烧在优化热解途径提高煤化工技术方面的应用研究。

典型课题如下：

1）近可燃极限层流火焰结构和稳定机理。

2）扩散火焰碳烟机理。

3）液滴和液雾燃烧及冷－热火焰的机理和理论。

4）湍流与火焰相互作用及湍流燃烧模型。

5）固体燃料燃烧和气化过程的相关机理。

6）燃烧反应动力学和燃烧模型。

7）航天器火灾预防、探测和灭火的基础问题。

（三）材料科学

在空间微重力条件下，流体静压力和浮力引起的对流被极大地抑制，甚至消失。熔体溶液中由溶质密度不同引起的分层和沉降现象也随重力的减弱而消失。因此，在空间微重力环境中进行多元素材料的制备，如化合物材料、多元合金材料，以及多元复合材料等，由于流体静压力的消失，熔体溶液受器壁的约束减弱。为了消除器壁对材料制备的影响，还可以采用无容器材料制备方式。在微重力环境中，由于熔体溶液中不同密度的溶质可以均匀地混合，制备出的多元材料的组分和性质都更加均匀。在微重力环境中，由于浮力引起的对流消失，晶体生长时所受的扰动减小，生长出的晶体中的缺陷必然会减少。在空间微重力环境中，还可以发现被重力场所掩盖的一些材料性质和现象。总之，空间微重力环境为探索、发现材料的新性质、制备新材料提供了一个特殊的实验环境。典型课题如下。

1. 微重力材料科学研究

1）晶体生长（凝固）界面稳定性与缺陷的控制，重点研究化合物单晶生长和合金凝固中扩散生长、组分分凝与化学配比控制；非接触法（脱壁）晶体生长中的对流控制与生长界面的稳定性；晶体生长或凝固过程中的杂质、气泡等缺陷的包裹与逸出；外场作用方式对晶体生长或凝固过程中的液相输运过程与界面形态稳定性及演化；生长界面失稳与生长形态演化的热力学和动力学条件。

2）过冷、形核与晶体生长过程，重点研究不同过冷度熔体的相选择机制与过冷熔体结构弛豫的关联性；对流对过冷度的影响机制；不同玻璃形成能力熔体的过冷能力及其热力学与动力学效应机理。

3）相分离与聚集行为，重点研究复合胶体晶体中超点阵结构形成与选择性占位；相分离体中分离相的马兰戈尼运动、界面能对液滴的长大和聚集的作用。

4）材料制备过程的新方法，重点研究燃烧合成材料中的微观组织结构形成机理与燃烧波前沿扩展动力学关联；微重力下熔融体系中反映生长气体聚集与分离的物理与化学过程。

5）高温熔体物理性质测量与研究，重点研究稳定态与过冷态熔体比热容，黏度与（表）界面张力随温度变化的规律，多组分体系熔体中组元扩散方式及机理。

6）空间环境中的稀土金属材料。空间环境下稀土金属与合金的热力学与动力学原理，气体、杂质的扩散、溶解、逃逸机理，稀土合金改善性能与组织的机制。金属熔体与气相中氢、氧、氮在空间的热力学原理。

7）微纳米复合及低维材料合成，重点研究形状与复合方式、位置控制，缺陷与均匀性控制。

8）空间增材制造技术中的科学问题：适合空间增材制造的材料选择、操纵方式与可操纵性及熔合（或烧结）过程控制；金属合金类熔体热力学与动力学及其在同质/异质固体表面的行为；传热和散热控制与微观组织的均匀性和缺陷的形成及控制。

2. 材料空间适应性研究

1）材料在空间环境中结构及性能演变机理，重点研究高能粒子辐照、原子氧剥蚀、高低温交变等环境下材料的长期时效的性能、组织结构演变和使役性能变化；密封树脂、绝缘泡沫材料脆性的形成与控制机制；聚合物、热控、润滑、光电材料等的物理、化学、光谱、表面响应特性；固体或液体润滑与材料的摩擦磨损行为；不同金属材料及焊接接头、融合线及热影响区在低温、辐照下的韧性‐脆性转变与辐照损伤行为、显微组织演变机制。

2）材料在空间环境中适应性，重点研究具有自适应和自修复性能的材料（如自修复润滑、涂层材料）其组成、结构与抗原子氧及自修复能力关系；抗原子氧剥蚀机理、自修复机理。

3）满足空间环境应用的材料设计，重点研究具有本征的辐照损伤自修复特性和抗辐照能力的新型金属及碳/碳（C/C）复合材料自修复能力的设计；具有自修复能力的微米/亚微米级的高分子/有机硅聚合物、抗氧化剂等固液复合微胶囊材料的设计。

4）新型能源及高密度信息材料空间应用研究，重点研究空间环境中微纳结构，如高效蓄热材料、单分子磁体、光电转换材料、微电子材料等的可控构筑方法和太空环境下的相变过程及结构特征；微重力场条件下单分子磁体和铁磁性前驱体进行自组装过程中，磁性分子在晶体生长时的机理及控制方法；三结太阳能电池在空间环境综合作用下增透膜界面结构和性能演变规律。

3. 空间制造与地外资源

1）高温增材制造技术成型过程与组织结构控制。重点研究材料类型、操纵方式与可操纵性及熔合（或烧结）过程控制；金属与合金熔体、高分子及其复合材料的热力学与动力学行为及其在同质和异质固体表面的行为、传热与散热控制；组部件中宏观与微观缺陷的形成与控制，无痕界面构筑成形及显微组织均匀性控制。

2）地外资源利用研究，重点研究非地面环境下不同元素分离与收集的物理化学方法及过程控制，高附加值副产品的收集与存储；地外资源利用与原位制造部件的物质组成、结构和性能表征方法。

（四）基础物理

1. 量子科学与应用研究

基于高轨或地－月轨道卫星研究超大尺度量子力学非定域性；纠缠光子分发和量子隐形传态实验，实现高轨到地面的量子密钥分发。在载人空间站上，建设综合性空间量子调控和光传输实验设施，实现星间量子密钥分发实验；发展波分复用诱骗态量子光源、实现基于频率转换的低噪声光量子探测器，开展全天时空地量子密钥分发；发展多节点量子密钥分发组网技术，开展空间站与多个地面站和其他空间飞行器之间的量子密钥组网试验和示范应用。

2. 冷原子物理和时频系统

pK 量级温度的超冷原子气体实验平台；超低温量子气体（包括玻色与费米气体）微重力下的量子统计、量子新物态与量子相变；超低温量子气体的长程相互作用；玻色－爱因斯坦凝聚复杂动力学；超低温量子气体量子涡旋、超流与超导等奇异量子特性；超灵敏原子干涉与陀螺的实验；基于冷原子体系长寿命和高读出效率的空间量子存储，在此基础上发展的空间冷原子物质波干涉技术、空间量子干涉仪和空间量子陀螺仪技术。

新型小型化空间冷原子光钟和冷原子微波钟，高精度空间时频系统（10^{-18} 量级），空地时频传输链路，精细结构常数变化的精密测量；相对论引力红移和时间变慢效应的高精度实验检验；基于原子层次基本物理定律的检验（如洛伦茨不变性检验等）。

3. 空间相对论、引力物理及应用技术

不同材料的宏观物体其自由落体在高于 10^{-13} 的精度上是否破坏等效原理？不同原子的自由落体在高于 10^{-8} 的精度上是否破坏等效原理？不同转动速度的宏观物体其自由落体在高于 10^{-7} 的精度上是否破坏等效原理？微米尺度的牛顿引力反平方定律是否成立？在 1% 的精度上验证广义相对论预言的磁性引力效应；在 10^{-5} 和更高精度检验广义相对论预言的引力红移；精细结构常数随时空变化的证据是对强等效原理的检验等。

开展这些科学研究首先需要进行的关键技术研究有卫星无拖曳控制技术、高精度惯性传感器技术及静电荷控制技术、星间激光干涉测量技术等。典型课题如下。

1）贝尔不等式破缺（人自由意志参与下），光秒量级尺度的量子力学非定域性检验。基于量子存储的空间量子隐形传态和空间量子中继科学问题。

2）量子气体在 nK 后和 pK 量级温度下的新奇量子特性和新物理态，包括量子磁性系统无序到有序的转变过程，超冷分子的形成过程和冷原子的相互作用，二维量子简并气体系统的量子磁性和量子相变等。

3）更高精度验证广义相对论的等效原理、引力红移问题，通过寻找非牛顿引力而发现新的相互作用力。

4）不依赖于温度的量子相变的临界特性问题，包括在压力调控下研究氧 / 氢体系的低温量子相变，高压、低温和微重力下金属氢的研制和特性的研究。

（五）生物技术

生物技术的开发与应用涉及动植物的基因工程、细胞工程、酶工程及发酵工程等领域，在农业、医学、食品、环境保护等方面有广泛的应用价值。空间的微重力环境对流体系统的对流、扩散、沉降等过程有明显影响。利用空间微重力环境，能有效改进生物大分子蛋白质结晶过程，获得高质量蛋白质晶体大分子；研究如何获得巨大的生物分子复合物、结构蛋白晶体、生物自组装材料

等，制取在医学上有重要意义的生物大分子。应用在微重力或地面模拟微重力转壁细胞反应器条件下，还可将在正常重力环境中只能二维生长的哺乳动物细胞培养成三维生长且分化成共有功能的组织，可望为伤病者提供移植组织的来源。此外，还可利用微重力环境改进生物工程产品的分离，纯化过程，这一系统研究工作的成果在医药上有着广阔的应用前景。典型课题如下。

1）从生命科学与技术视角利用（微）重力环境资源的途径研究。

2）基于干细胞的空间细胞三维培养、组织构建和（类）器官构筑研究。

3）空间生殖和胚胎发育技术研究。

4）空间蛋白质结晶技术基础与应用研究。

5）空间合成生物学研究。

6）空间生物工程。

7）空间生物材料制造技术研究（空间制药，纳米生物材料的仿生制备）。

8）生物再生生命保障系统基础科学问题研究等。

第五节　保障措施

一、结合理论模拟与实验

必须加强地面预研，实现研究思路创新和研究水平的提升。充分的地面实验对于深化对科学问题的认识，准确理解过程或参数的影响，优化空间实验流程和参数有重要作用，需要在地面进行重复实验，注重实验能力的提升与定量化研究，确保获取可靠的实验结果。为此应当针对具体科学问题，多渠道和跨领域广泛征集研究方案，筛选后开展预研，获得结果后进行评估，最终确定空间实验项目。空间实验后的地面比对实验和特殊验证性实验也十分重要，是确认空间实验结果，理解或揭示相关机理的关键环节。

采用理论模型、数值模拟与实验相结合的研究方法。实验是验证和发展科学理论的有效途径，实验现象是发现和了解规律的基础，但实验本身仅是研究中的一个环节。计算机模拟可以从原子或分子运动、形态演化的热力学与动力学等深层次帮助揭示其物理过程的机理，预示可能的新物理现象，以及对实验结果的再分析和模型的再完善该步骤在研究中具有重要地位。为此需要发展数值模拟技术，建立开放的数值模拟平台和微重力科学数据库；共享空间实验结果和数据，充分利用已有数据进行更广泛深入的研究。

为加强地面研究，需要在已有基础上建设一批地面（实验室）研究平台，如地面电磁悬浮、静电或声悬浮等装置以模拟微重力下的无容器悬浮实验；落管可以研究深过冷和微重力效应。特殊设计的地面燃烧平台、冷原子平台、流体实验平台可以一定程度上模拟微重力环境，完成全流程实验。

二、加强设施建设和利用

充分利用微重力落塔、抛物线飞机和微重力火箭等地面微重力模拟设施是开展微重力科学研究的重要手段，也是开展空间任务之前的验证实验的重要途径。德国利用不来梅大学落塔首次实现了微重力下的玻色－爱因斯坦凝聚实验（实现冷原子温度 350 pK），国外著名航空发动机公司用落塔开展了上百次液滴燃烧实验以提高发动机效率；国外大部分空间微重力实验都进行过飞机抛物线飞行失重试验，包括空间 3D 打印技术试验，充分说明这些设施的重要性和必要性。

我国要充分利用好现有微重力落塔，并建议根据需要建设微重力持续时间 10～30 秒的新一代微重力和低重力（月球重力、火星重力）实验设施，极大地拓展其微重力水平范围；可通过国际合作开展失重飞机的飞行实验，中国科学院空间应用中心建立了失重飞机中心，与法国国家太空研究中心下属 NoveSpace 公司签订正式合作协定，可充分利用这一渠道开展实验；建议发展我国的微重力火箭，开展较长时间的微重力科学实验。

三、利用好空间实验机会

我国空间站天和核心舱于 2021 年发射入轨，2022 年下半年问天实验舱和梦天实验舱也将发射，与天和核心舱对接完成我国空间站"T"字形组合体建设，在轨运行 10 年以上。空间站后期扩展计划也在论证之中，每年都有"神舟"载人飞船和天舟货运飞船往返空间站，为长期开展微重力科学实验提供了难得机遇。返回式卫星和其他空间实验机会也将充分利用。

（一）发展实验技术和平台

我国微重力科学研究亟待高水平实验技术和实验装置的支持，以提高实验精度和定量化水平。例如，需要实现 pK 量级的量子气体极低温度，稳定度达 10^{-18} 量级的空间时间频率，极低微振动的舱内准无拖曳悬浮、发展无拖曳高微重力平台等、数字全息干涉、粒子图像测速、流变、高速电耦合器件、X 射线成像、红外热像等先进实时诊断设备，以及精准测温控温、静电悬浮和精确定位、激光加热、热物性测量等先进技术。目前，我国空间站规划的大部分科学实验柜都面向于微重力科学实验研究，实验柜的设计尽可能满足相关实验需求，并采用多种先进实验和诊断方法，高效支持专业领域的系列研究（表6-6）。

表 6-6　载人空间站工程已安排的空间科学实验柜——微重力科学部分

研究方向	科学实验柜名称	主要功能及技术指标	科学实验系统承担单位
微重力流体科学	流体物理实验柜	开展多种类型的流体动力学和复杂流体实验，可扩展到各类透明体系的交叉研究；具有数字全息干涉、静/动态光散射、显微、流变测量功能；最大可更换实验单元尺寸为 320 毫米 ×200 毫米 ×220 毫米	中国科学院力学研究所
	两相系统实验柜	开展两相系统相变传热实验、沸腾换热实验等；支持气/液供给、温度/密度场、界面形貌、流动形态和参数测量功能	中国科学院力学研究所、中山大学等
微重力燃烧科学	燃烧科学实验柜	可开展气体、液体和固体燃料的多种类型燃烧实验；可测量火焰结构、温度、光谱特性、流场速度、中间产物及生成物组分、颗粒粒度及浓度等实验参数；燃烧室内径尺寸为 400 毫米 ×690 毫米	中国科学院工程热物理研究所、清华大学
空间材料科学	高温材料科学实验柜	可开展金属合金、半导体、纳米和介孔、无机多功能材料的溶体生长和凝固科学实验；可建立梯度/等温/区熔多温场条件、旋转磁场；具有在线电导、热导等物性检测、部分 X 射线成像和光学诊断	中国科学院上海硅酸盐研究所、中国科学院空间科学与应用研究中心、中国科学院金属研究所、中国空间技术研究院
	无容器材料实验柜	采用静电悬浮技术实现无容器材料研究。温度可达 3000℃，适用样品尺寸直径为 2～5 毫米；具有黏度、密度、比热、表面张力、辐射系数等热物性测量功能	中国科学院上海硅酸盐研究所、北京国科环宇空间技术有限公司等

续表

研究方向	科学实验柜名称	主要功能及技术指标	科学实验系统承担单位
空间基础物理	超冷原子物理实验柜	建立 100 pK 量级大尺度、长时间玻色与费米量子简并气体实验条件；开展量子磁性、物态、费米与玻色气体混合、异核极化分子、声波黑洞、量子拓扑等科学研究	中国科学院上海光学精密机械研究所、北京大学
	高精度时频实验柜	用主动氢钟、冷原子铷微波钟、冷原子锶光钟建立稳定度和不确定度为 10^{-18} 量级的空间时频运行和天地微波/激光双向时频传递系统。开展物理常数精密测量，引力红移测量相对论验证，实现高精度时频信号应用	中国科学院国家授时中心、中国科学院上海光学精密机械研究所等
共用实验柜	科学手套箱与低温柜	供航天员对实验进行操作；有精密机械臂，具有箱内实验环境（光照、湿度、温度、气体）和消毒能力。具有 −80℃、−20℃、+4℃ 低温样品存储能力	中国科学院沈阳自动化研究所
	变重力科学实验柜	重力模拟范围 0.01～2g_0，双转子直径 900 毫米，对转；动平衡在线主动调节；无线传能供电和无线信息传输	中国科学院空间应用工程与技术中心
共用实验柜	高微重力科学实验柜	柜内和舱内双层悬浮和微推进控制，尽量满足特殊科学实验对高微重力水平的要求，支持等效原理空间实验检验（陀螺-加速度计，冷原子干涉仪）；开展引力物理等空间实验等；进行准无拖曳技术和舱内机器人技术的研究	中国科学院空间应用工程与技术中心
	在线维修装调操作柜	支持有效载荷模块准备、组装、测试、故障诊断和维修，可用于 3D 打印、焊接等实验	中国科学院空间应用工程与技术中心
空间生物技术	生物技术实验柜	适合开展多种类型实验和研究，支持开展以组织、细胞和分子等多层次的生物样品为对象的实验研究；提供机、电、热、控等支持能力，具备生命支持与环境条件控制功能，包括控制光、温度、湿度、气体、噪声等因素；具备空间实验过程动态监测和显微观察功能，可实现生物样品原位检测和代谢产物动态分析	中国科学院上海技术物理研究所
	生命生态实验柜	支持开展微生物、动植物个体、水生生物等多种类型生物样品的实验研究，支持以小型哺乳动物个体为研究对象的复杂空间饲养技术和实验研究；提供生物实验所需的生命支持条件和培养环境，包括培养空间、培养方式、营养补给、温度、湿度、光照、pH、三废处理、空气净化和重力环境控制等方面；具有空间实验过程动态监测和生物样品显微观察功能	中国科学院上海技术物理研究所

　　我国空间站的建成，为微重力的研究提供了前所未有的机遇。未来将积极利用国家载人航天工程等提供的空间微重力实验平台持续开展微重力流体物理、微重力燃烧、空间材料科学、空间生物技术和基础物理研究。在基础

理论上取得重大突破，为载人航天技术的发展提供理论基础，并为促进地面高技术发展和改善地面环境做出重大贡献。

（二）做好规划和研究计划

制定我国微重力科学研究的顶层规划，包括地基、天基实验，地面设施及平台建设。面向国民经济、航天工程重大需求和微重力科学前沿，详细论证微重力科学可能实现的创新突破，滚动遴选具有科学意义和应用价值的优秀项目，开展预先研究和地基实验，厘清需要重点解决的关键科学和技术问题，制定重点研究计划，开展系列实验研究，以争取重大突破。

本章参考文献

胡文瑞 . 2010. 微重力科学概论 . 北京：科学出版社 .

胡文瑞，康琦 . 2020. 微重力科学前沿 . 科技导报，592（10）：61-64.

胡文瑞，龙勉，康琦，等 . 2009. 中国微重力流体科学的空间实验研究 . 科学通报，54（18）：2615-2626.

康琦，胡文瑞 . 2016. 微重力科学实验卫星——"实践 10 号". 中国科学院院刊，31（5）：574-580.

李莹辉，孙野青，郑慧琼，等 . 2021. 中国空间生命科学 40 年回顾与展望 . 空间科学学报，41（1）：46-67.

潘明祥，汪卫华 . 2020. 空间材料科学专题·编者按 . 中国科学：物理学力学天文学，50（4）：54.

阮莹，胡亮，闫娜，等 . 2020. 空间材料科学研究进展与未来趋势 . 中国科学：技术科学，50（6）：603-649.

上官冰，孙树津，高宇欣，等 . 2014. 空间细胞生物反应器技术研究进展 . 医用生物力学，29（6）：582-588.

薛源，徐国鑫，胡松林，等 . 2020. 国际空间站微重力燃烧项目规划及进展 . 载人航天，26（2）：252-260.

张夏 . 2014. 微重力燃烧研究进展 . 力学进展，34（4）：507-528.

张孝谦，袁龙根，吴文东，等 . 2005. 国家微重力实验室百米落塔实验设施的几项关键技术 .

中国科学 E 辑：技术科学，35（005）：523-534.

Law C K, Faeth G M.1994. Opportunities and challenges of combustion in microgravity. Progress in Energy & Combustion Science, 20(1): 65-113.

Ma B, Cao S, Giassi D, et al. 2015. An experimental and computational study of soot formation in a coflow jet flame under microgravity and normal gravity. Proceedings of the Combustion Institute, 35(1):839-846.

关键词索引

A

暗能量　2, 4, 26, 46, 53, 54, 55, 59, 60, 65, 79, 81, 82

暗物质　2, 4, 18, 19, 26, 36, 46, 52, 53, 54, 55, 60, 61, 62, 63, 64, 65, 68, 70, 71, 78, 79, 81, 82, 84, 86, 89

B

北斗卫星导航系统　26, 199

C

参考框架　197, 199, 219

D

大地测量学　10, 11, 13, 14, 34, 197, 199, 200, 203, 204, 219, 220

地基观测　8, 18, 114, 115, 126, 127, 134, 142, 176, 182, 212, 214

地球动力学　11, 199, 204, 219, 221

地球空间　12, 17, 18, 19, 97, 101, 104, 111, 112, 114, 115, 116, 117, 122, 123, 124, 125, 126, 129, 131, 138, 139, 142, 143, 151, 157, 162, 165, 171, 173, 191, 200, 216, 217

地球物理　13, 14, 20, 30, 32, 33, 100, 117, 119, 121, 178, 179, 181, 185, 200, 201, 204, 219, 220, 221

多信使　47, 50, 55, 78, 103

G

国际合作　6, 12, 13, 16, 26, 28, 29, 30, 38, 44, 45, 56, 71, 72, 73, 86, 93, 101, 107, 114, 122, 123, 132, 133, 186, 187, 202, 204, 221, 235, 236, 253, 290